Matemáticas

Bloque II: Geometría. Estadística y probabilidad

1 ESO

edebé

El proyecto de **Matemáticas 1** ESO

COMENZAMOS...

Una propuesta de actividades iniciales para introducir en la asignatura al alumnado que se incorpora a la etapa (o al curso) y actualizar los conocimientos previos.

LAS UNIDADES. ESTRUCTURA

Imagen y texto relacionados con la unidad, acompañados de un índice de contenidos y una rutina de pensamiento.

DESARROLLO DE LOS CONTENIDOS

Dobles páginas divididas en apartados y subapartados, con definiciones destacadas y ejemplos resueltos.

RECURSOS Y ACTIVIDADES

Gran cantidad de **contenidos complementarios** de tipología diversa, así como de **actividades** para ejercitar y consolidar los contenidos desarrollados.

EVALUACIÓN DE COMPETENCIAS

Actividades que permiten valorar las competencias adquiridas tras el estudio de un bloque de contenidos.

VAMOS A EMPRENDER

Creatividad, iniciativa, trabajo en equipo... en un proyecto real.

ACTIVIDADES DE SÍNTESIS

Actividades que permiten valorar los conocimientos adquiridos tras el estudio de un bloque de contenidos.

edebé On

proyecto global interactivo

Libro digital interactivo

Incorpora los **recursos digitales** necesarios (vídeos, presentaciones, actividades interactivas, audios, enlaces...) a fin de que el profesorado gestione de manera eficaz el aprendizaje en el **aula digital.**

ACTIVIDADES RESUELTAS

Aplicación de estrategias de resolución de problemas concretas para resolver un problema modelo.

SÍNTESIS Y ACTIVIDADES FINALES

Esquema visual que resume y relaciona los **contenidos clave** de la unidad. Gran cantidad de **actividades** graduadas por nivel de dificultad que permiten atender la diversidad y afianzar los contenidos.

PON A PRUEBA TUS COMPETENCIAS

Actividades integradas a partir de situaciones cotidianas, para comprobar la asimilación de competencias.

RUTINA DE PENSAMIENTO
Para aprender a pensar.

ÁGORA
Un espacio abierto al diálogo y a la reflexión.

PBL
Aprendizaje basado en problemas.

VISIÓN 360°
Experiencias para aprender fuera del aula.

CRE@CTIVIDAD
Herramientas TIC para buscar soluciones creativas.

DESTREZAS DE PENSAMIENTO
Para un pensamiento crítico y creativo.

TÉCNICAS COOPERATIVAS
Para mejorar la responsabilidad individual y las relaciones sociales.

INTELIGENCIAS MÚLTIPLES
Porque hay diferentes maneras de aprender y ser inteligente.

Disponible en «Tu espacio personal»: **www.edebe.com**

Multidispositivo

Cuaderno digital interactivo

Organizado en **secuencias temáticas** para promover el **aprendizaje autónomo** por parte del alumnado (bajo la planificación y el control del docente) en un **formato digital amigable** e intuitivo.

Biblioteca de recursos digitales

Un **espacio** fácilmente **accesible** donde encontraréis recursos para consultar, descubrir y explorar el conocimiento.

Índice

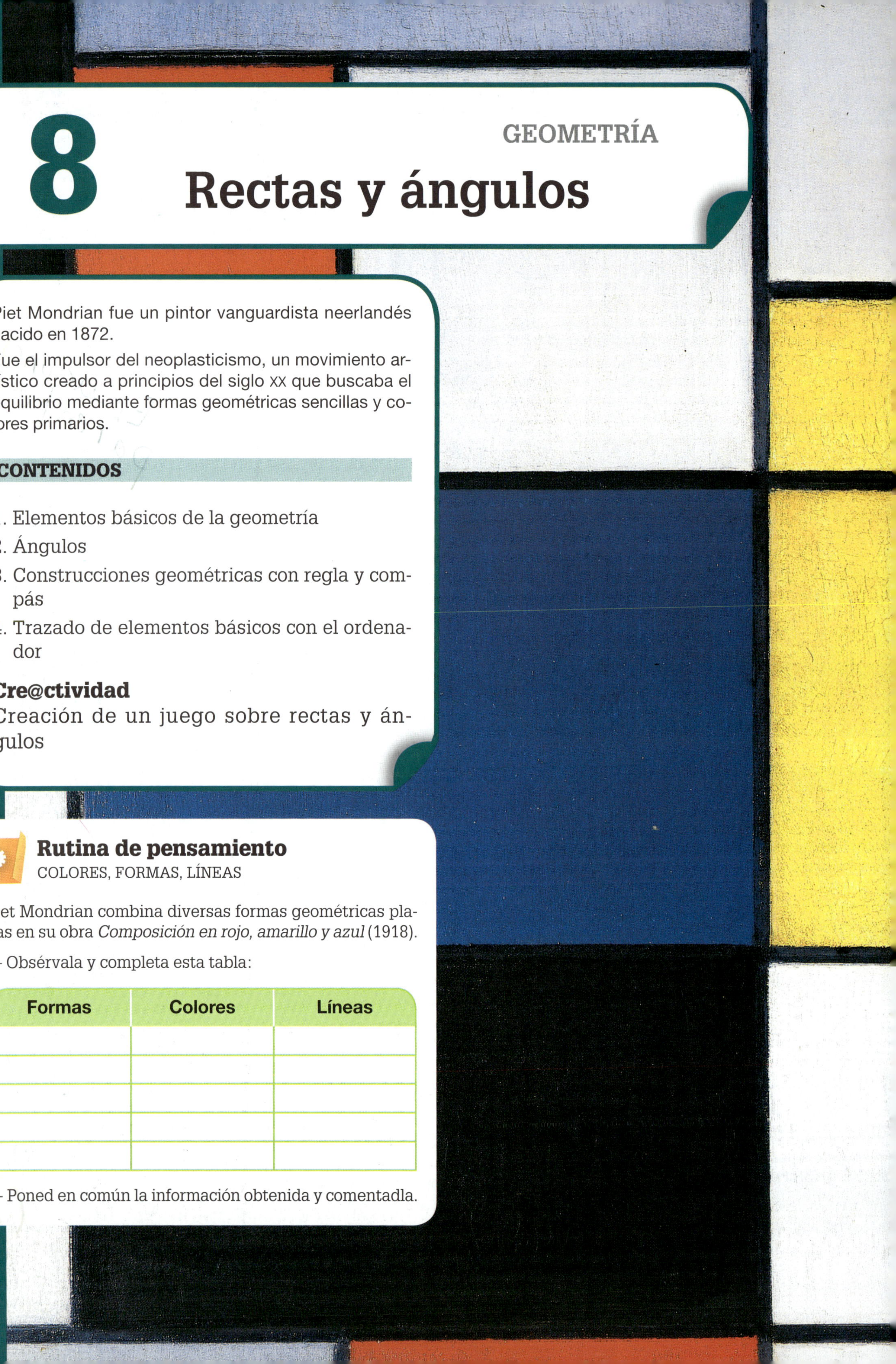

GEOMETRÍA

8 Rectas y ángulos

Piet Mondrian fue un pintor vanguardista neerlandés nacido en 1872.

Fue el impulsor del neoplasticismo, un movimiento artístico creado a principios del siglo XX que buscaba el equilibrio mediante formas geométricas sencillas y colores primarios.

CONTENIDOS

1. Elementos básicos de la geometría
2. Ángulos
3. Construcciones geométricas con regla y compás
4. Trazado de elementos básicos con el ordenador

Cre@ctividad
Creación de un juego sobre rectas y ángulos

Rutina de pensamiento

COLORES, FORMAS, LÍNEAS

Piet Mondrian combina diversas formas geométricas planas en su obra *Composición en rojo, amarillo y azul* (1918).

— Obsérvala y completa esta tabla:

Formas	Colores	Líneas

— Poned en común la información obtenida y comentadla.

1. Elementos básicos de la geometría

La **geometría** es la parte de las matemáticas que estudia las propiedades de las figuras geométricas.

En estas podemos identificar puntos, rectas y planos, que son los tres elementos básicos de la geometría.

PUNTOS	
	• Para representarlos, utilizaremos dos pequeños trazos que se cortan o un pequeño círculo. • Los simbolizaremos con letras mayúsculas: *A, B*...

Tanto las rectas como los planos son ilimitados, por lo que los representamos mediante una parte de ellos.

RECTAS	PLANOS
	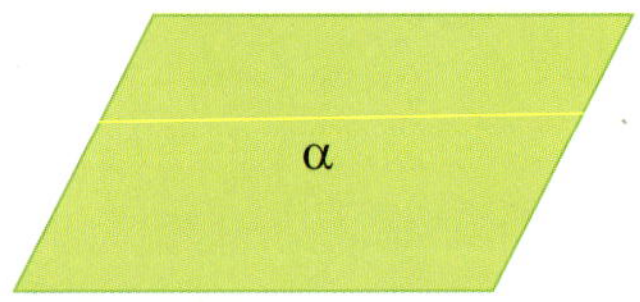
• Las representaremos mediante una línea recta. • Las simbolizaremos con letras minúsculas: *r, s, t*...	• Los representaremos mediante un paralelogramo. • Los simbolizaremos con letras griegas: α, β, γ...

Lenguaje matemático

Alfabeto griego

A	α	alfa
B	β	beta
Γ	γ	gamma
Δ	δ	delta
E	ε	épsilon

Al trazar una recta en un plano, este queda dividido en dos partes.

Cada una de estas partes es un **semiplano**.

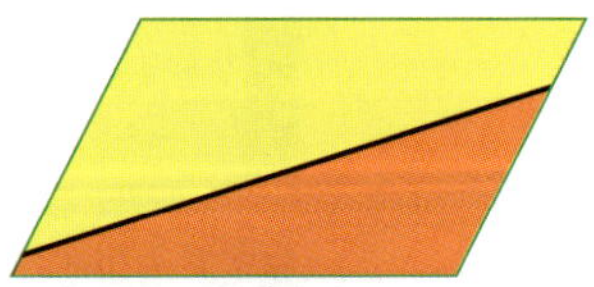

Actividades

1. Identifica, en la imagen, algunos objetos que puedan asociarse a puntos, rectas o planos.
2. Representa un plano α y, a continuación, dibuja una recta *r* que pertenezca a este.

   Después, representa dos puntos, *A* y *B*: el punto *A* que pertenezca a la recta y el punto *B* que pertenezca al plano pero no a la recta.
3. Establece qué relaciones hay entre los tres elementos básicos de la geometría (punto, recta y plano), dependiendo de si uno de ellos pueda contener a otro o no.

1.1. Determinación de una recta

Observa a continuación cuántas rectas se pueden trazar que pasen por un punto y por dos puntos.

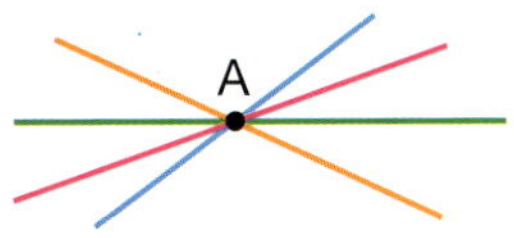

Por **un punto** pasan **infinitas** rectas.

Por **dos puntos** solo pasa **una** recta.

Dado que por dos puntos solo puede pasar una recta, podemos decir que una recta queda determinada por dos puntos.

Si tres o más puntos pertenecen a una misma recta, se dice que están alineados.

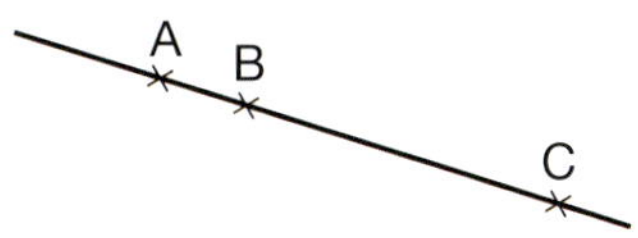

1.2. Posición relativa de dos rectas en el plano

Dos rectas en un mismo plano pueden tener diferentes posiciones entre sí.

RECTAS SECANTES	RECTAS PARALELAS	RECTAS COINCIDENTES
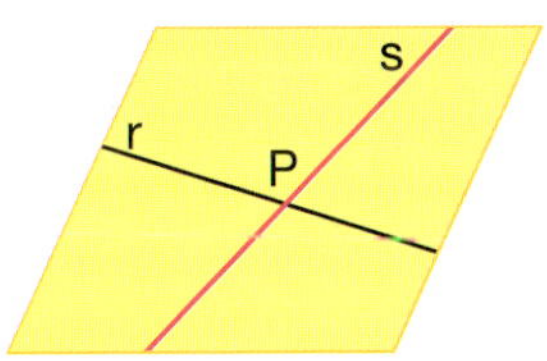	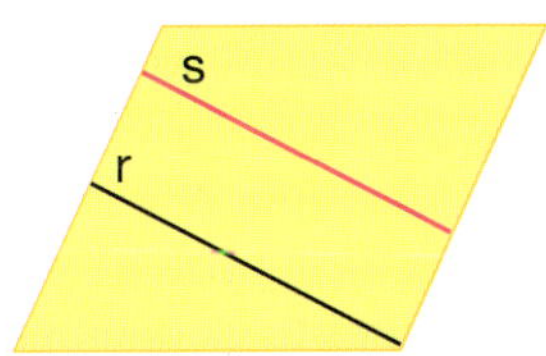	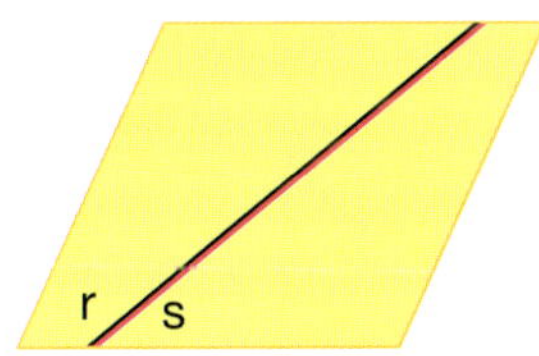
Tienen **un único punto** en común.	No tienen **ningún punto** en común, aunque las prolongues.	Tienen **todos los puntos** en común.

Actividades

4. Traza todas las rectas posibles que pasen por dos de los puntos de la figura. ¿Cuántas rectas has obtenido?

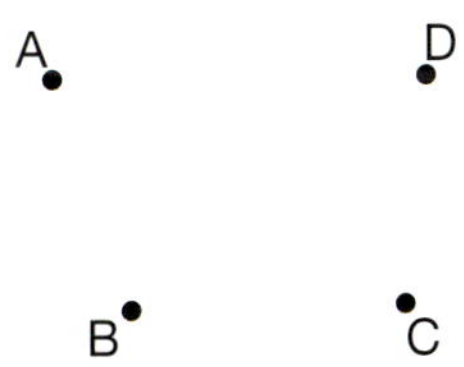

a) ¿Qué ocurriría si el punto *B* perteneciese a la recta determinada por *A* y *D*?

b) Determina cuántas rectas obtendrías si los puntos *B* y *C* perteneciesen a la recta determinada por los puntos *A* y *D*.

5. Dobla una hoja de papel y repasa con lápiz el pliegue que se ha formado. ¿Qué elemento geométrico has dibujado?

6. Observa tu entorno y pon varios ejemplos de rectas paralelas y de rectas secantes.

— Busca en Internet imágenes de los ejemplos anteriores y señala las rectas paralelas y secantes observadas.

7. Si la recta *r* es perpendicular a la recta *s* y esta, a su vez, es perpendicular a la recta *t*, ¿cuál es la posición relativa de las rectas *r* y *t*?

1.3. Semirrecta y segmento

Observa las figuras.

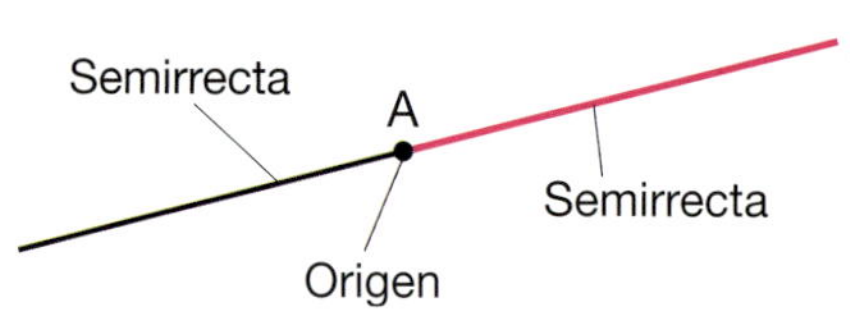

Cada una de las dos partes en que el punto *A* divide a la recta se llama **semirrecta**.

El punto *A* es el **origen** de las dos semirrectas.

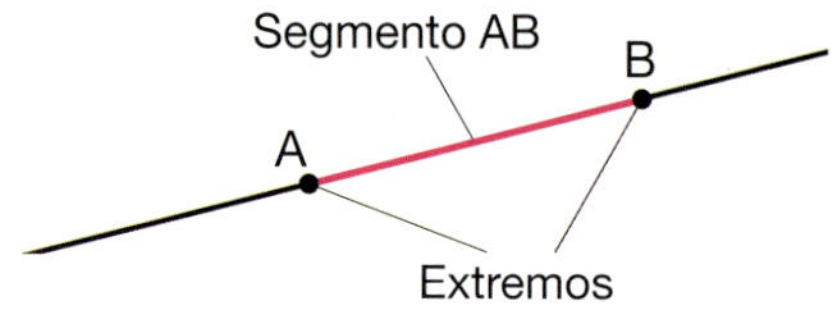

La parte de la recta comprendida entre los puntos *A* y *B* se llama **segmento** y lo simbolizaremos por ***AB***.

Los puntos *A* y *B* son los **extremos** del segmento.

Fíjate ahora en cómo pueden unirse diferentes segmentos entre sí por sus extremos.

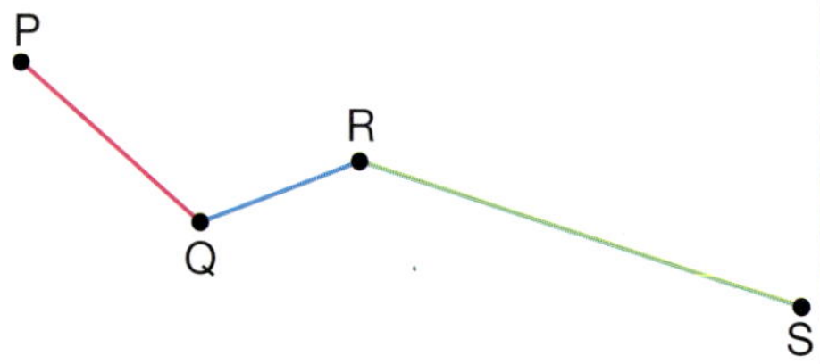

Los segmentos *PQ*, *QR* y *RS* están uno a continuación del otro y tienen entre sí un extremo en común.

Diremos que son segmentos **consecutivos**.

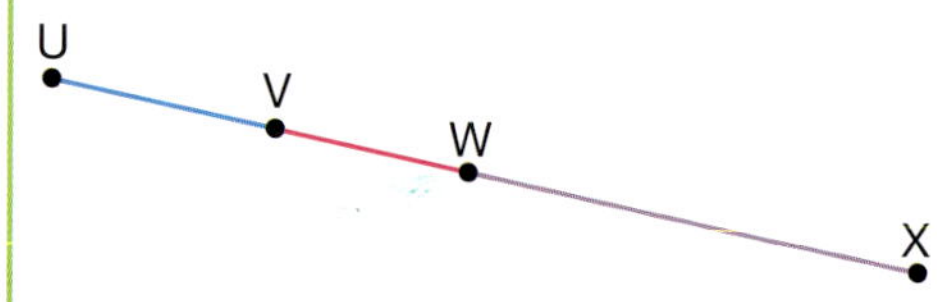

Los segmentos *UV*, *VW* y *WX* son consecutivos y además están situados sobre una misma recta.

Diremos que son segmentos **consecutivos alineados**.

Además, el concepto de segmento permite definir la distancia entre dos puntos:

La **distancia** entre dos puntos *A* y *B* es la longitud del segmento que los une.

Distancias

Distancia entre un punto y una recta

La distancia *d* entre el punto *P* y la recta *r* es la longitud del segmento *PQ*, perpendicular a *r*.

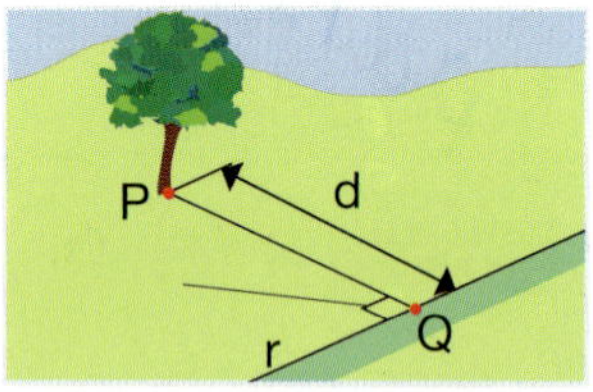

Distancia entre dos rectas paralelas

La distancia *d* entre dos rectas paralelas *r* y *s* es la longitud del segmento *PQ*, perpendicular a *r* y *s*.

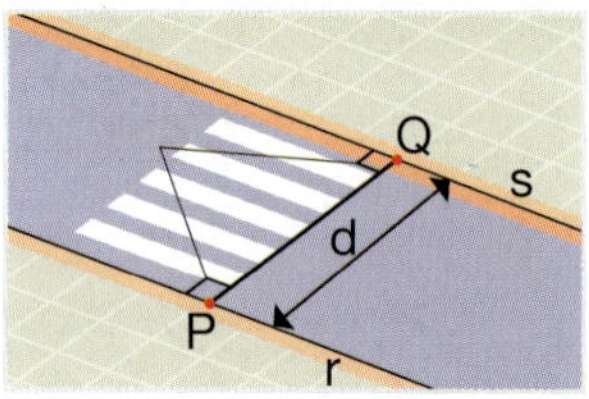

Observa que, en general, para representar ángulos rectos utilizamos el símbolo ∟ en lugar de un arco.

Actividades

8. Cita dos elementos de tu entorno que puedas representar mediante una semirrecta y tres objetos que se identifiquen con segmentos.

— Busca en Internet imágenes de los ejemplos anteriores y señala las semirrectas y los segmentos observados.

9. Considera dos puntos *A* y *B*. ¿Qué elemento geométrico resulta de la intersección de la semirrecta de origen *A* que contiene al punto *B* y la semirrecta de origen *B* que contiene al punto *A*?

10. Dibuja una recta y señala dos puntos distintos sobre ella. ¿Cuántas semirrectas resultan? ¿Y cuántos segmentos?

— A continuación, señala tres puntos distintos sobre otra recta y determina el número de semirrectas y de segmentos.

11. Los segmentos *AB* y *BC* son consecutivos. Si la distancia entre *A* y *B* es de 7 cm y la distancia entre *B* y *C* es de 5 cm, ¿qué podemos decir de la distancia entre *A* y *C*?

2. Ángulos

2.1. Concepto de ángulo

A continuación, veremos dos formas diferentes de entender el concepto de ángulo: como región del plano o como región barrida en un giro.

El ángulo como región del plano

Imagina que desde el punto en que te encuentras parten dos caminos. La región comprendida entre ambos caminos se denomina ángulo.

El **ángulo** es la región del plano limitada por dos semirrectas que tienen el mismo origen.

Fíjate en los **elementos** de un ángulo:

- Las dos semirrectas son los **lados** del ángulo.
- El origen común de ambas, ***O***, es el **vértice**.

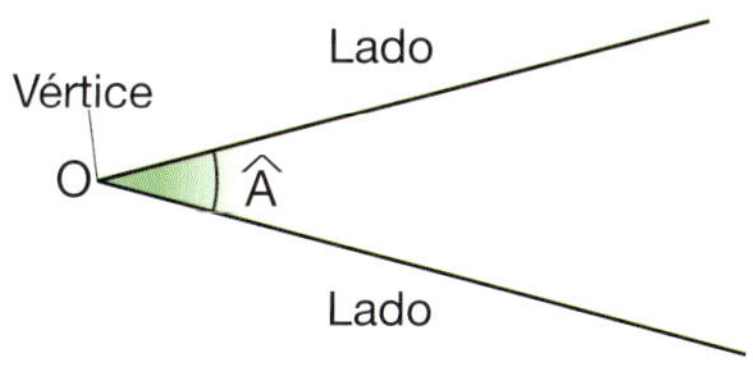

Para nombrar un ángulo, utilizamos una letra mayúscula y el símbolo ^, que situamos encima de la letra.

El ángulo como región barrida en un giro

Si haces girar un lápiz sobre una mesa manteniendo fijo uno de sus extremos, la región del plano que barre el lápiz en su giro también es un ángulo.

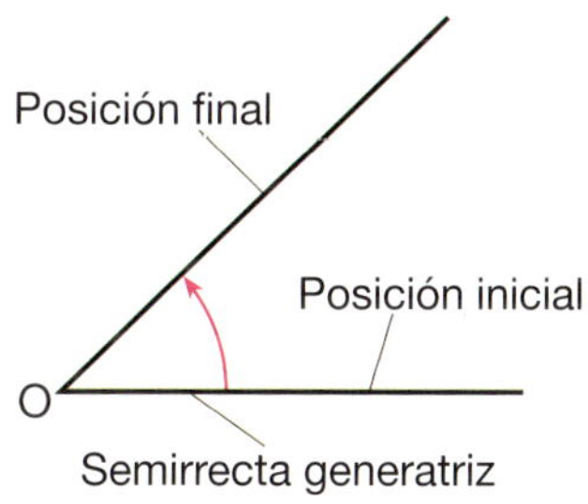

El **ángulo** es la región del plano barrida al girar una semirrecta o **semirrecta generatriz** respecto de su origen, desde una posición inicial hasta una posición final.

Transporte de ángulos

Para transportar un ángulo a tu cuaderno, puedes utilizar una regla y el compás. Observa:

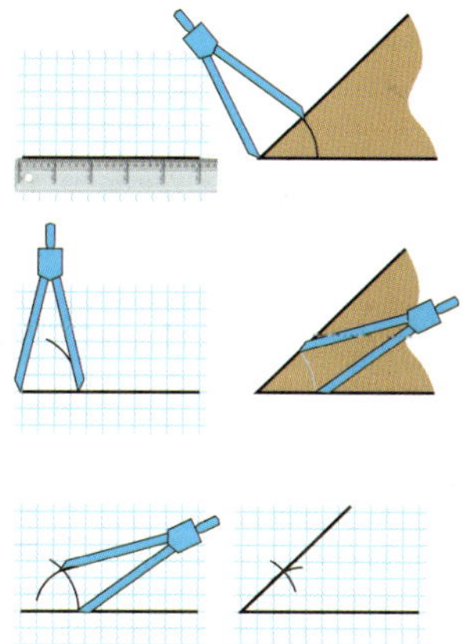

Actividades

12. Señala los ángulos que observes en estas señales de tráfico. Para ello, dibuja un arco que vaya de lado a lado o de la posición inicial a la posición final.

— ¿Sabrías decir cuál es el significado de las señales?

13. Dos semirrectas con el mismo origen dividen el plano en dos regiones.

Realiza un dibujo que refleje la situación descrita en el enunciado e indica los ángulos en el lugar correspondiente.

2.2. Medida de ángulos

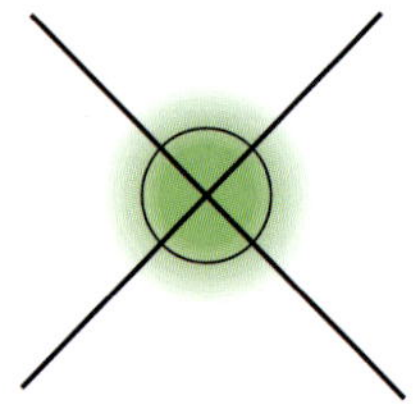

Dos rectas secantes que al cortarse forman cuatro ángulos iguales son **rectas perpendiculares**. Cada uno de los ángulos que forman es un ángulo recto.

El ángulo recto se toma como base para establecer la unidad fundamental del sistema sexagesimal de medida de ángulos.

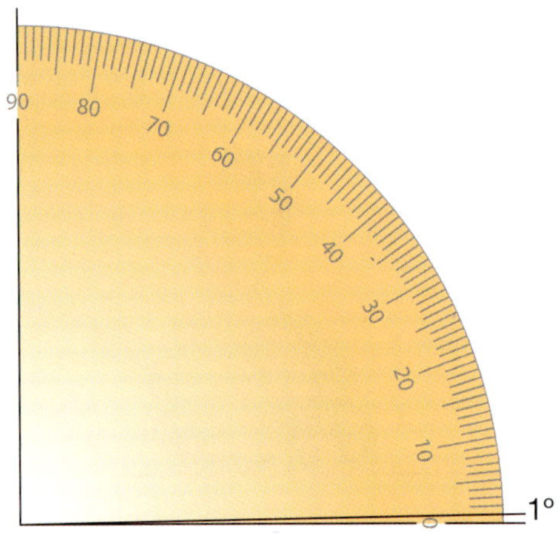

Unidades de medida de ángulos: sistema sexagesimal

La unidad de medida que utilizamos habitualmente para medir ángulos es el grado sexagesimal.

> Un **grado sexagesimal** es el ángulo que obtenemos al dividir un ángulo recto en 90 partes iguales. Se simboliza 1°.

Los submúltiplos del grado sexagesimal son el minuto sexagesimal (′) y el segundo sexagesimal (″). La relación entre estas unidades es la siguiente:

grado sexagesimal (°) —$\times$ 60→ minuto sexagesimal (′) —$\times$ 60→ segundo sexagesimal (″)

segundo sexagesimal (″) —: 60→ minuto sexagesimal (′) —: 60→ grado sexagesimal (°)

El grado, el minuto y el segundo forman un **sistema sexagesimal** porque cada unidad es 60 veces mayor que la inmediatamente inferior.

El **transportador de ángulos** es un instrumento graduado de 0° a 180° que se utiliza para medir y trazar ángulos. Veamos cómo se utiliza.

Ejemplo 1

Mide el ángulo representado en la figura utilizando el transportador de ángulos.

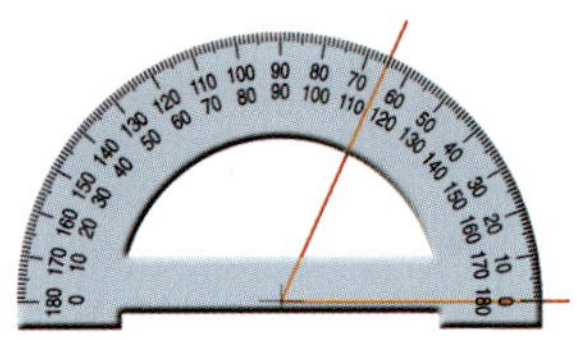

— Hacemos coincidir el punto central del transportador con el vértice del ángulo y su base, con uno de los lados del ángulo.

— Observamos el número de grados que indica el otro lado del ángulo, 65.

Así pues, el ángulo mide 65°.

Actividades

14. Di cuántos grados miden 3 ángulos rectos. ¿Y medio ángulo recto? ¿Cuántos ángulos rectos son 360°?

15. Representa los siguientes ángulos: 30°, 45°, 60°, 210° y 270°.

16. Mide los ángulos de la figura de la derecha utilizando un transportador de ángulos.

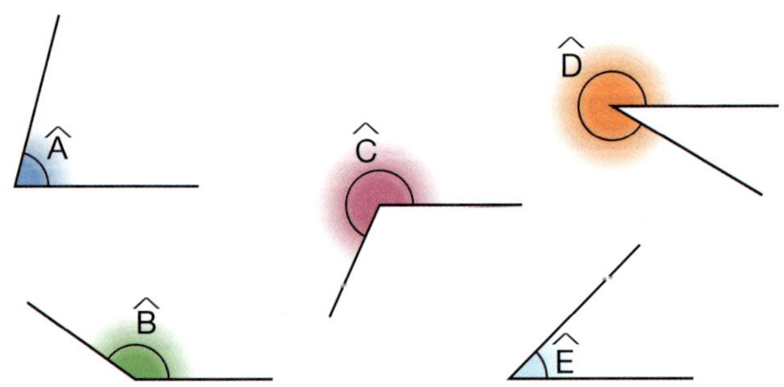

Conversión de medidas angulares

Sabemos que, al efectuar cualquier medida, podemos expresar el resultado en forma compleja o en forma incompleja. Esto también ocurre con la medida de ángulos.

Así, podemos decir que la medida de un ángulo es 15° 32′ 48″ o que es 55 968″.

Forma compleja

Forma incompleja

Veamos cómo se pasa de forma compleja a forma incompleja, y viceversa.

Ejemplo 2

Expresa 15° 32′ 48″ en forma incompleja de segundos.

COMPRENSIÓN:

Para expresar 15° 32′ 48″ en forma incompleja, transformamos los grados, los minutos y los segundos a segundos.

RESOLUCIÓN:

— Transformamos los grados y los minutos a la unidad que se pide, es decir, segundos:

$$15° \cdot \frac{3\,600''}{1°} = 54\,000'' \qquad 32' \cdot \frac{60''}{1'} = 1\,920''$$

— A continuación, sumamos los resultados:

$$54\,000'' + 1\,920'' + 48'' = 55\,968''$$

Así, 15° 32′ 48″ son 55 968″.

Ejemplo 3

Expresa 5 968″ en forma compleja.

COMPRENSIÓN:

Para expresar 5 968″ en forma compleja, transformamos los segundos en grados, minutos y segundos.

RESOLUCIÓN:

— Dividimos los segundos por 60 para pasar a minutos. El resto obtenido lo apuntamos en el resultado como segundos.

— Dividimos los minutos del cociente por 60 para pasar a grados. El resto obtenido lo apuntamos en el resultado como minutos. El cociente lo anotamos en el resultado como grados.

5 968″ | 60
568 99′
28″

99′ | 60
39′ 1°

1° 39′ 28″

Así, 5 968″ son 1° 39′ 28″.

Calculadora

Algunas calculadoras disponen de la tecla ° ′ ″, que permite efectuar directamente tanto la transformación de forma compleja a incompleja como su inversa. Si tu calculadora dispone de esta tecla, consulta el manual para saber cómo usarla.

— Expresa 15° 48′ 27″ en forma incompleja de segundos.

— Di a cuántos minutos equivalen 4° 13′.

Actividades

17. Expresa las siguientes medidas de ángulos en forma incompleja de segundos:

a) 23° 15′ 44″
b) 18′ 13″
c) 3° 4′
d) 17° 32′ 23″
e) 10° 10′ 10″
f) 64° 59′ 59″

18. Expresa las siguientes medidas de ángulos en forma compleja:

a) 3 602″
b) 125′
c) 16 425″
d) 1 500″
e) 330′
f) 9 672″

Operaciones en el sistema sexagesimal

Para operar con medidas de ángulos, debemos tener en cuenta que estos constituyen un sistema sexagesimal de unidades.

Procedimiento — **SUMA**

– Colocamos las medidas de los ángulos una debajo de la otra de manera que en cada columna coincidan las unidades.

– Sumamos por separado los grados, los minutos y los segundos.

– Si el número de minutos o de segundos resultante es mayor o igual que 60, lo transformamos en la unidad de orden inmediatamente superior.

Ejemplo

14° 15′ 34″ + 20° 37′ 44″

14°	15′	34″
+ 20°	37′	44″
34°	52′	78″

78″ = 1′ 18″

34°	53′	18″

14° 15′ 34″ + 20° 37′ 44″ = 34° 53′ 18″

Procedimiento — **RESTA**

– Colocamos de la misma manera que en la suma las medidas de los ángulos y comenzamos a restar por las unidades de orden inferior.

– Si el número de segundos o de minutos en el minuendo es menor que en el sustraendo, transformamos una unidad de orden inmediatamente superior del minuendo en su equivalente de orden inferior.

Ejemplo

75° 34′ 15″ – 22° 45′ 30″

75°	34′	15″
– 22°	45′	30″
	–1′	+60″
75°	33′	75″
– 22°	45′	30″
		45″
–1°	+60′	
74°	93′	75″
– 22°	45′	30″
52°	48′	45″

75° 34′ 15″ – 22° 45′ 30″ = 52° 48′ 45″

Procedimiento — **MULTIPLICACIÓN**

– Multiplicamos por el número natural los grados, los minutos y los segundos.

– Si el número de minutos o el número de segundos del resultado es mayor o igual que 60, lo transformamos en una unidad de orden inmediatamente superior.

Ejemplo

12° 34′ 27″ × 3

12°	34′	27″
×		3
36°	102′	81″

81″ = 1′ 21″

36°	103′	21″

103′ = 1° 43′

37°	43′	21″

12° 34′ 27″ × 3 = 37° 43′ 21″

Procedimiento — **DIVISIÓN**

– Dividimos los grados por el número natural, transformamos el resto a minutos y los sumamos a los que ya teníamos.

– Dividimos los minutos, transformamos el resto a segundos y los sumamos a los que ya teníamos.

– Dividimos los segundos.

Ejemplo

52° 58′ 35″ : 5

52° : 5 = 10°, resto 02°

2 × 60 = 120′ ; 120′ + 58′ = 178′

178′ : 5 = 35′, resto 03′ (28′, 03′)

3 × 60 = 180″; 180″ + 35″ = 215″

215″ : 5 = 43″, resto 0″ (15″, 0″)

52° 58′ 35″ : 5 = 10° 35′ 43″

Actividades

19. Efectúa las siguientes operaciones:

a) 23° 58′ 56″ + 34° 47′ 13″

b) 45° 27′ 15″ – 28° 14′ 48″

c) 12° 17′ 28″ × 5

d) 130° 26′ 20″ : 5

e) (35° 16′ 45″ – 22° 16′ 58″) × 3

f) (7° 25′ 39″ + 31° 27′ 48″) : 7

2.3. Clasificación de los ángulos

Podemos clasificar los ángulos atendiendo a dos criterios. Observa:

- Según la **región** del plano que abarcan.

ÁNGULO CONVEXO	ÁNGULO CÓNCAVO
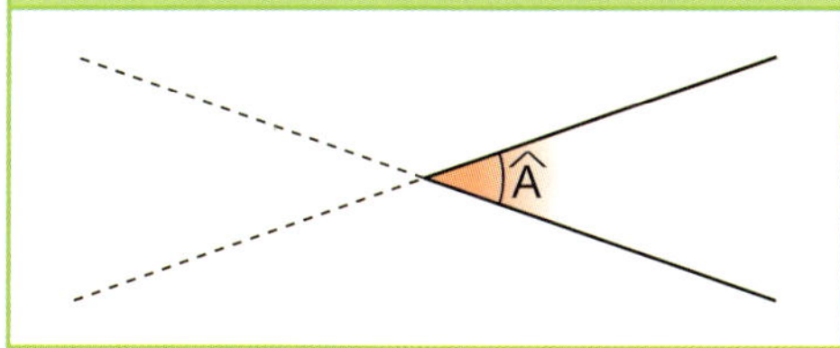	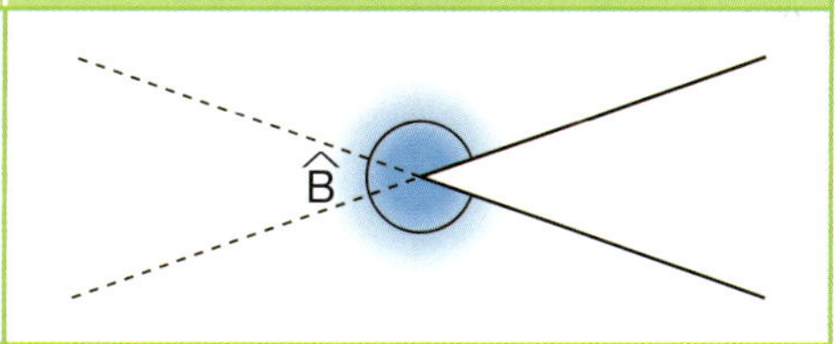
El ángulo $\widehat{A}$ es **convexo** porque abarca una de las cuatro regiones del plano que se determinan al prolongar sus lados.	El ángulo $\widehat{B}$ es **cóncavo** porque abarca tres de estas cuatro regiones.

Si accedes a la página

http://links.edebe.com/pga

podrás repasar los contenidos sobre rectas y ángulos.

— Elabora un mapa mental sobre los elementos básicos de la geometría.

— En el apartado de ángulos, accede al subapartado «Medida de ángulos» y calcula con el transportador virtual la medida de los ángulos representados.

- Según su **amplitud** o medida.

ÁNGULO AGUDO	ÁNGULO RECTO	ÁNGULO OBTUSO
	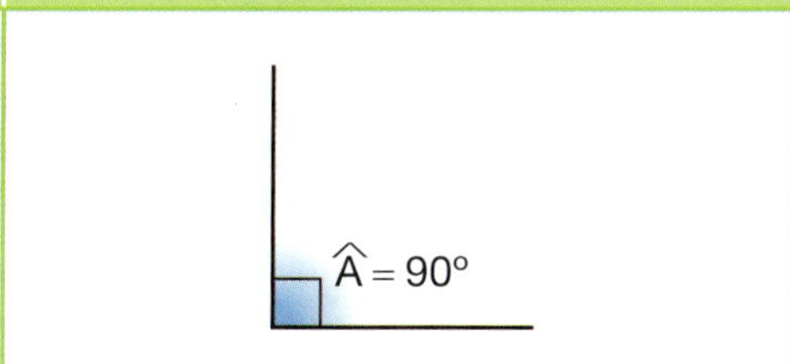	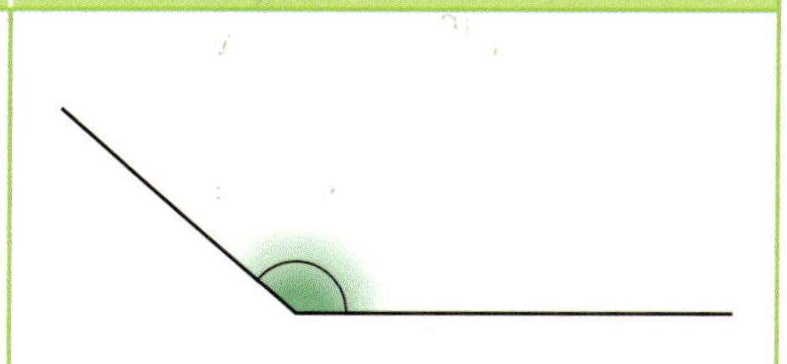
• Su amplitud es menor que la de un ángulo recto. • Mide menos de 90°.	• Sus lados son perpendiculares. • Mide 90°.	• Su amplitud es mayor que la de un ángulo recto. • Mide más de 90°.

ÁNGULO NULO	ÁNGULO LLANO	ÁNGULO COMPLETO
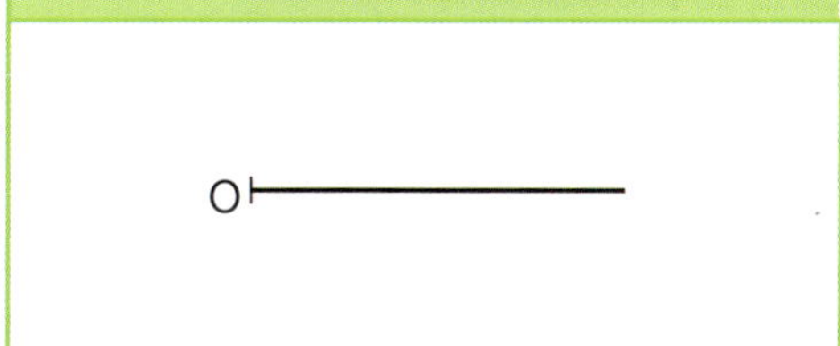	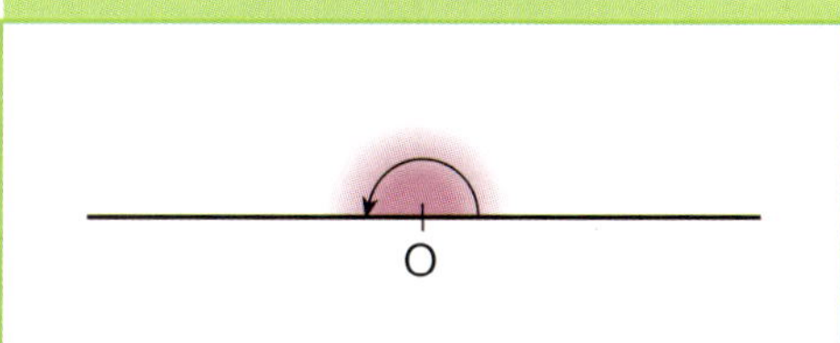	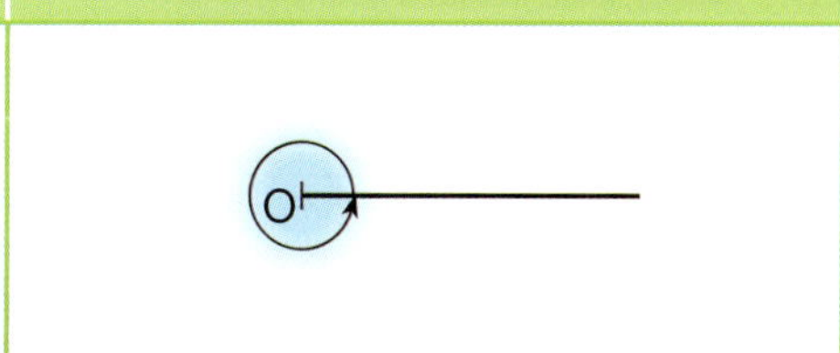
• Su amplitud es nula. • Mide 0°.	• Su amplitud equivale a dos ángulos rectos. • Mide 180°.	• Su amplitud equivale a cuatro ángulos rectos. • Mide 360°.

Actividades

20. Indica si estos ángulos son cóncavos o convexos:

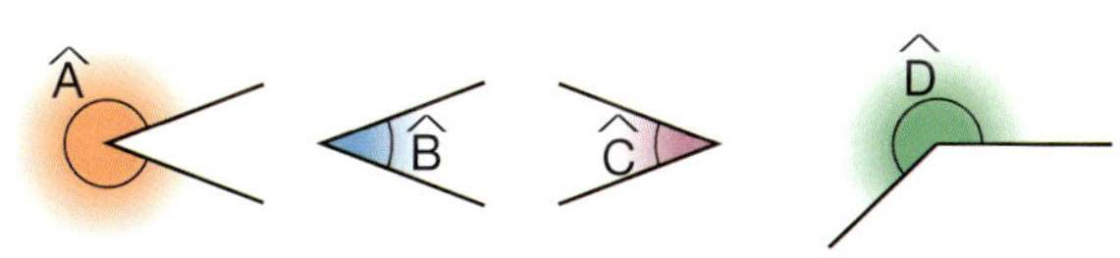

21. Clasifica los siguientes ángulos por su amplitud o medida:

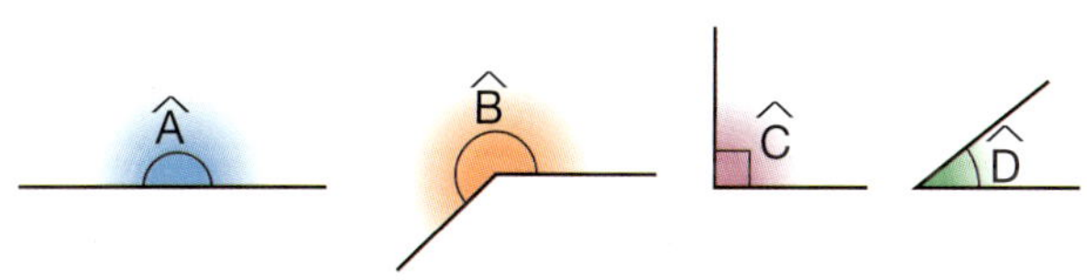

2.4. Operaciones con ángulos

Dos ángulos reciben diferentes nombres según su posición. Observa:

ÁNGULOS CONSECUTIVOS	ÁNGULOS ADYACENTES
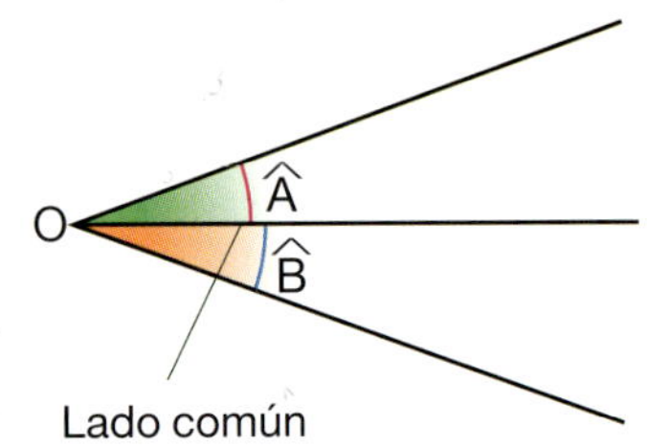	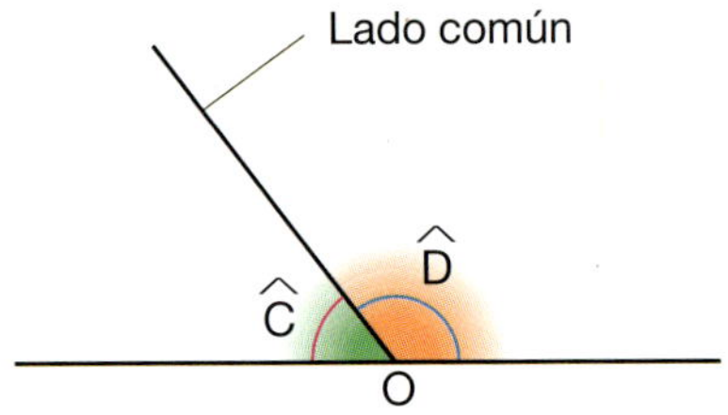
Los ángulos $\widehat{A}$ y $\widehat{B}$ tienen en común el vértice y uno de los lados.	Los ángulos $\widehat{C}$ y $\widehat{D}$ son consecutivos y sus lados no comunes forman un ángulo llano.

Los ángulos pueden sumarse, restarse, multiplicarse y dividirse por un número natural.

Veamos cómo efectuar gráfica y numéricamente estas operaciones.

SUMA	RESTA
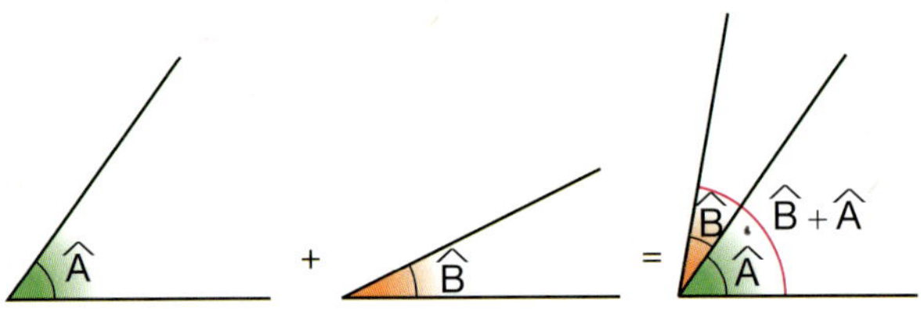	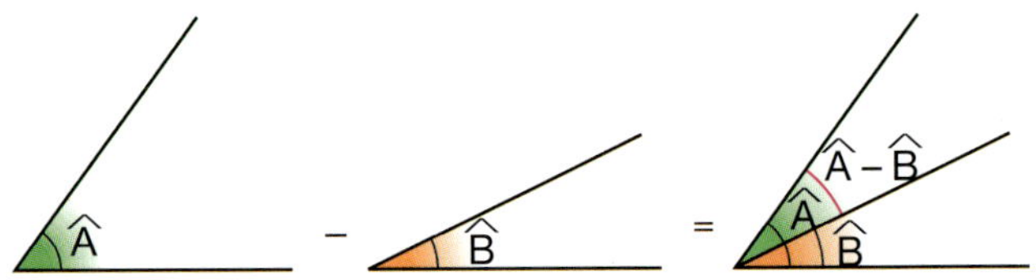
Para sumar dos ángulos, se transporta uno a continuación del otro de manera que resulten ángulos consecutivos. $\widehat{A}=60^\circ$ $\widehat{B}=20^\circ$ $\widehat{A}+\widehat{B}=80^\circ$	Para restar dos ángulos, superponemos el menor al mayor de modo que tengan un lado y el vértice comunes. $\widehat{A}=60^\circ$ $\widehat{B}=20^\circ$ $\widehat{A}-\widehat{B}=40^\circ$

MULTIPLICACIÓN POR UN NÚMERO NATURAL	DIVISIÓN POR UN NÚMERO NATURAL
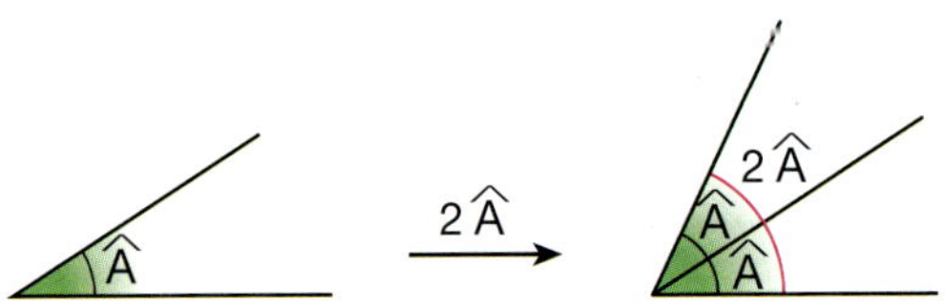	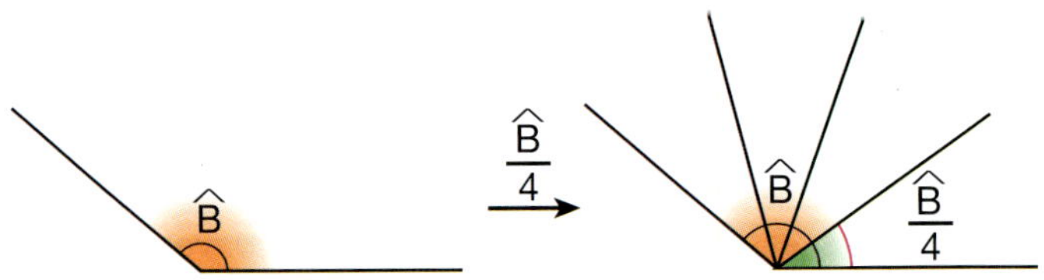
Para multiplicar un ángulo por un número natural, sumaremos tantas veces el ángulo como indica dicho número. $\widehat{A}=30^\circ$ $2\cdot\widehat{A}=60^\circ$	Dividir un ángulo por un número natural es hallar otro ángulo que multiplicado por dicho número dé el primero. $\widehat{B}=120^\circ$ $\frac{\widehat{B}}{4}=30^\circ$ En el caso particular en que dividimos el ángulo en dos partes iguales, la semirrecta obtenida es la **bisectriz** del ángulo.

Ejemplo 4

Dados los ángulos $\widehat{A}$ y $\widehat{B}$, efectúa gráfica y numéricamente las siguientes operaciones:

a) $\widehat{A}+\widehat{B}$ *b)* $\widehat{A}-\widehat{B}$ *c)* $3\cdot\widehat{B}$ *d)* $\widehat{A}:4$

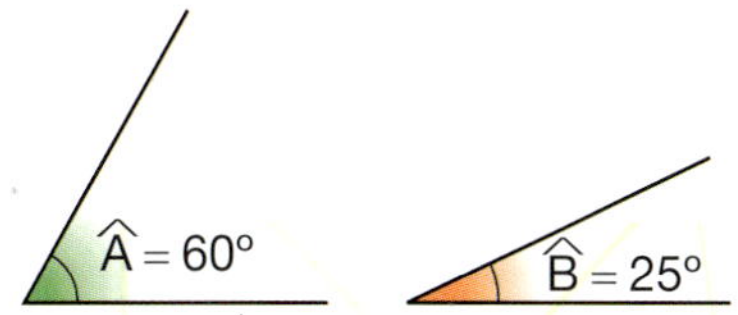

Resolución gráfica:

Transportamos los ángulos en cada caso de la manera conveniente.

a) b) c) d)

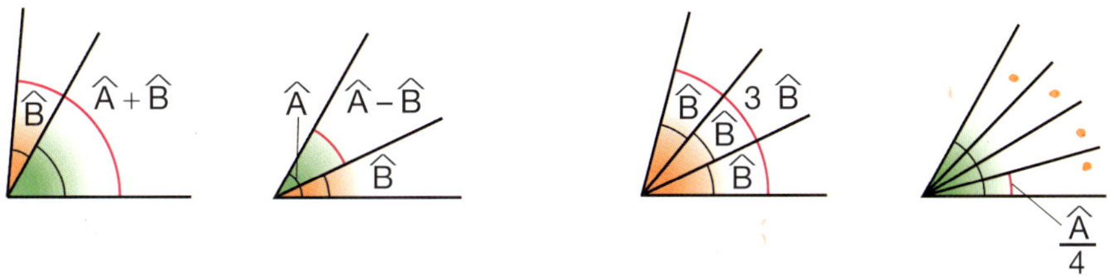

Resolución numérica:

a) $60° + 25° = 85°$

b) $60° - 25° = 35°$

c) $3 \cdot 25° = 75°$

d) $\dfrac{60°}{4} = 15°$

Dado un ángulo, podemos definir su ángulo **complementario** y su ángulo **suplementario** de esta forma:

ÁNGULOS COMPLEMENTARIOS	ÁNGULOS SUPLEMENTARIOS
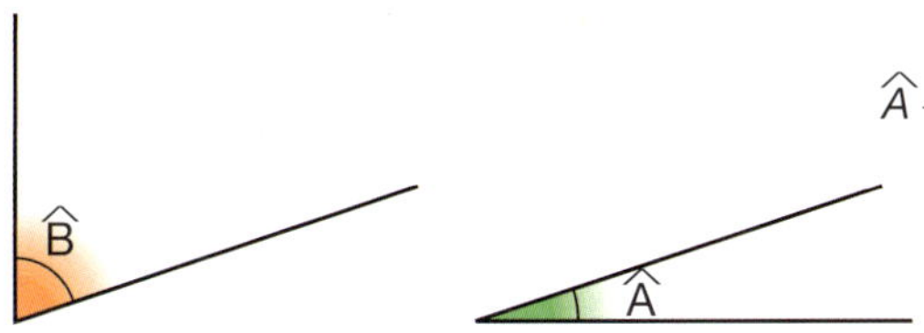 $\widehat{A}+\widehat{B}=90°$	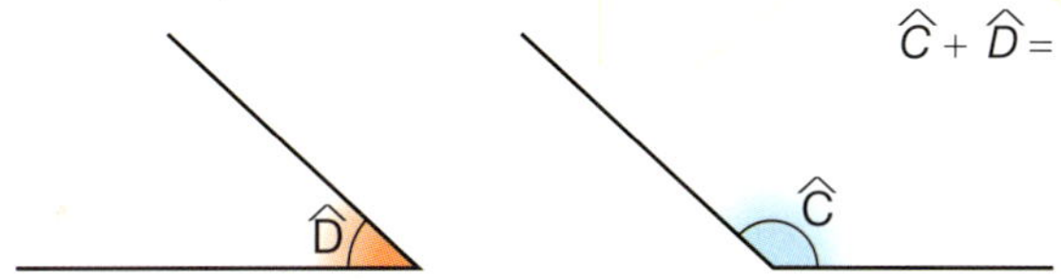 $\widehat{C}+\widehat{D}=180°$
Los ángulos $\widehat{A}$ y $\widehat{B}$ son complementarios porque suman 90°.	Los ángulos $\widehat{C}$ y $\widehat{D}$ son suplementarios porque suman 180°.

Actividades

22. Compara los siguientes ángulos y ordénalos de mayor a menor sin utilizar el transportador de ángulos:

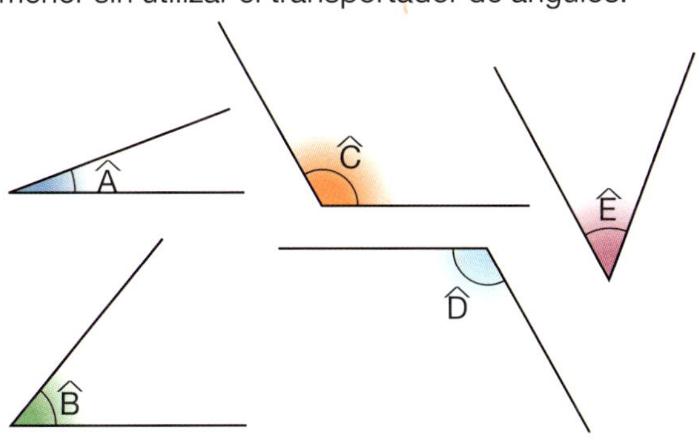

23. Razona y responde:

a) ¿Todos los ángulos consecutivos son adyacentes? ¿Y al revés?

b) ¿Todos los ángulos suplementarios son adyacentes? ¿Y al revés?

24. Dados los ángulos $\widehat{A}$ y $\widehat{B}$:

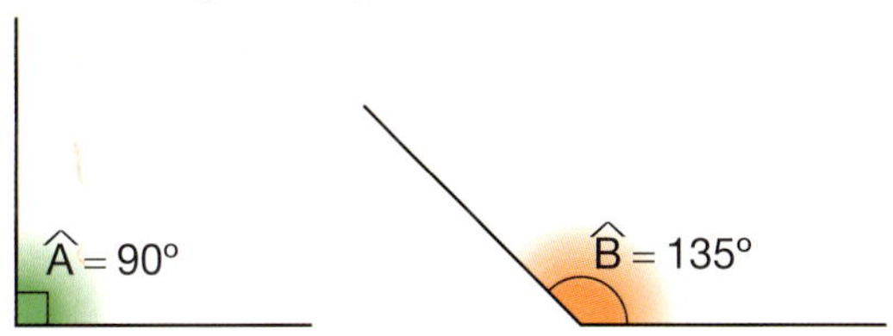

Resuelve gráfica y numéricamente los siguientes apartados:

a) $\dfrac{\widehat{A}}{2} + 2\cdot\widehat{B}$ b) $3\cdot\widehat{A} - \widehat{B}$

25. Dibuja el ángulo complementario y el suplementario de cada uno de los siguientes ángulos. Determina numéricamente sus valores.

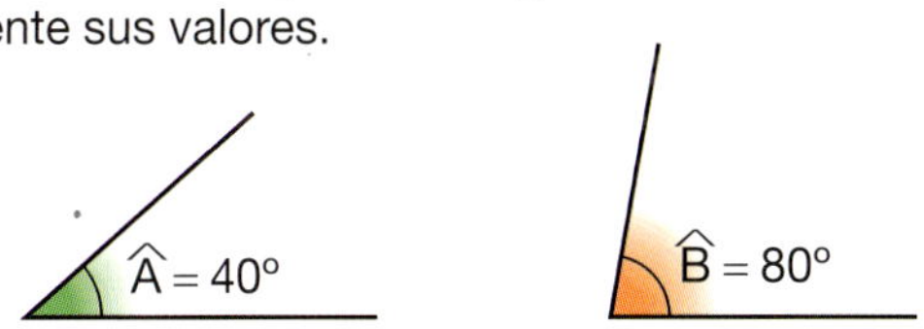

2.5. Relaciones angulares

Las relaciones entre ángulos y sus propiedades permiten determinar si dos ángulos son iguales o suplementarios sin necesidad de efectuar operaciones.

ÁNGULOS OPUESTOS POR EL VÉRTICE

Los ángulos $\widehat{A}$ y $\widehat{C}$ tienen el mismo vértice y los lados de uno son la prolongación de los del otro. Son ángulos opuestos por el vértice.

También los ángulos $\widehat{B}$ y $\widehat{D}$ son opuestos por el vértice.

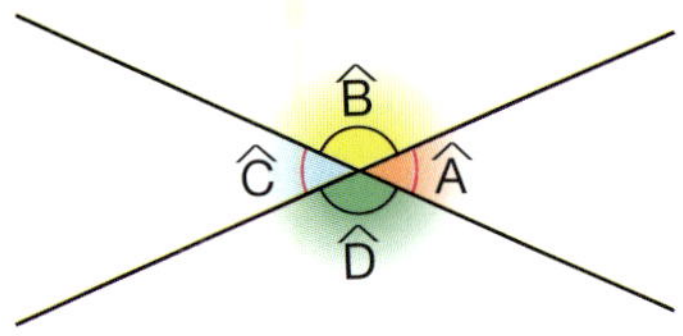

$\widehat{A}$ y $\widehat{D}$ son adyacentes; por tanto, $\widehat{A} + \widehat{D} = 180°$.

$\widehat{C}$ y $\widehat{D}$ son adyacentes; por tanto, $\widehat{C} + \widehat{D} = 180°$.

$$\left.\begin{array}{l}\widehat{A} = 180° - \widehat{D} \\ \widehat{C} = 180° - \widehat{D}\end{array}\right\} \widehat{A} = \widehat{C}$$

Del mismo modo, se obtiene $\widehat{B} = \widehat{D}$.

> Dos **ángulos** opuestos por el vértice son **iguales**.

ÁNGULOS DE LADOS PARALELOS

Los dos ángulos son agudos.

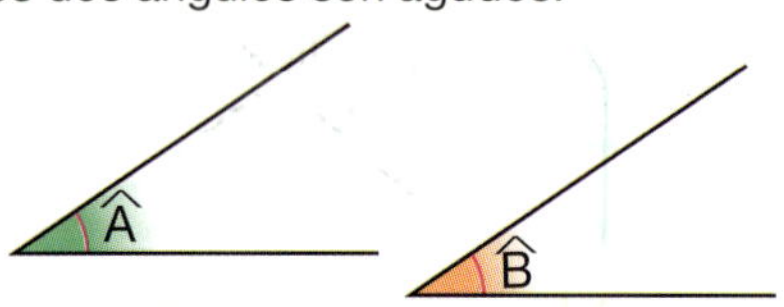

$\widehat{A} = \widehat{B}$

Los dos ángulos son obtusos.

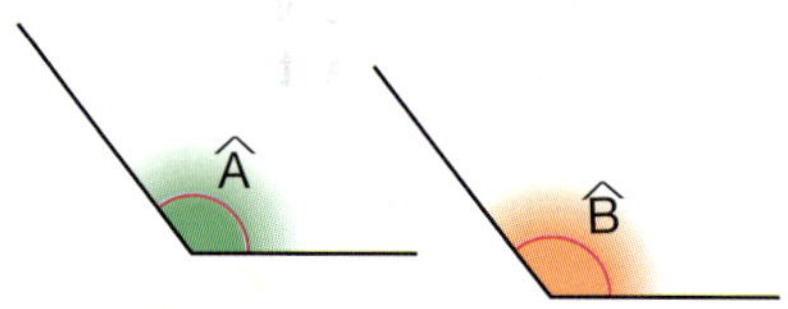

$\widehat{A} = \widehat{B}$

Un ángulo es agudo y el otro, obtuso.

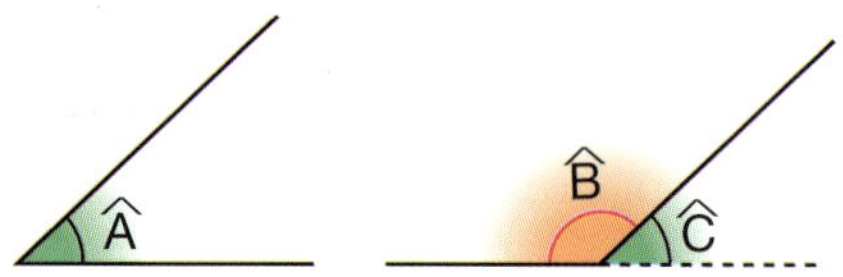

$$\left.\begin{array}{l}\widehat{A} = \widehat{C} \\ \widehat{B} + \widehat{C} = 180°\end{array}\right\} \widehat{A} + \widehat{B} = 180°$$

> Dos ángulos de **lados paralelos** son **iguales** si los dos son agudos o si los dos son obtusos. Dos ángulos de **lados paralelos** son **suplementarios** si uno es agudo y el otro es obtuso.

ÁNGULOS DE LADOS PERPENDICULARES

Los dos ángulos son agudos.

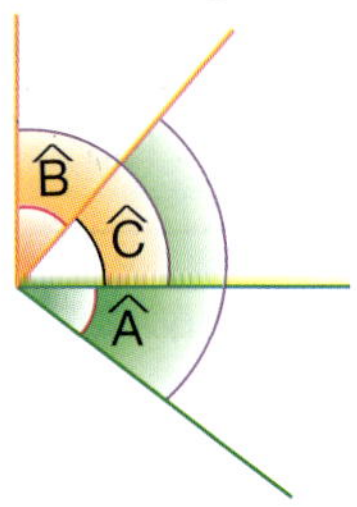

$$\left.\begin{array}{l}\widehat{A} + \widehat{C} = 90° \\ \widehat{B} + \widehat{C} = 90°\end{array}\right\} \widehat{A} = \widehat{B}$$

Los dos ángulos son obtusos.

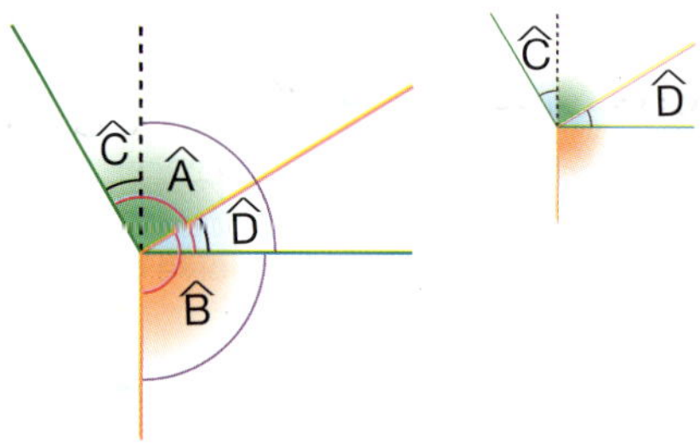

$$\left.\begin{array}{l}\widehat{C} = \widehat{D} \\ \widehat{A} = \widehat{C} + 90° \\ \widehat{B} = \widehat{D} + 90°\end{array}\right\} \widehat{A} = \widehat{B}$$

Un ángulo es agudo y el otro, obtuso.

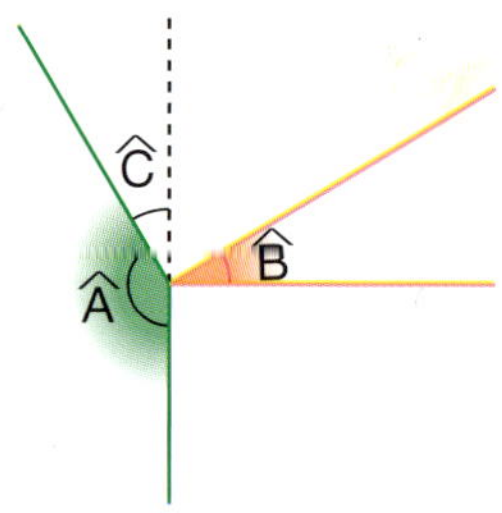

$$\left.\begin{array}{l}\widehat{A} + \widehat{C} = 180° \\ \widehat{C} = \widehat{B}\end{array}\right\} \widehat{A} + \widehat{B} = 180°$$

> Dos ángulos de **lados perpendiculares** son **iguales** si los dos son agudos o si los dos son obtusos. Dos ángulos de **lados perpendiculares** son **suplementarios** si uno es agudo y el otro es obtuso.

Al cortar dos rectas paralelas por una recta secante, se determinan ocho ángulos.

Estos ángulos guardan entre sí diferentes relaciones según la posición que ocupan.

Observa dichas relaciones en la siguiente tabla:

ÁNGULOS DETERMINADOS POR DOS PARALELAS Y UNA SECANTE

CORRESPONDIENTES

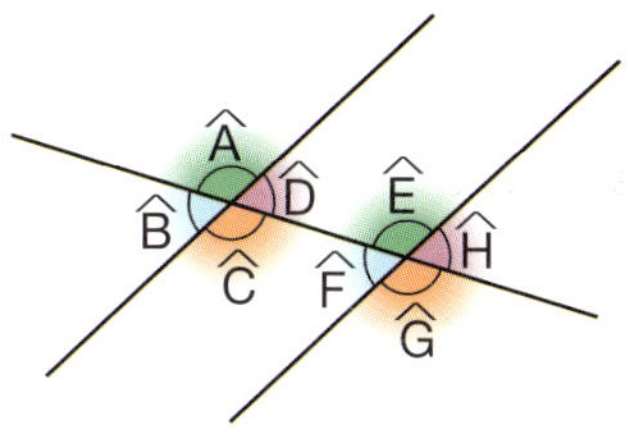

$\hat{A}$ y $\hat{E}$ $\hat{D}$ y $\hat{H}$

$\hat{B}$ y $\hat{F}$ $\hat{C}$ y $\hat{G}$

Dos ángulos **correspondientes** son **iguales**.

ALTERNOS INTERNOS

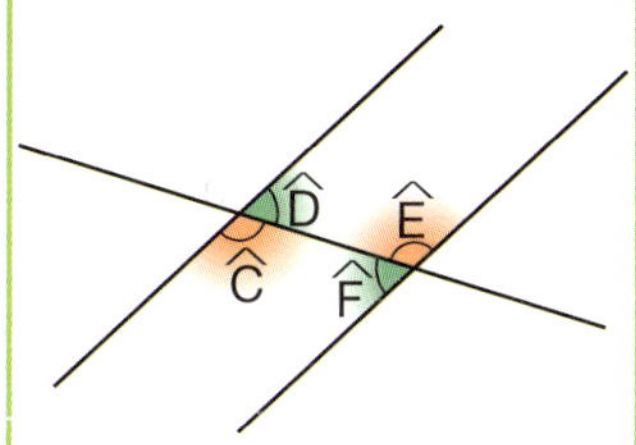

$\hat{C}$ y $\hat{E}$ $\hat{D}$ y $\hat{F}$

Dos ángulos **alternos internos** son **iguales**.

ALTERNOS EXTERNOS

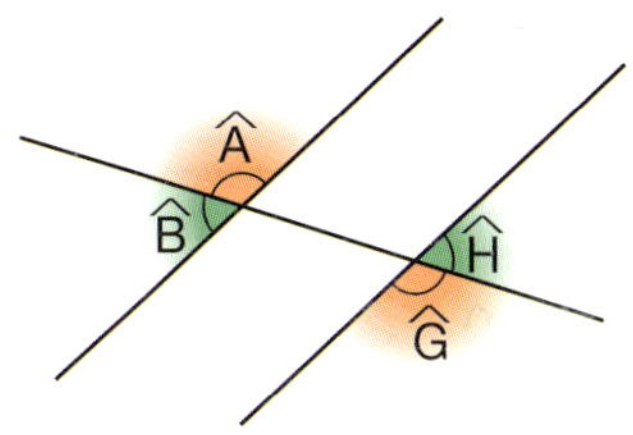

$\hat{A}$ y $\hat{G}$ $\hat{B}$ y $\hat{H}$

Dos ángulos **alternos externos** son **iguales**.

OPUESTOS POR EL VÉRTICE

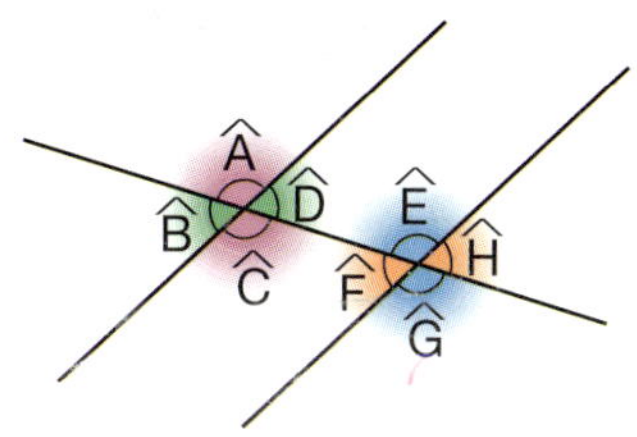

$\hat{A}$ y $\hat{C}$ $\hat{B}$ y $\hat{D}$

$\hat{E}$ y $\hat{G}$ $\hat{F}$ y $\hat{H}$

Dos ángulos **opuestos por el vértice** son **iguales**.

ADYACENTES

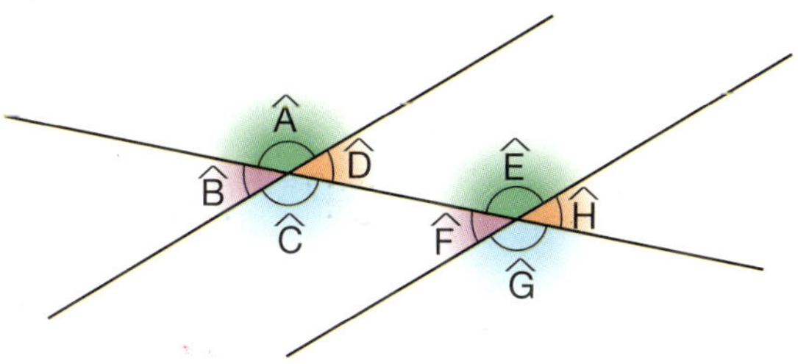

$\hat{A}$ y $\hat{B}$ $\hat{A}$ y $\hat{D}$ $\hat{B}$ y $\hat{C}$ $\hat{C}$ y $\hat{D}$

$\hat{E}$ y $\hat{F}$ $\hat{E}$ y $\hat{H}$ $\hat{F}$ y $\hat{G}$ $\hat{G}$ y $\hat{H}$

Dos ángulos **adyacentes** son **suplementarios**.

CONJUGADOS INTERNOS

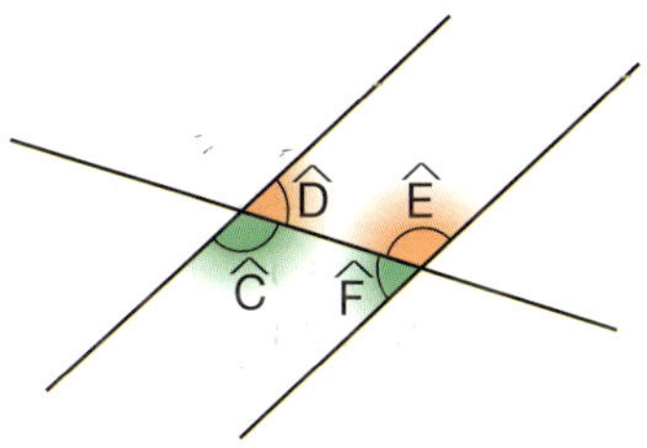

$\hat{C}$ y $\hat{F}$

$\hat{D}$ y $\hat{E}$

Dos ángulos **conjugados internos** son **suplementarios**.

CONJUGADOS EXTERNOS

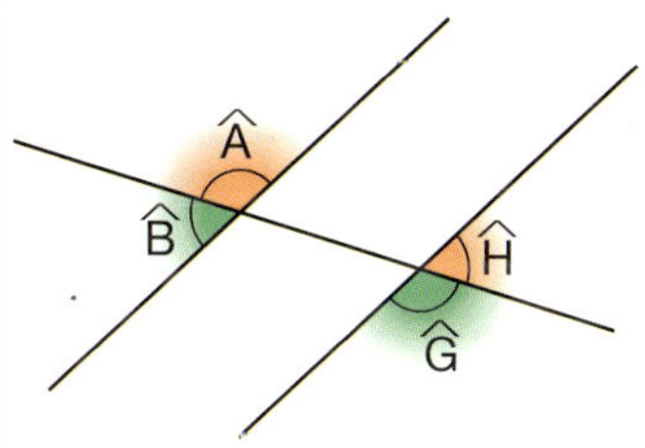

$\hat{A}$ y $\hat{H}$

$\hat{B}$ y $\hat{G}$

Dos ángulos **conjugados externos** son **suplementarios**.

Actividades

26. En la figura de la derecha, determina los pares de ángulos iguales.

— Razona tu respuesta.

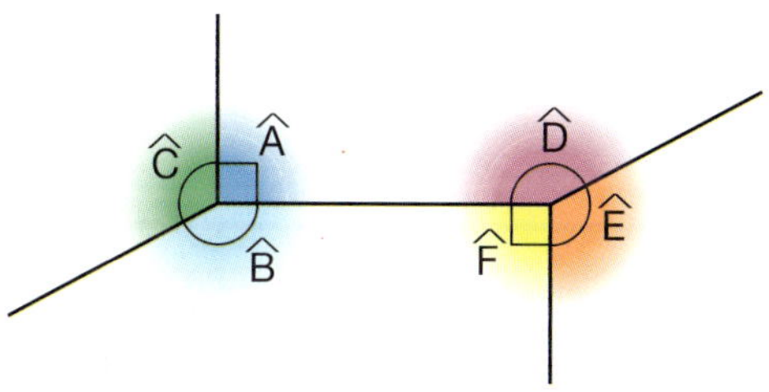

27. + Justifica las relaciones entre ángulos alternos internos y alternos externos a partir de las relaciones entre ángulos correspondientes y entre ángulos opuestos por el vértice.

3. Construcciones geométricas con regla y compás

A continuación, veremos cómo trazar rectas paralelas y rectas perpendiculares con regla y cartabón, y unas construcciones geométricas fundamentales con regla y compás.

TRAZADO DE RECTAS PARALELAS A UNA RECTA DADA

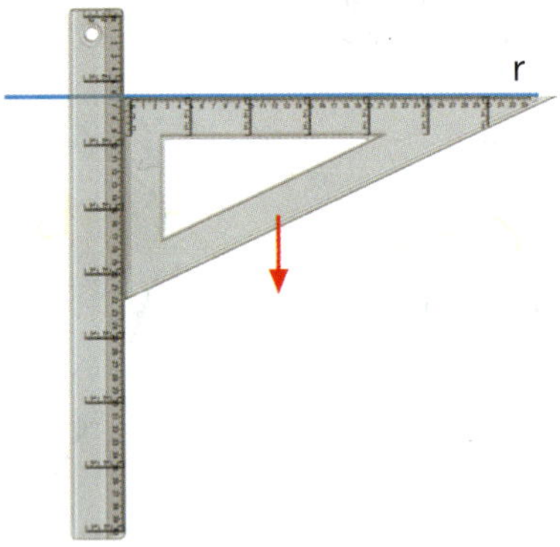

— Colocamos la regla y el cartabón según la figura.

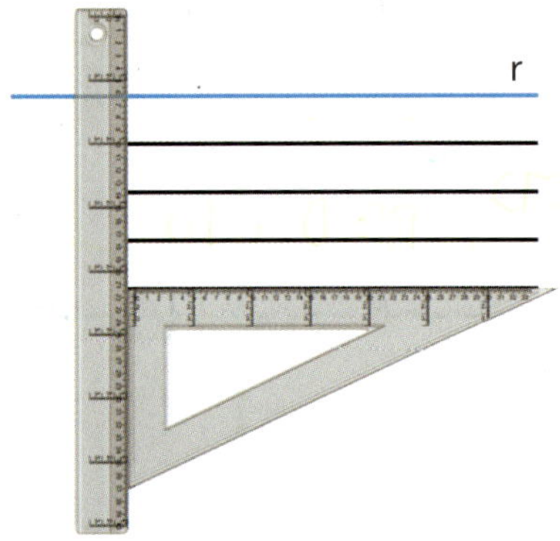

— Deslizamos el cartabón sobre la regla. De este modo, obtenemos rectas **paralelas** a *r*.

Ejemplo 5

Obtén la recta paralela a r *por el punto* P.

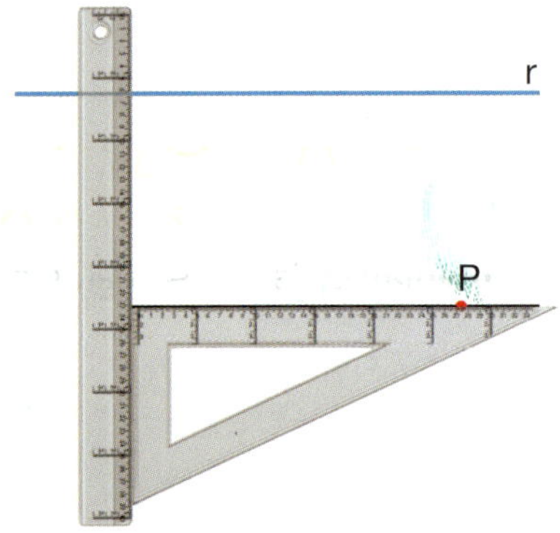

— Colocamos el cartabón y la regla según se ha visto.

— Deslizamos el cartabón hasta que el lado que forma ángulo recto con la regla pase por el punto *P*.

TRAZADO DE RECTAS PERPENDICULARES A UNA RECTA DADA

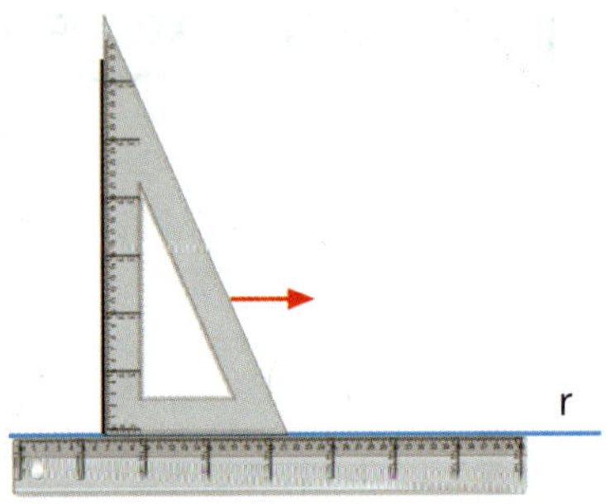

— Colocamos la regla y el cartabón según la figura.

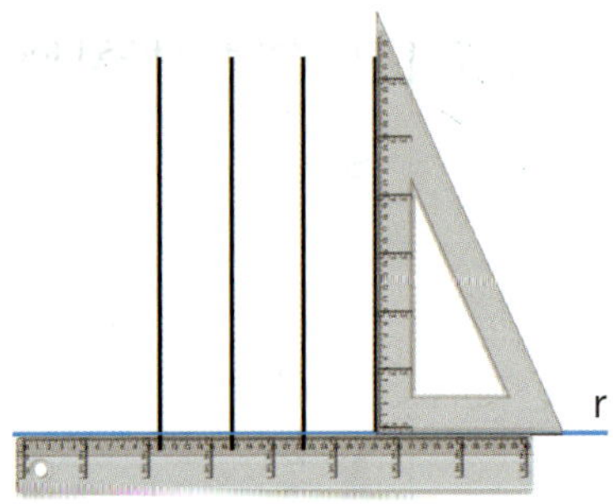

— Deslizamos el cartabón sobre la regla. De este modo, obtenemos rectas **perpendiculares** a *r*.

Ejemplo 6

Obtén la recta perpendicular a r *por el punto* P.

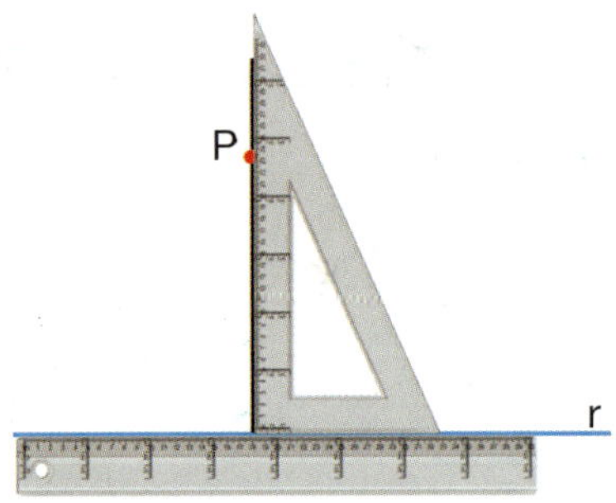

— Colocamos la regla y el cartabón tal como se ha enseñado.

— Deslizamos el cartabón hasta que el lado que forma ángulo recto con la regla pase por el punto *P*.

Actividades

28. Traza una recta *r* y, después, dibuja cuatro rectas paralelas a *r* que disten 1 cm una de otra.

29. Traza una recta *r* y, después, dibuja cuatro rectas perpendiculares a ella que disten 1,5 cm una de otra.

DIVISIÓN DE UN SEGMENTO EN PARTES IGUALES

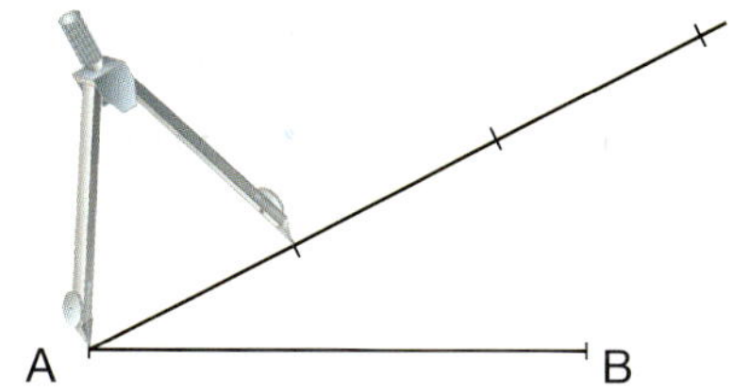

— Trazamos una semirrecta con origen en *A* y que no pase por *B*, y señalamos sobre ella tres segmentos iguales consecutivos a partir del punto *A*.

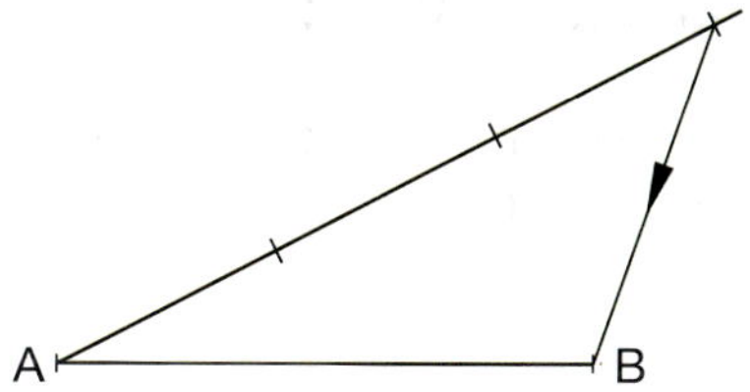

— Unimos el extremo del último segmento trazado sobre la semirrecta con el punto *B*.

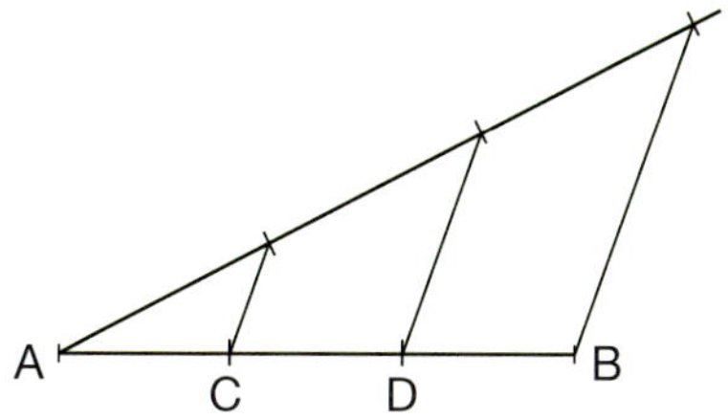

— Trazamos rectas paralelas a la recta anterior que pasen por los puntos marcados en la semirrecta.

MEDIATRIZ DE UN SEGMENTO

La **mediatriz** de un segmento es la recta perpendicular al segmento que pasa por su punto medio.

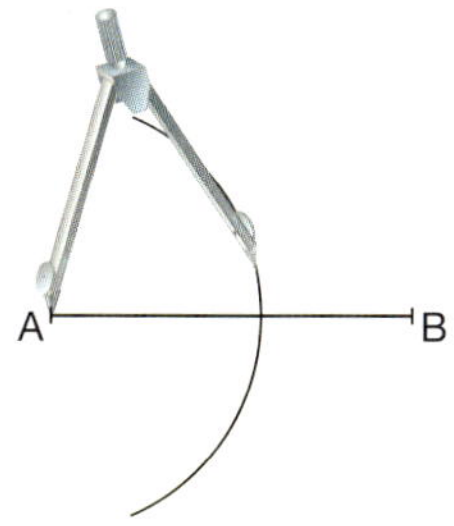

— Trazamos un arco de radio aproximadamente mayor que la mitad del segmento con centro en el punto *A*.

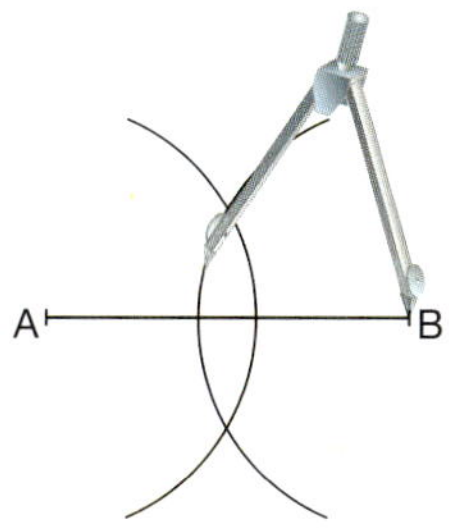

— Trazamos otro arco de igual radio con centro en el punto *B*.

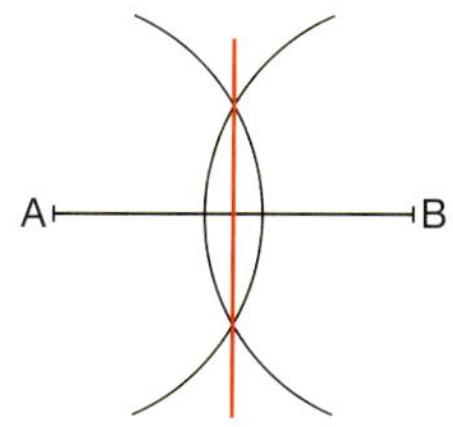

— Trazamos la recta que pasa por los puntos donde se cortan los dos arcos.

BISECTRIZ DE UN ÁNGULO

La **bisectriz** de un ángulo es la semirrecta que lo divide en dos ángulos iguales.

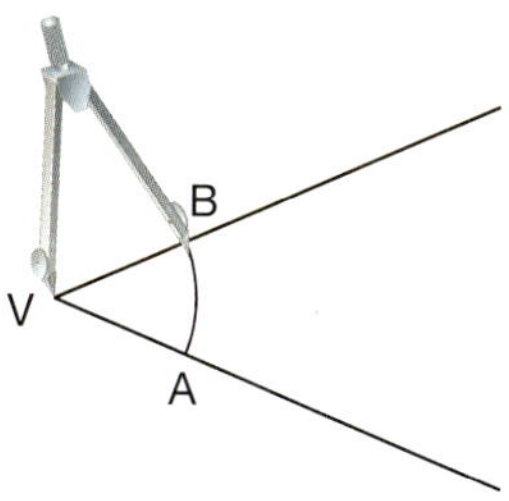

— Situamos la punta del compás en el vértice del ángulo y trazamos un arco que corte los lados.

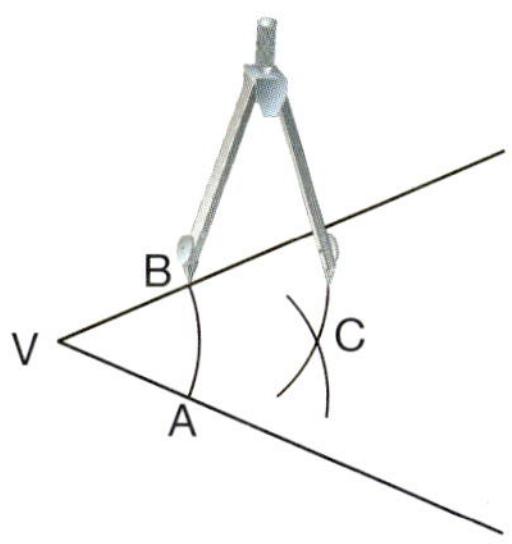

— Con centro en los puntos en los que el arco anterior corta a los lados, trazamos dos nuevos arcos de igual radio.

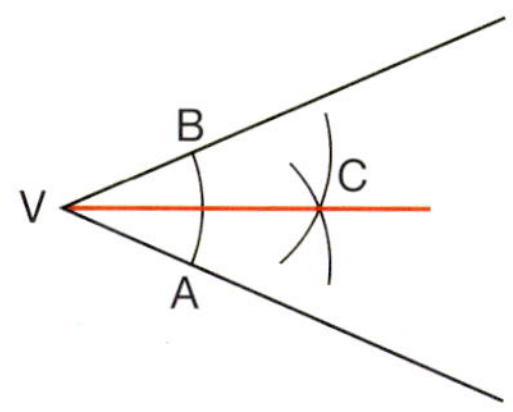

— Trazamos la semirrecta con origen en el vértice del ángulo y que pasa por el punto de corte de los dos últimos arcos.

Actividades

30. Traza un segmento de 7,5 cm de longitud. A continuación, dibuja su mediatriz.

— Traza un segmento de 8 cm de longitud. Después, divídelo en tres partes iguales.

31. Dibuja un ángulo de 57° y traza su bisectriz.

32. Construye un cuadrado de 10 cm de lado utilizando la regla y el cartabón. Después, dibuja una cuadrícula de 1 cm de lado en su interior.

4. Trazado de elementos básicos con el ordenador

En la actualidad, es fácil realizar construcciones con la ayuda del ordenador.

Todos los menús generales de los programas geométricos son muy parecidos. Veamos a continuación algunas de las opciones que nos ofrece el programa interactivo GeoGebra.

Las siguientes herramientas nos permitirán repasar los conceptos de punto, segmento, recta y ángulo.

Herramienta punto

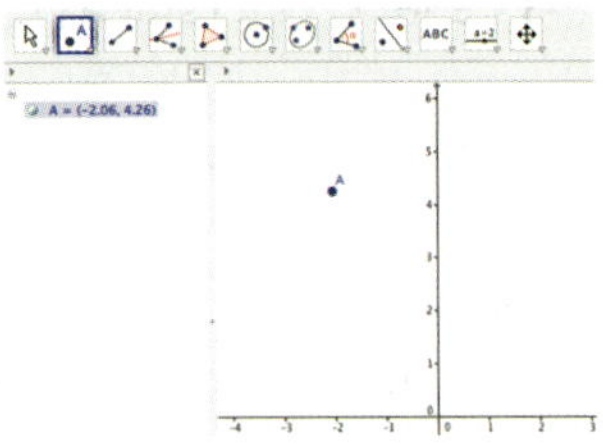

Se utiliza para generar puntos.

Al hacer clic sobre «Nuevo Punto» y soltar el ratón sobre la vista gráfica, se crea un nuevo punto.

Herramienta Recta

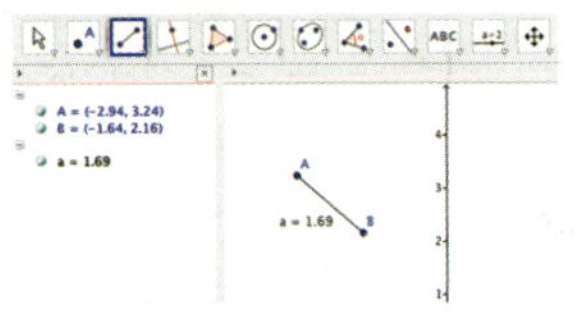

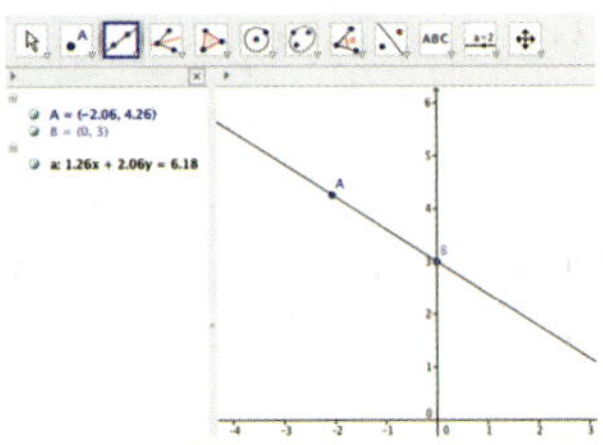

Se utiliza para generar segmentos y rectas.

La instrucción «Segmento entre Dos Puntos» permite crear un segmento dados dos puntos. Al crear dos puntos sobre la vista gráfica, se traza el segmento que pasa por ellos.

La instrucción «Recta que pasa por Dos Puntos» permite crear una recta dados dos puntos. Al marcar dos puntos, se traza la recta que pasa por ellos.

Herramienta Ángulo

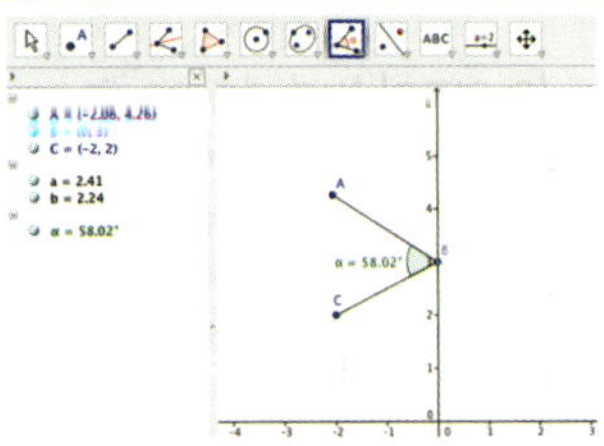

Se utiliza para generar ángulos. Esta herramienta permite crear:

- El ángulo entre tres puntos cuyo vértice es el segundo de ellos.
- El ángulo entre dos segmentos.
- El ángulo entre dos rectas.
- El ángulo entre dos vectores.
- Todos los ángulos de un polígono.

Actividades

33. Del programa informático de que dispones para desarrollar construcciones geométricas, explora las diferentes opciones de cada menú de dibujo. Después, dibuja en tu cuaderno los iconos que tengan asociados, y escribe cuáles son sus finalidades y el procedimiento para realizar la construcción.

34. Investiga el modo de realizar las siguientes acciones:
- Hacer invisibles los ejes.
- Realizar un *zoom*.
- Dibujar una cuadrícula.
- Guardar las construcciones geométricas.

Trazado de rectas paralelas a una recta dada

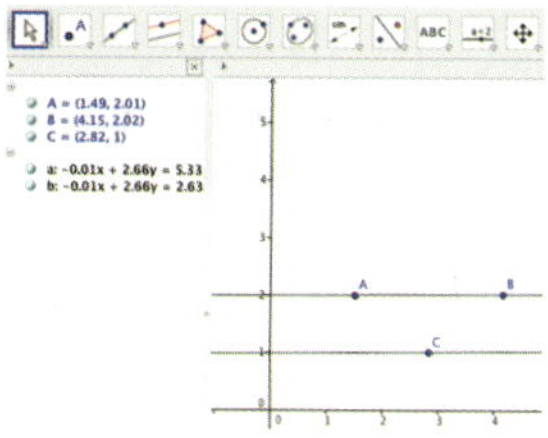

Con la herramienta «Recta Paralela», podrás generar una recta que pase por un punto y sea paralela a otra recta.

— Crea una recta a partir de dos puntos y obtén una recta paralela a esta.

— Arrastra uno de los puntos de la primera recta trazada. ¿Qué ocurre?

— Arrastra por la vista gráfica el punto de la segunda recta trazada. ¿Qué ocurre?

Trazado de rectas perpendiculares a una recta dada

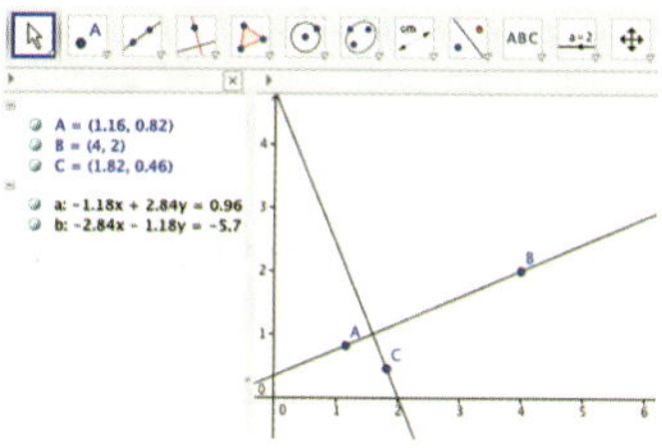

Con la herramienta «Recta Perpendicular», podrás generar una recta que pase por un punto y sea perpendicular a otra recta.

— Crea una recta a partir de dos puntos y obtén una recta que pase por un punto y sea perpendicular a la primera.

— Arrastra uno de los puntos de la primera recta trazada. ¿Qué ocurre?

— Arrastra por la vista gráfica el punto de la segunda recta trazada. ¿Qué sucede?

Trazado de la mediatriz de un segmento

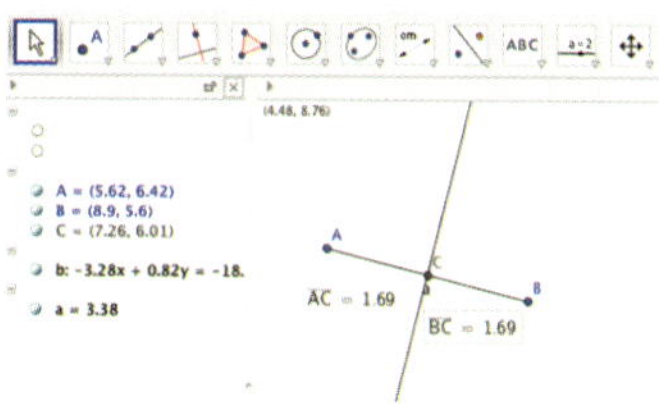

Con la herramienta «Mediatriz», podrás trazar la mediatriz de un segmento.

— Construye un segmento y traza su mediatriz.

La herramienta «Distancia o Longitud» mide la distancia entre dos puntos, dos rectas o un punto y una recta, y la muestra como texto en la vista gráfica.

— Calcula, a partir de la herramienta «Distancia o Longitud», la longitud de cada uno de los segmentos en los que queda dividido el segmento inicial.

— Escoge un punto cualquiera de la mediatriz y, a través de la herramienta «Distancia o Longitud», calcula las distancias desde ese punto de la mediatriz a cada uno de los extremos del segmento. ¿Qué has observado?

Trazado de la bisectriz de un ángulo

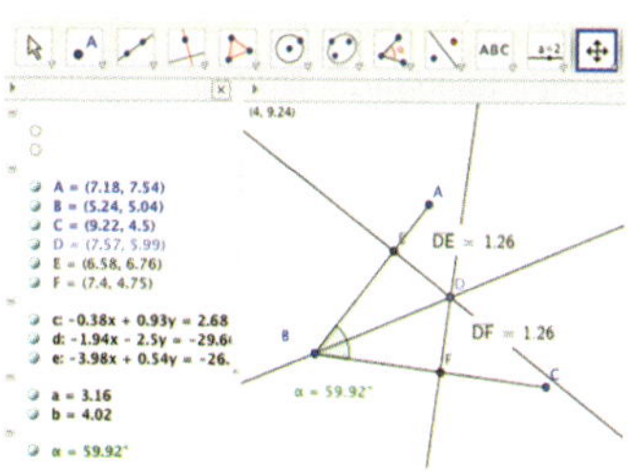

Con la herramienta «Bisectriz», podrás trazar la bisectriz de un ángulo.

— Dibuja un ángulo y traza su bisectriz.

— Calcula, a partir de la herramienta «Ángulo», la amplitud de cada uno de los ángulos en los que queda dividido el ángulo inicial. ¿Cómo son estos ángulos?

— Escoge un punto cualquiera de la bisectriz, traza las rectas perpendiculares a los lados del ángulo que pasan por el punto elegido y calcula las distancias desde el punto marcado a cada una de las intersecciones de los lados y las rectas dibujadas. ¿Qué has observado?

Actividades

35. Utilizando el programa informático de que dispongas, dibuja un punto y una recta y calcula la distancia entre ambos.

36. Dibuja dos rectas paralelas y calcula la distancia entre ellas.

@ **Nota:** recuerda que la distancia entre dos rectas paralelas es la longitud de un segmento perpendicular a ambas rectas.

ACTIVIDADES RESUELTAS

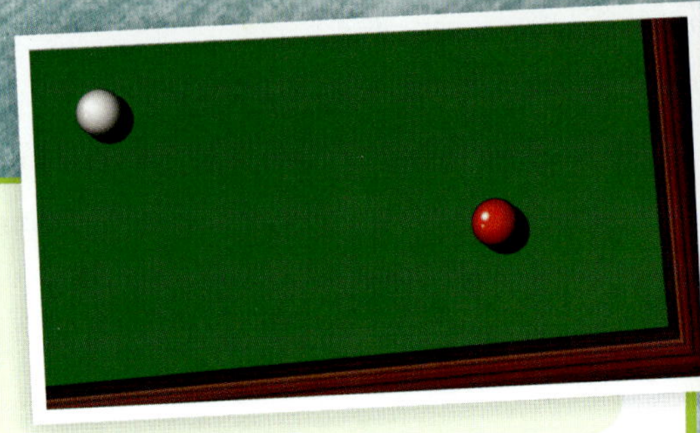

Razonamiento inverso

La estrategia de razonamiento inverso se utiliza en la resolución de problemas cuya solución ya conocemos, y, a partir de una serie de pasos, retrocedemos hasta llegar al punto de partida. Esta estrategia es especialmente útil en problemas geométricos.

Averigua en qué punto de la banda inferior debe chocar la bola blanca para que al rebotar golpee la bola roja.

Considera que los ángulos formados por la trayectoria de la bola con la banda, antes y después de chocar con esta, son iguales.

Comprender

— ¿Podrías expresar el enunciado con tus palabras?

La bola blanca tiene que chocar contra la banda inferior de la mesa de billar, rebotar y golpear a la bola roja.

Planificar

— ¿Puedes utilizar alguna de las estrategias estudiadas?

Puesto que los ángulos formados por la trayectoria de la bola con la banda, antes y después de chocar, son iguales, si colocáramos un espejo en la banda, veríamos a través de él cómo la bola continúa en línea recta después del choque.

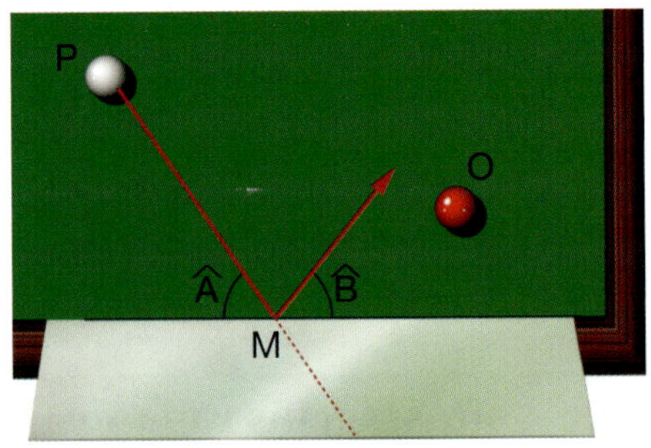

Para que la bola blanca golpee la roja, esa recta deberá pasar por la imagen de la bola roja en el espejo.

Basta, pues, con unir la bola blanca con el simétrico de la bola roja respecto del espejo.

Ejecutar el plan

— Ahora se trata de implementar la estrategia elegida.

— Trazamos Q', el simétrico de Q respecto del espejo.

— Unimos P y Q'. El punto M es la solución.

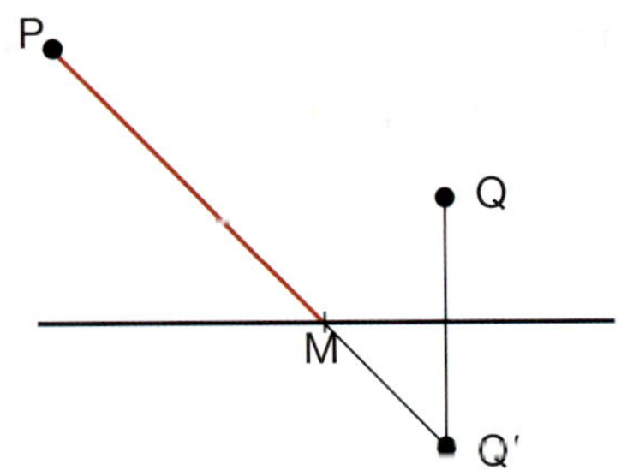

Revisar

— ¿Crees que podrías resolver el problema de otro modo?

Comprobamos con el transportador de ángulos que los ángulos formados por la trayectoria de la bola con la banda, antes y después de chocar en el punto M, son iguales.

Actividades

Utiliza la estrategia anterior para resolver los siguientes problemas:

37. Averigua en qué punto del espejo debe incidir un rayo láser que pasa por A para que el rayo reflejado pase por B.

38. Averigua en qué punto de la carretera debería instalarse una gasolinera para que la distancia de esta a las localidades A y B, respectivamente, sea la más corta posible.

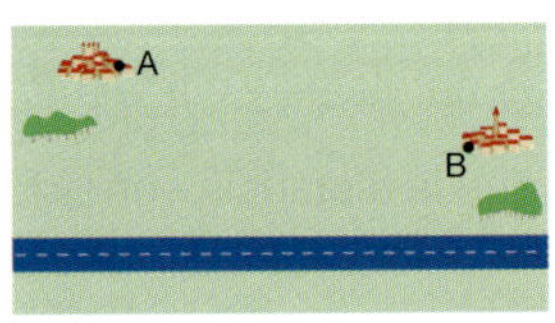

SÍNTESIS

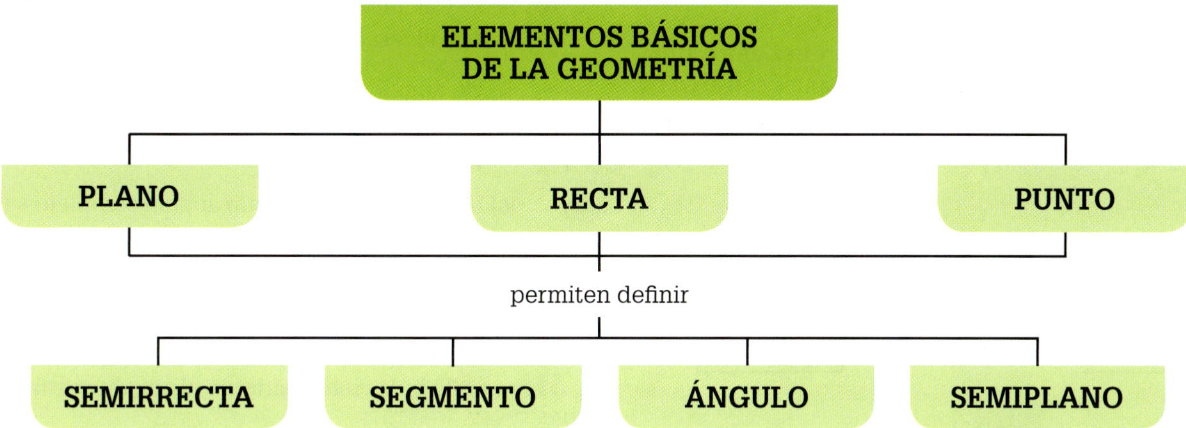

- Completa el esquema utilizando el programa CmapTools.

Actividades finales

Puntos, rectas y planos

39. ★☆☆ Dibuja en tu cuaderno tres puntos, *A*, *B* y *C*, y responde:

- ¿Puedes trazar una recta que contenga los tres puntos? Si no es así, ¿en qué caso podrás hacerlo?
- Dados dos puntos cualesquiera, ¿existirá siempre una recta que pase por ambos?

40. ★☆☆ Dados una recta *r* y un punto *P* que no pertenece a *r*, ¿cuántas rectas paralelas a *r* que pasen por *P* existen? ¿Y perpendiculares a *r* que pasen por *P*?

41. ★☆☆ Indica en el plano de la siguiente figura:

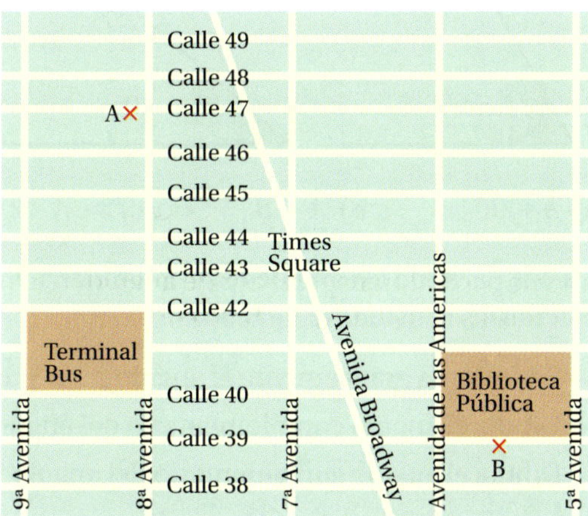

a) Dos calles paralelas y dos perpendiculares.

b) Dos calles que se corten y no sean perpendiculares.

c) Explica que itinerario debes seguir para ir desde tu casa (punto *A*) a la biblioteca (punto *B*).

42. ★★☆ ¿Puedes dibujar toda una semirrecta en el papel? ¿Por qué?

43. ★★☆ Dibuja un punto *A* y traza cinco semirrectas diferentes con origen en ese punto.

44. ★★☆ Dibuja el esquema de un plano que refleje la siguiente situación:

- Las calles Álamo y Venecia se cortan perpendicularmente en la Plaza Mayor.
- Las calles Rosas y Turquía son paralelas a la calle Álamo.
- La calle Cerezo corta perpendicularmente la calle Rosas.

a) ¿Cómo son entre sí las calles Cerezo y Venecia? ¿Y las calles Cerezo y Turquía?

b) Compara tu esquema con el de tus compañeros. ¿Qué observas?

45. ★★★ Si la distancia en horizontal y en vertical entre dos puntos adyacentes de la figura es la misma, ¿cuántas distancias diferentes podemos encontrar en el dibujo?

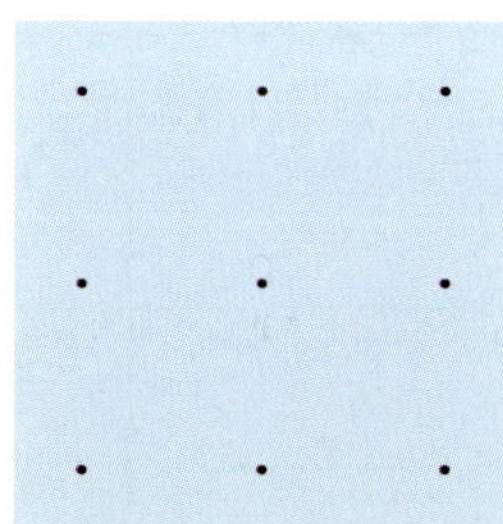

Actividades finales

Ángulos

46. ★☆☆ Observa los siguientes ángulos y haz una estimación de sus medidas. Comprueba después con el transportador si los valores que has estimado son correctos.

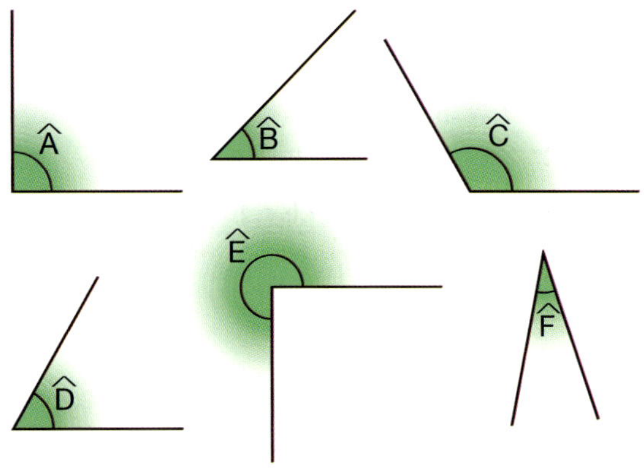

47. ★☆☆ ¿Cuántos ángulos llanos son 360 grados sexagesimales?

48. ★☆☆ Mide con un transportador de ángulos los siguientes ángulos e indica si son cóncavos o convexos:

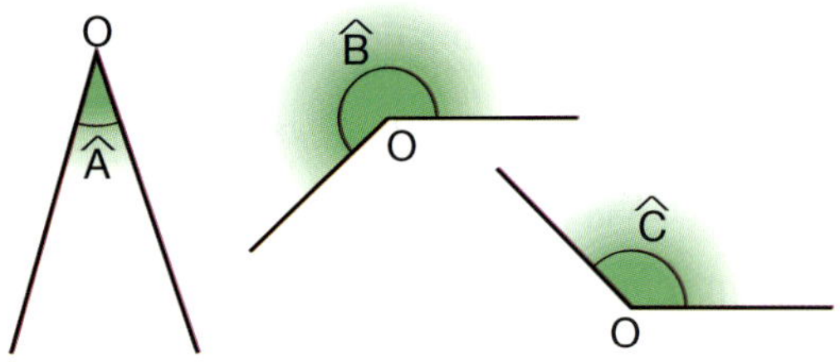

— Transporta los ángulos a tu cuaderno y dibuja un ángulo consecutivo de cada uno de ellos.

49. ★☆☆ Completa:

	Adyacentes	Consecutivos
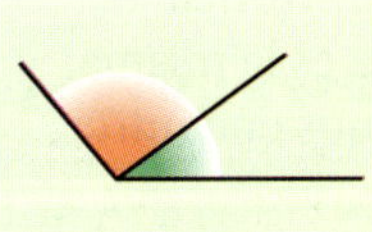	....	Sí
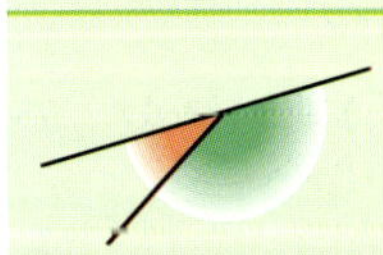	....	....
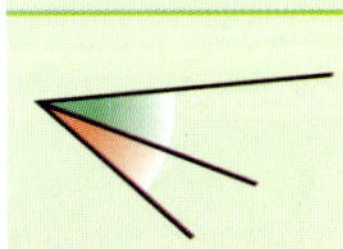	....	....

50. ★☆☆ Calcula mentalmente las siguientes operaciones e indica el resultado en grados sexagesimales:

a) Un ángulo llano + un ángulo recto

b) Un ángulo completo – tres ángulos rectos + dos ángulos nulos

c) Dos ángulos rectos – un ángulo completo + tres ángulos llanos

d) $\dfrac{\text{Cuatro ángulos rectos – dos ángulos nulos}}{4}$

51. ★★☆ Dibuja en tu cuaderno el ángulo que falta.

a) 

b) 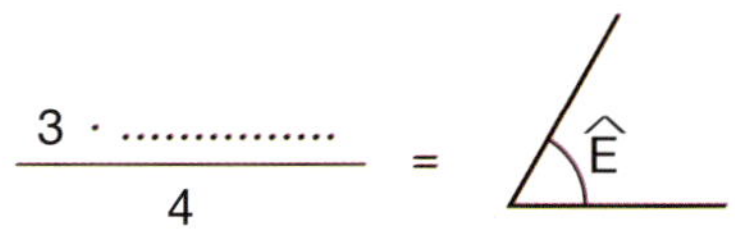

c) 

52. ★★☆ Traslada los ángulos $\hat{A}$ y $\hat{B}$ a tu cuaderno y realiza gráfica y numéricamente las siguientes operaciones:

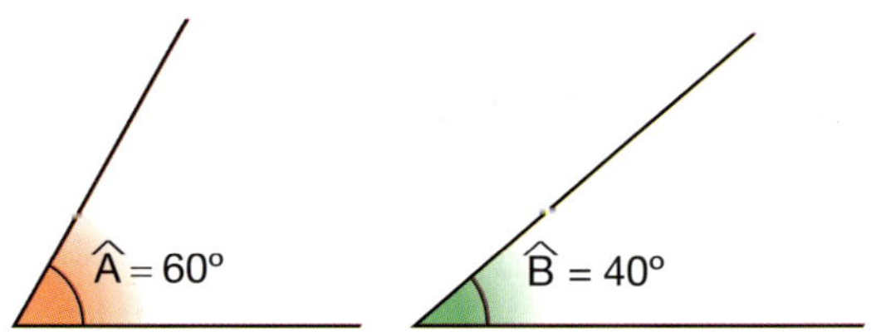

a) $\hat{A} + \hat{B}$ b) $\hat{A} - \hat{B}$ c) $3 \cdot \hat{A} - 2 \cdot \hat{B}$

53. ★★☆ A partir de los ángulos $\hat{A}$ y $\hat{B}$ del ejercicio anterior, efectúa las actividades indicadas.

— Representa gráficamente el ángulo $2 \cdot \hat{A} + \hat{B}$.

— Dibuja el ángulo complementario del ángulo $\hat{A}$.

— Dibuja el ángulo suplementario del ángulo $\hat{B}$.

— Clasifica los ángulos $\hat{A}$, complementario de $\hat{A}$, $\hat{B}$ y suplementario de $\hat{B}$ según sean agudos, rectos, obtusos o llanos.

54. ★★☆ Expresa las siguientes medidas angulares en forma incompleja de segundos:

a) 47′ 12″ b) 81° 44′ c) 10° 58′ 56″

55. ★★☆ Expresa las siguientes medidas angulares en forma compleja:

a) 7 927″ b) 90 048″ c) 2 203′ d) 1 427′

56. ★★☆ Efectúa estas operaciones:

a) 36° 50′ 5″ + 23° 12′ 57″ c) 152° 7′ 9″ : 3

b) 48° 15′ – 30° 27′ 14″ d) (1° 17′ – 37′ 4″) × 4

57. ★★☆ ¿Cuántos minutos faltan para que 19° se conviertan en 20°? ¿Y cuántos segundos?

58. ★★☆ Halla la parte decimal que les falta a los siguientes ángulos para convertirse en un número entero de grados:

a) 20° 30′ 15″ c) 9′ 10″

b) 45° 29″ d) 146° 2″

59. ★★☆ Calcula el ángulo suplementario de cada uno de los siguientes ángulos:

a) 127° 30′ 20″ c) 320,23′

b) 50,3230° d) 120 340″

60. ★★☆ Calcula el ángulo complementario de cada uno de los siguientes ángulos:

a) 20° 23′ 21″ c) 660′

b) 69,555° d) 3 600″

Construcciones geométricas

61. ★☆☆ Dibuja una recta *r* y un punto *P* exterior a la recta *r*. Traza la recta paralela a *r* por el punto *P* y la recta perpendicular a *r* por el punto *P*. ¿Cómo son entre sí las dos rectas que has trazado?

62. ★☆☆ Traza un segmento de 17,3 cm de longitud. A continuación, dibuja la mediatriz del segmento y determina el punto medio.

— Mide las distancias del punto medio a los dos extremos del segmento y comprueba que efectivamente son iguales.

63. ★☆☆ Dibuja un ángulo de 87° y traza su bisectriz.

64. ★☆☆ Dibuja un segmento *AB* y divídelo en cuatro partes iguales.

65. ★★☆ Traza la bisectriz de un ángulo llano. ¿Cómo es cada uno de los ángulos obtenidos?

Problemas

66. ★☆☆ @ Busca en Internet el significado de la palabra **geometría**. Contrasta tu definición con las de tus compañeros aplicando la **técnica cooperativa** *1-2- 4* (véanse los pasos en la unidad 7).

67. ★☆☆ @ ¿Qué propiedades cumplen la perpendicularidad y el paralelismo de las rectas? Para averiguarlo, conéctate a la página **http://links.edebe.com/vaynae**.

— Realiza un esquema de cada una de las propiedades e incluye un ejemplo de cada caso.

68. ★★☆ Halla la amplitud de los ángulos que forman los vértices de cada una de las siete piezas que componen el *tangram* de la figura.

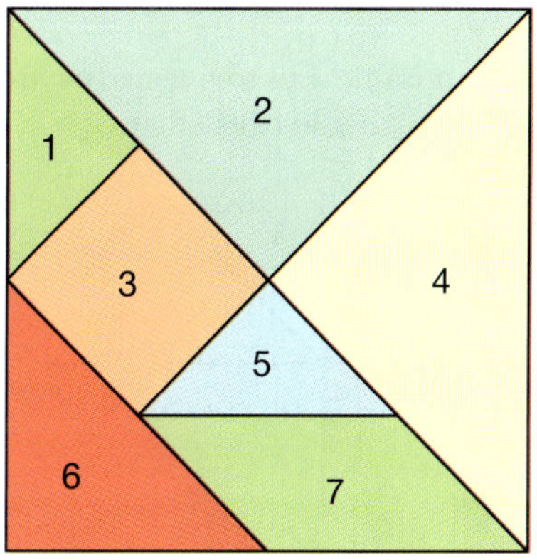

69. ★★☆ Calcula, a partir de los datos indicados, cuánto mide el ángulo $\widehat{C}$ en la figura.

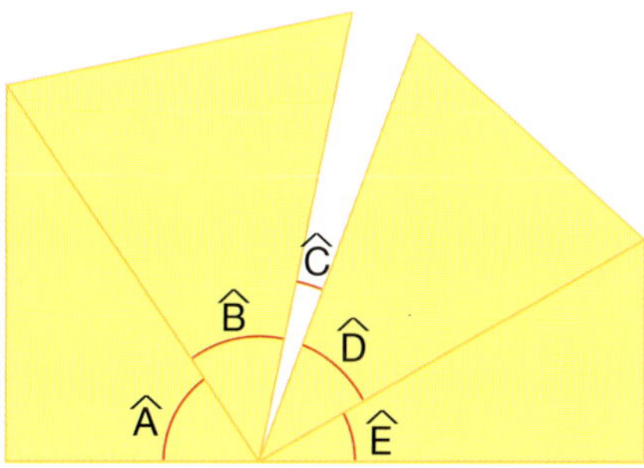

$A = 55°\ 20'\ 30''$ $B = 47°\ 24'$ $D = 29°$ $E = 40°\ 15'\ 25''$

70. ★★★ Se dice que un conjunto de puntos del plano es convexo si todo segmento cuyos extremos pertenecen al conjunto está totalmente contenido en dicho conjunto. En caso contrario, se dice que es cóncavo.

— Indica cuáles de los siguientes conjuntos de puntos del plano son cóncavos y cuáles convexos:

Actividades finales

71. ★★☆ Dibuja una recta secante a dos rectas paralelas y señala los ángulos iguales. Si uno de los ángulos mide 60°, calcula los valores de los restantes.

72. ★★☆ Si sabemos que el ángulo $\widehat{A}$ de la figura es el doble del ángulo $\widehat{B}$, ¿cuánto miden estos ángulos?

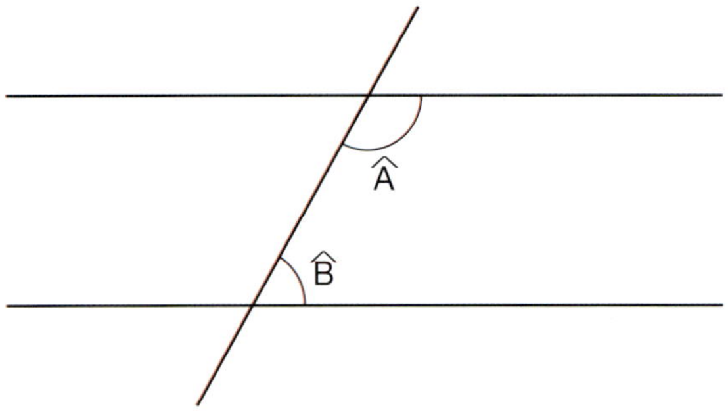

73. ★★☆ Si sabemos que $\widehat{F}$ es tres veces mayor que $\widehat{A}$, calcula el valor de los ángulos de la figura.

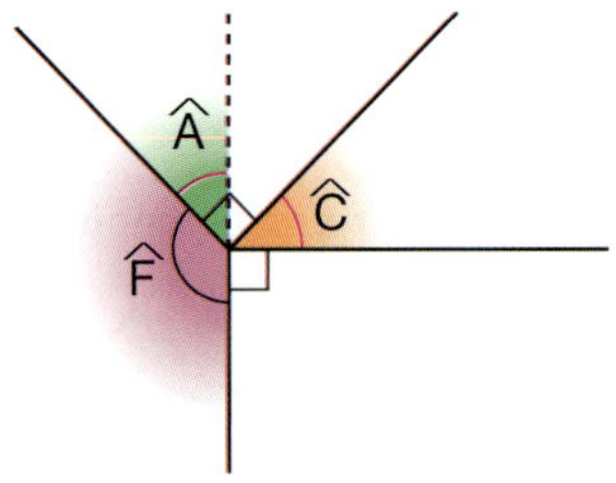

74. ★★☆ Si sabemos que el ángulo $\widehat{A}$ de la figura vale 145°, determina el valor de los ángulos $\widehat{B}$, $\widehat{C}$, $\widehat{D}$ y $\widehat{E}$.

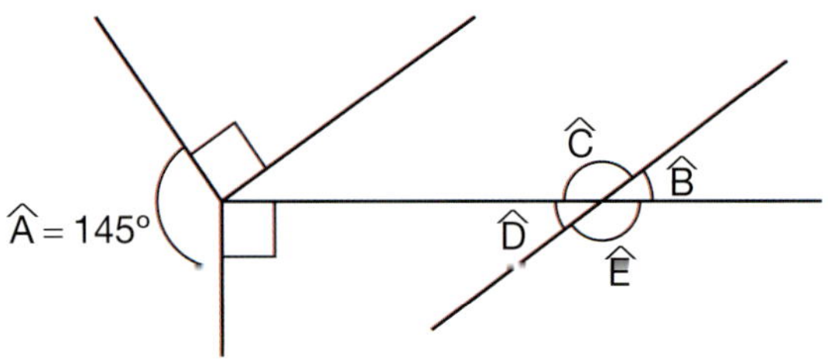

75. ★★☆ Las palas de una hélice tienen la forma descrita en este dibujo:

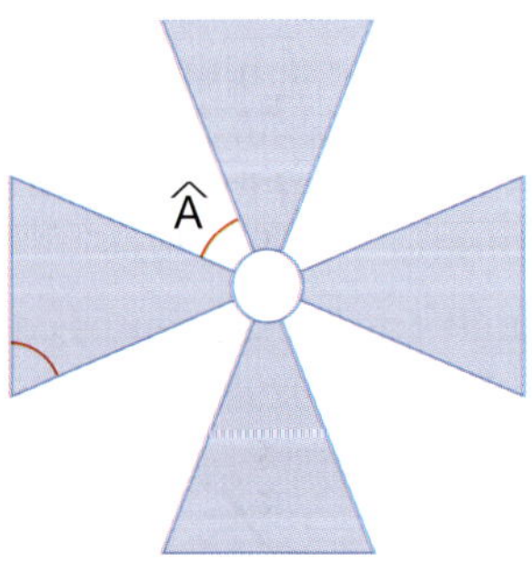

— Sabiendo que el ángulo $\widehat{A}$ mide 45° 20′ 30″, calcula la medida del ángulo indicado en la pala.

76. ★★☆ Se están parcelando las siguientes superficies en terrenos triangulares y cuadrangulares:

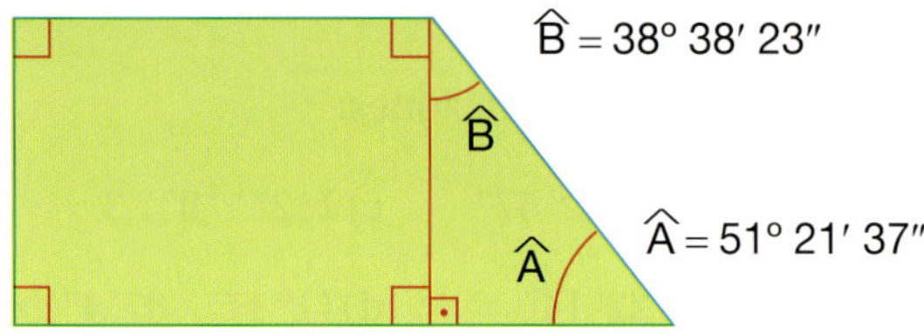

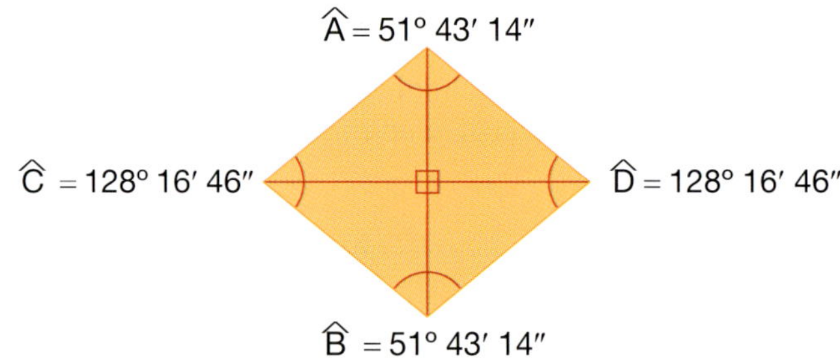

Deduce, con la ayuda de este organizador, cuánto suman los ángulos interiores de cualquier triángulo y cualquier cuadrilátero:

Lo que sé	Lo que me planteo
— Datos que poseo. — Información disponible. — Información de otros cursos.	— Consecuencias que puedo deducir. — Dudas razonables que me pueden surgir.

77. ★★★ Calcula cuánto mide cada uno de los ángulos indicados en los siguientes polígonos regulares:

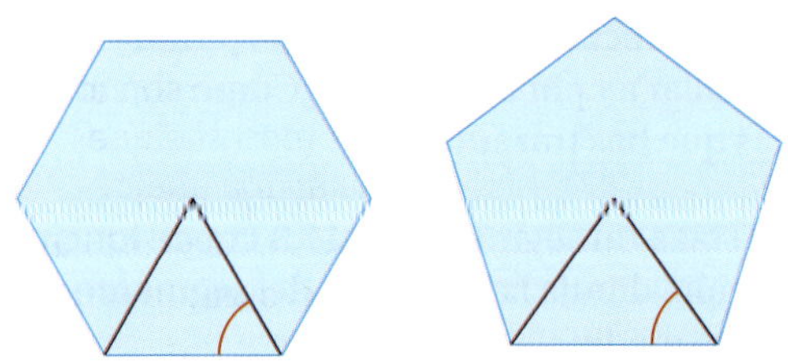

78. ★★★ Calcula el valor de $\widehat{A}$ y $\widehat{B}$, a partir de las medidas indicadas en el siguiente dibujo:

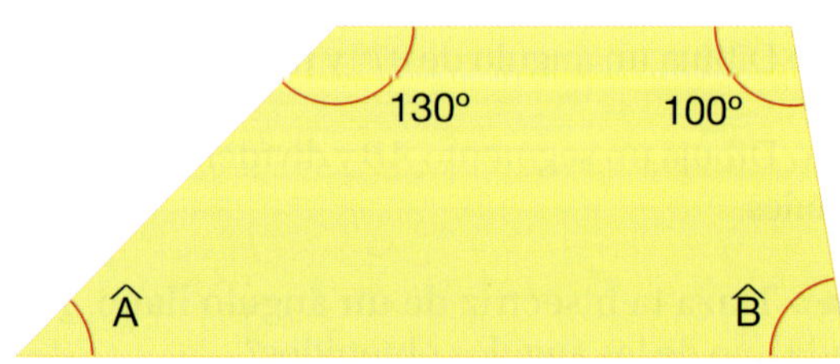

79. ★★★ Sabiendo que el ángulo $\widehat{A}$ mide 50°, halla el ángulo $\widehat{B}$ que sostiene la pirámide invertida.

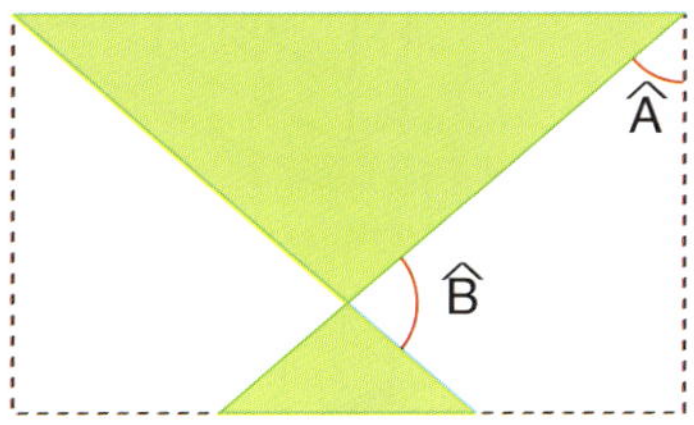

80. ★★★ ¿Cuántas vueltas deben darse para que dos piezas que inicialmente están juntas y que giran 25° y 45°, respectivamente, cada 5 minutos, vuelvan a estar juntas? ¿Cuánto tiempo habrá transcurrido?

81. ★★★ Ignacio, que vive en el pueblo *A*, quiere ir a visitar a su amigo, que vive en el pueblo *B*, pero antes decide darse un chapuzón en el río.

Averigua en qué punto deberá bañarse Ignacio para que el trayecto recorrido hasta la casa de su amigo sea lo más corto posible.

Cre@ctividad: Creación de un juego sobre rectas y ángulos

Scratch es un programa informático que permite realizar secuencias animadas a partir de un conjunto de instrucciones que puedes arrastrar al área de programa. Algunas de las categorías del programa son:

Los comandos de la categoría «Apariencia» permiten cambiar la apariencia del personaje.

Con el comando «decir», el personaje despliega una nube con el texto escrito en el espacio en blanco.

Los comandos de la categoría «Control» permiten ejecutar acciones en un determinado orden.

Con el comando «ejecutar», al presionar la bandera se ejecutan las instrucciones del programa de arriba abajo.

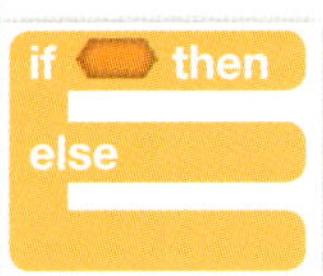

Con el comando «condicional», si se cumple una condición se ejecuta una acción, y si no se cumple, se realiza otra.

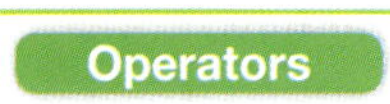

Los comandos de la categoría «Operadores» permiten efectuar operaciones aritméticas.

Con el comando «igual», se comprueba si dos textos o el valor de un texto y una respuesta coinciden.

Los comandos de la categoría «Sensores» permiten interactuar con el usuario.

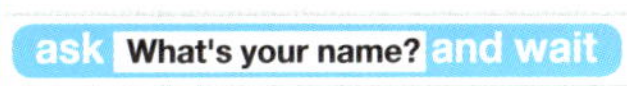

Con el comando «pregunta», el personaje asociado mostrará la pregunta escrita en el espacio en blanco.

Con el comando «respuesta», el personaje guardará la respuesta del comando «pregunta».

Para crear un programa, necesitamos un objeto. Por defecto, el objeto propio del programa es un gato que incluye:

- Los comandos que forman el programa.
- Uno o varios escenarios que puedes importar a partir de imágenes de tu ordenador

Atrévete

— Ahora ya puedes crear un **juego de rectas y ángulos**. Deberá incluir preguntas sobre los elementos básicos de la geometría.

— ¿Te atreves a incluir en el programa un contador para cada contrincante en el que marques el número de respuestas acertadas por cada jugador?

Pon a prueba tus competencias

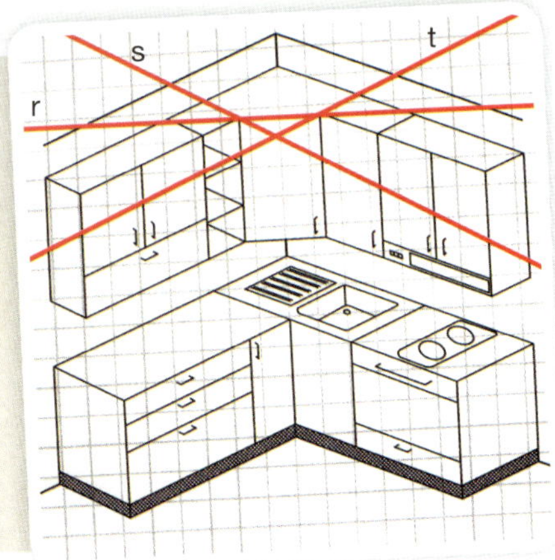

1. Un arquitecto está diseñando una cocina y se ha ayudado de las rectas *r*, *s* y *t*.

a) Dibuja las rectas en un papel y representa los puntos: *A*, intersección de *r* y *s*; *B*, intersección de *s* y *t*, y *C*, intersección de *r* y *t*.

b) Indica la posición relativa de cada par de rectas.

c) Clasifica, según su amplitud o medida, los ángulos obtenidos en la intersección de las tres rectas.

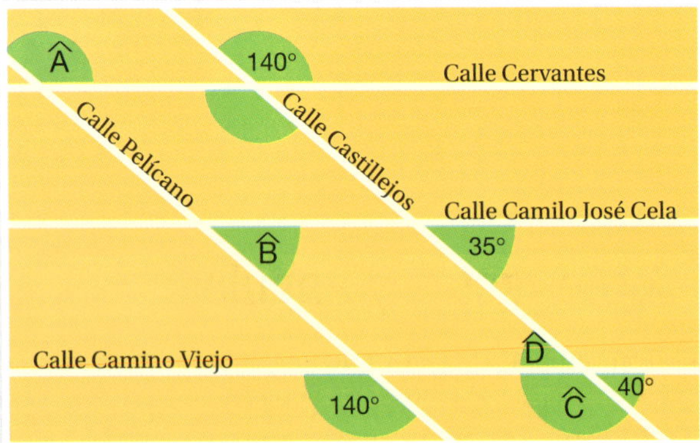

2. Observa el siguiente plano de una localidad:

a) La calle Cervantes, ¿es paralela a la calle Camilo José Cela? Justifica tu respuesta.

b) Y la calle Camino Viejo, ¿es paralela a la calle Cervantes? Justifica tu respuesta.

c) Calcula cuánto miden los ángulos $\widehat{A}$, $\widehat{B}$, $\widehat{C}$ y $\widehat{D}$ del plano.

3. Han comenzado las obras de una línea ferroviaria de alta velocidad. Los ingenieros encargados de los planos han diseñado la línea de modo que esta pase entre dos pueblos *A* y *B* y que se encuentre a la misma distancia de ambos.

a) Representa esquemáticamente el plano tal y como lo han pensado los ingenieros.

b) ¿Cómo se denomina la recta que representa la línea ferroviaria?

c) Si los dos pueblos distan 35 km, ¿a qué distancia de cada uno estará la estación para que sea la mínima?

4. Tres pilotos están realizando una acrobacia aérea. Inicialmente se encuentran juntos volando en paralelo hasta que, en un momento dado, los dos aviones de los extremos comienzan a separarse en línea recta formando un ángulo de 45°, mientras que el avión central mantiene su trayectoria.

a) Representa gráficamente la situación.

b) ¿Cómo se denomina la recta que representa la trayectoria del avión central respecto a las trayectorias de los otros dos aviones una vez que han empezado la maniobra?

c) ¿Cuál es la medida del ángulo que forman los dos aviones que han realizado la maniobra?

5. Pablo quiere renovar la mesa y el reloj de pared de su cuarto. Ha escogido los siguientes modelos:

a) Si el ángulo $\hat{A}$ de la mesa mide 50° 45′ 50″, ¿cuánto miden los otros ángulos de la mesa?

b) Si el ángulo $\hat{A}$ del reloj mide 100° 55″ 23′, ¿cuánto miden los demás ángulos del reloj?

c) ¿Qué amplitud tiene el ángulo formado por las dos manecillas del reloj?

d) ¿Qué amplitud tendrán las manecillas del reloj pasados 20 minutos de la hora actual?

Visión 360º

La geometría está presente en nuestro entorno, en la naturaleza, en la arquitectura, en el arte, etc.

— Realiza dos fotografías en las que aparezcan rectas paralelas y/o perpendiculares y ponles como título el mes del año que más se adecue a la imagen de la fotografía.

— En clase, realizad una votación en la que escojáis una fotografía para cada mes del año.

— Elaborad un calendario con las 12 fotografías mejor puntuadas de cada mes.

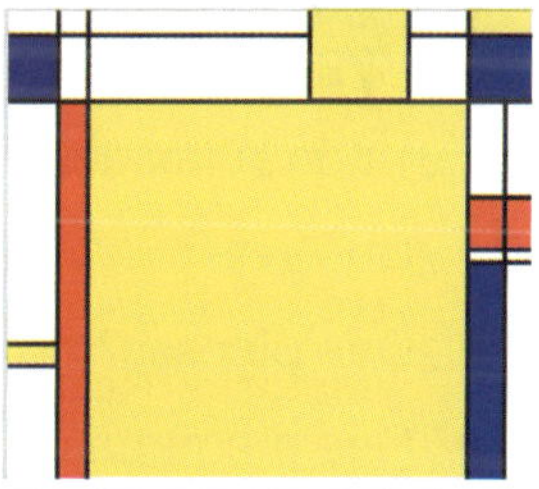

Reflexiona

Diario de aprendizaje

— ¿Te parece que el cuadro de Piet Mondrian tiene relación con los conceptos tratados en la unidad? ¿Con cuáles?

— Los contenidos tratados en la unidad ¿te han servido para ampliar tus conocimientos sobre la geometría?

— Respecto a tu aprendizaje, ¿qué errores has cometido en las actividades y cómo los has resuelto?

9 Polígonos: clasificación y propiedades

GEOMETRÍA

La plaza del mercado de Cracovia es la plaza más importante de Polonia y la más grande de Europa. En ella se encuentran la lonja de paños, transformada en un mercado; la basílica de Santa María; la torre del antiguo Ayuntamiento; la iglesia de San Adalberto; casas burguesas y palacios de origen medieval...

CONTENIDOS

1. Polígonos
2. Construcciones geométricas con ordenador
3. Transformaciones geométricas
4. Mosaicos

Cre@ctividad
Mosaicos con el LibreOffice

Rutina de pensamiento

VEO - PIENSO - ME PREGUNTO

A partir de la imagen, responde:

- ¿Qué ves?
- ¿Qué piensas?
- ¿Qué preguntas te planteas?

— Poned en común todas las respuestas.

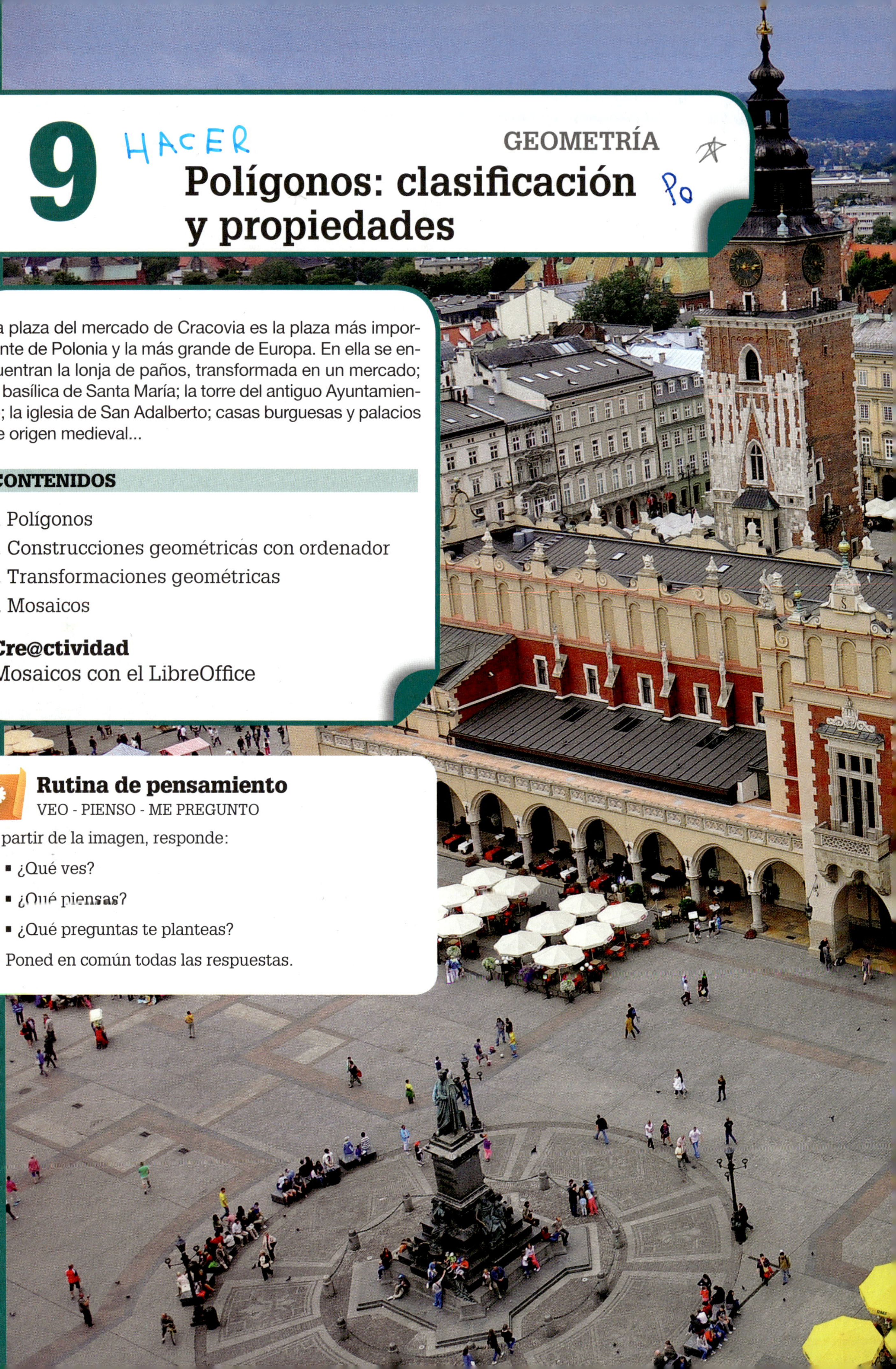

Líneas poligonales

Se llama línea poligonal a un conjunto de segmentos unidos por sus extremos. Puede ser abierta o cerrada.

Abierta

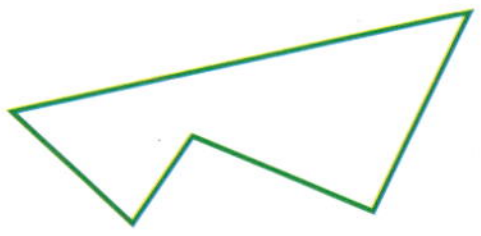

Cerrada

1. Polígonos

Fíjate en las siguientes señales de tráfico:

3 segmentos

4 segmentos

8 segmentos

Cada una de estas señales se identifica con una región del plano limitada por una línea poligonal cerrada. Se trata de polígonos.

Polígono es la región del plano limitada por una línea poligonal cerrada.

Clasificación

Los polígonos pueden clasificarse según diferentes criterios.

Según el número de lados					
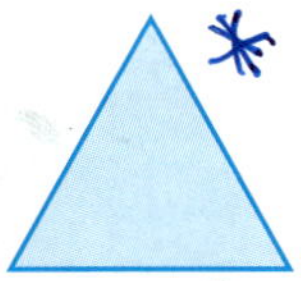				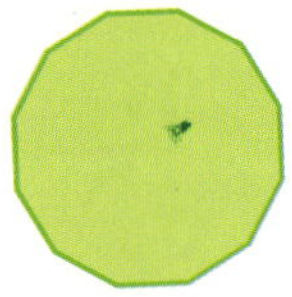	
3 lados **Triángulo**	4 lados **Cuadrilátero**	5 lados **Pentágono**	10 lados **Decágono**	12 lados **Dodecágono**	20 lados **Icoságono**

Según sus ángulos		Según la longitud relativa de sus lados y la amplitud relativa de sus ángulos			
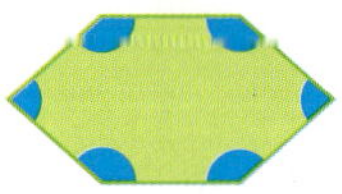	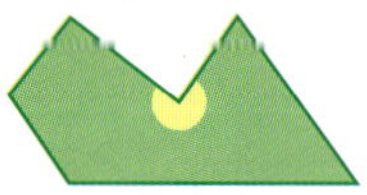		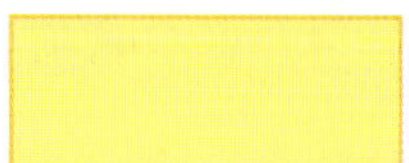		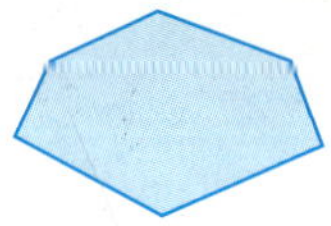
Un polígono es **convexo** si tiene todos sus ángulos convexos.	Un polígono es **cóncavo** si alguno de sus ángulos es cóncavo.	Un polígono es **equilátero** si tiene todos sus lados iguales.	Un polígono es **equiángulo** si tiene todos sus ángulos iguales.	Un polígono es **regular** si tiene todos sus lados y todos sus ángulos iguales.	Un polígono es **irregular** si no tiene todos sus lados iguales o no tiene todos sus ángulos iguales, es decir, si no es regular.

Actividades

1. Un polígono tiene siete ángulos. ¿Cuántos vértices y cuántos lados tiene? ¿Qué nombre recibe?
2. ¿Cómo se llama el cuadrilátero regular?
3. ¿Existe algún polígono regular cóncavo? Razona tu respuesta.
4. ¿Un polígono irregular puede ser equilátero? ¿Y equiangular? Justifica tus respuestas con ejemplos.

Propiedades

A partir del **número de lados** de un polígono, podemos calcular el número de diagonales y la suma de los ángulos de dicho polígono.

Número de diagonales

Si observas los polígonos de la derecha, puedes comprobar que el número de diagonales es igual al número de vértices por el número de vértices menos tres, todo ello dividido por dos.

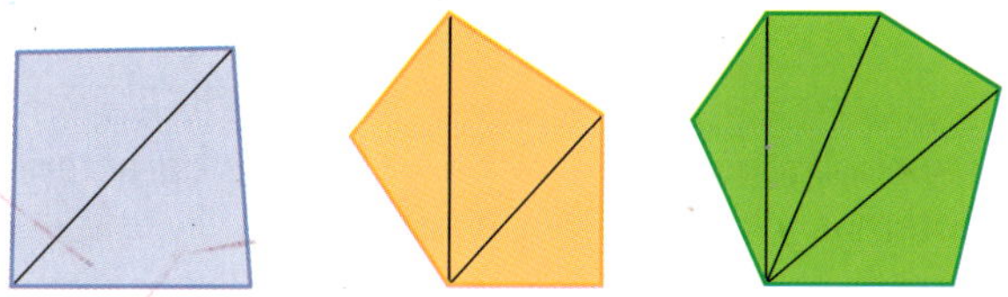

> El **número de diagonales** de un polígono de *n* vértices es:
>
> $$\frac{n \cdot (n-3)}{2}$$

Suma de los ángulos

El número de triángulos en que se puede descomponer un polígono es $n - 2$, siendo *n* el número de lados:

Como la suma de los ángulos de un triángulo es 180°, tenemos:

> La **suma de los ángulos** de un polígono de *n* lados es igual a:
>
> $$180° \cdot (n - 2)$$

Ejemplo 1

Calcula el número de diagonales y el valor de los ángulos de un heptágono regular.

COMPRENSIÓN: El heptágono regular es un polígono de 7 lados iguales ($n = 7$).

RESOLUCIÓN: Aplicamos las fórmulas correspondientes para hallar el número de diagonales y la suma de los ángulos.

N.° de diagonales: $\frac{n \cdot (n-3)}{2} = \frac{7 \cdot (7-3)}{2} = 14$

Suma de ángulos: $180° \cdot (n - 2) = 180° \cdot (7 - 2) = 180° \cdot 5 = 900°$.

Por ser regular, todos los ángulos miden lo mismo. Así, el valor de cada ángulo será: $900° : 7 = 128{,}6°$.

Actividades

5. ¿Cuántas diagonales tiene un polígono de 10 lados?

6. Un polígono tiene en total 9 diagonales. ¿De qué polígono se trata?

7. (+) Calcula la suma de los ángulos de un eneágono. ¿Cuánto mide cada ángulo si se trata de un polígono regular?

@

Si accedes a la página **http://links.edebe.com/2yd**, encontrarás, además de la definición y las propiedades de los polígonos, la demostración de la fórmula que permite calcular el número de diagonales de un polígono.

— Explica, con tus propias palabras, los dos métodos que se utilizan para hallar el número de diagonales de un polígono.

Polígonos regulares

Los polígonos regulares tienen todos sus lados y sus ángulos iguales.

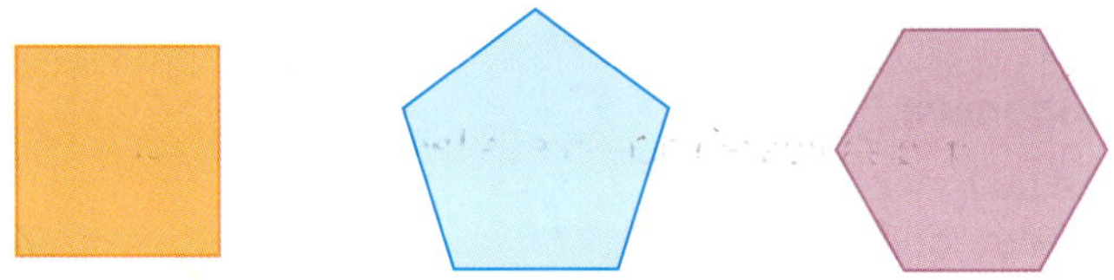

Estos polígonos tienen unos elementos característicos y exclusivos: el centro, las apotemas y los ángulos centrales.

Centro: punto interior del polígono que está a la misma distancia de todos sus vértices.

Apotema: segmento que une el centro del polígono con el punto medio de cualquier lado.

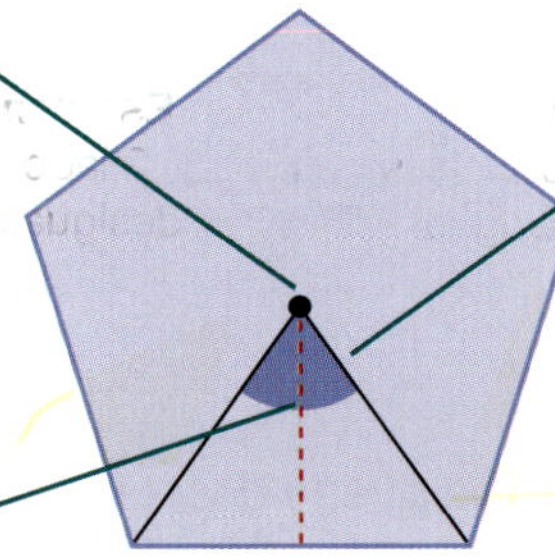

Ángulo central: ángulo con vértice en el centro del polígono cuyos lados son semirrectas que pasan por dos vértices adyacentes.

Fíjate en que todas las apotemas de un polígono regular miden lo mismo y que cada apotema es perpendicular al lado correspondiente.

Sabemos que hay tantos ángulos centrales como lados. Puesto que todos ellos suman 360° y son iguales, tenemos que:

El valor de un **ángulo central** de un polígono regular de *n* lados es igual a:

$$360° : n$$

Ejemplo 2

Calcula el valor del ángulo central de un pentágono regular.

COMPRENSIÓN: Aplicamos la fórmula del valor del ángulo central al polígono regular de $n = 5$.

RESOLUCIÓN:

$$360° : 5 = 72°$$

Actividades

8. Dibuja un cuadrado y halla su centro. A continuación, dibuja un ángulo central y una apotema. ¿Cuánto mide el ángulo central? ¿Qué relación existe entre la apotema y el lado del cuadrado?

9. Determina el valor del ángulo central de un octágono regular.

10. ¿Es posible que el ángulo central de un decágono regular mida 30°? Razona tu respuesta.

11. Halla las medidas de los ángulos señalados en el siguiente octágono regular:

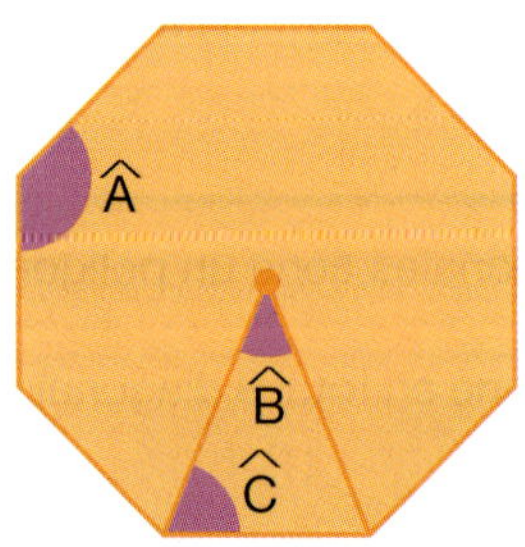

1.1. Triángulos

Un triángulo es un polígono de tres lados.

- Señal de tráfico que advierte que el pavimento es deslizante.

Clasificación

Los triángulos pueden clasificarse según sus **lados** o según sus **ángulos**.

Triángulos

- **Según sus lados**
  - **Equilátero**: 3 lados iguales
  - **Isósceles**: 2 lados iguales y 1 desigual
  - **Escaleno**: 3 lados desiguales
- **Según sus ángulos**
  - **Acutángulo**: 3 ángulos agudos
  - **Rectángulo**: 1 ángulo recto
  - **Obtusángulo**: 1 ángulo obtuso

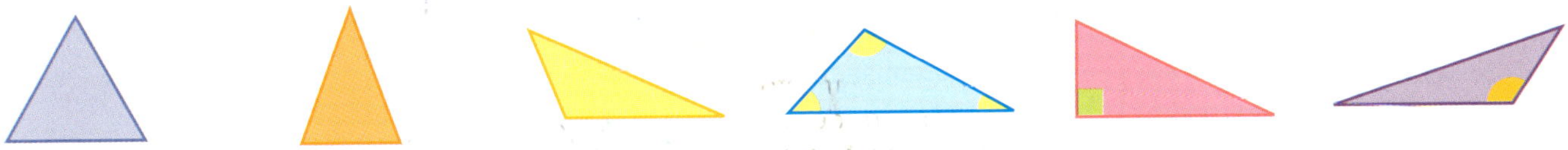

Propiedades

- Un **lado** cualquiera de un triángulo es **menor** que la **suma** de los **otros dos** y **mayor** que su **diferencia**.
- La suma de los ángulos interiores de un triángulo es 180°.

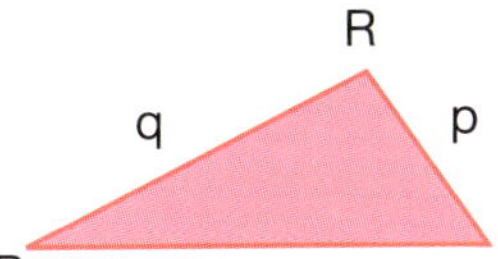

$p < q + r$ | $p > r - q$
$q < p + r$ | $q > r - p$
$r < p + q$ | $r > q - p$

Triángulos rectángulos

Un triángulo rectángulo es el que tiene un ángulo recto, es decir, un ángulo de 90°. Sus lados reciben nombres especiales:

- El lado *a*, opuesto al ángulo recto, se denomina **hipotenusa**.
- Los lados *b* y *c*, que forman el ángulo recto, se llaman **catetos**.

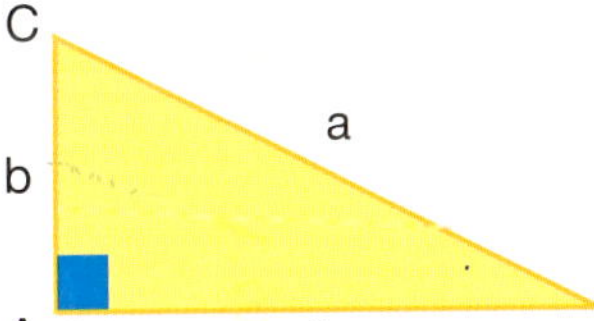

Además, en todo triángulo rectángulo se cumple que:

- La hipotenusa es mayor que cada uno de los catetos.
- Los ángulos agudos son complementarios, ya que:

$$\left.\begin{array}{l}\widehat{A} + \widehat{B} + \widehat{C} = 180^\circ \\ \widehat{A} = 90^\circ\end{array}\right\} \quad \widehat{B} + \widehat{C} = 90^\circ$$

Actividades

12. Clasifica cada uno de estos triángulos según sus lados y según sus ángulos.

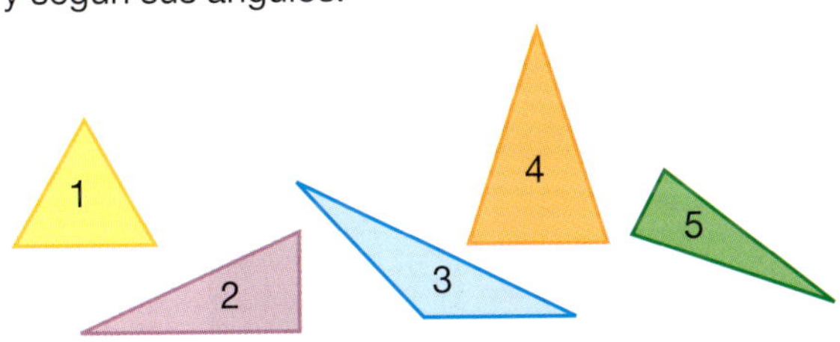

13. ¿Es posible que un triángulo tenga dos ángulos rectos? Razona tu respuesta.

14. ¿Puede ser equilátero un triángulo rectángulo? ¿E isósceles? ¿Por qué?

> Si accedes a la página **http://links.edebe.com/st4zmf**, encontrarás la explicación del teorema de Pitágoras, en términos de figuras geométricas, y distintas demostraciones geométricas del mismo.
>
> — Ayúdate del teorema de Pitágoras y construye un cuadrado de 5 cm de lado a partir de dos cuadrados de 3 cm y 4 cm de lado.

Longitud de un cateto en función del otro cateto y la hipotenusa

Conocidas las longitudes de un cateto y de la hipotenusa de un triángulo rectángulo, podemos conocer la longitud del otro cateto despejándolo de la expresión del teorema de Pitágoras.

$$b = \sqrt{a^2 - c^2}$$
$$c = \sqrt{a^2 - b^2}$$

Cálculo de las raíces cuadradas no exactas

Si accedes a la página **http://links.edebe.com/xhb**, encontrarás una calculadora online para resolver raíces cuadradas.

— Utiliza dicha calculadora para determinar el valor de la raíz cuadrada de los siguientes números y aproxima su valor a las centésimas:

231 - 453 - 40 - 125 - 18 - 53.

Teorema de Pitágoras

En un triángulo rectángulo, conocidas las longitudes de dos de sus lados, podemos calcular la otra mediante el teorema de Pitágoras.

> En un triángulo rectángulo, el **cuadrado** de la **hipotenusa** es igual a la **suma** de los **cuadrados** de los **catetos**.
>
> $$a^2 = b^2 + c^2$$

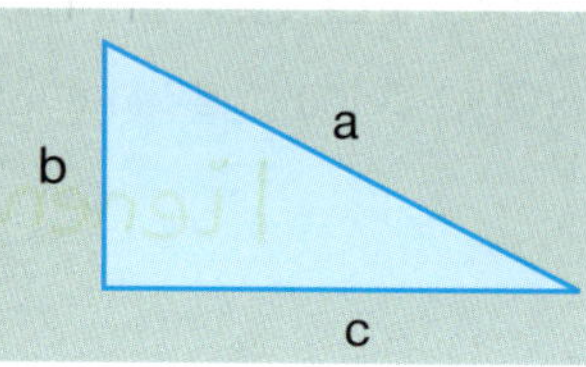

Ejemplo 3

Halla la longitud de la hipotenusa del triángulo rectángulo de la figura.

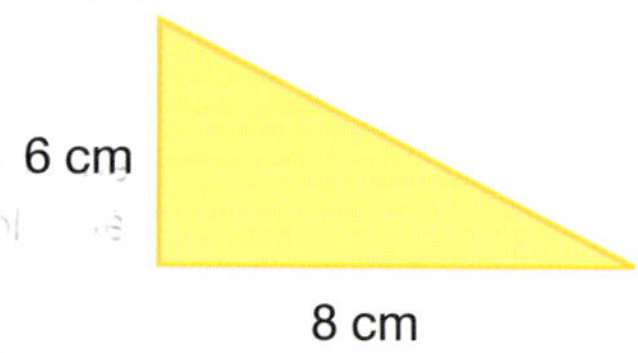

Para hallar la longitud de la hipotenusa aplicamos el teorema de Pitágoras.

$$a^2 = b^2 + c^2 = 6^2 + 8^2 = 36 + 64 = 100 \Rightarrow a = \sqrt{100} = 10$$

La hipotenusa tiene una longitud de 10 cm.

Ejemplo 4

En un triángulo rectángulo, un cateto mide 4 cm y la hipotenusa 5 cm. ¿Qué longitud tiene el otro cateto?

Aplicamos el teorema de Pitágoras para encontrar la longitud del cateto.

$$a^2 = b^2 + c^2 \Rightarrow c^2 = a^2 - b^2 = 5^2 - 4^2 = 9 \Rightarrow c = \sqrt{9} = 3$$

El cateto tiene una longitud de 3 cm.

Ejemplo 5

¿Qué longitud deberá tener una escalera para que al situar su base a 2 m de la pared alcance una altura de 5 m?

COMPRENSIÓN: Al hacer un esquema obtenemos un triángulo rectángulo del que conocemos los catetos. La longitud de la escalera se corresponde con la hipotenusa.

RESOLUCIÓN:

$$a^2 = 5^2 + 2^2 = 25 + 4 = 29 \Rightarrow a = \sqrt{29} = 5,4$$

La escalera deberá tener una longitud de 5,4 m.

Actividades

15 Una bandera cuyas dimensiones son 15 dm y 10 dm tiene una línea que la atraviesa diagonalmente. Halla la longitud de dicha línea.

16. Un terreno rectangular tiene un camino que lo cruza en diagonal. Si la longitud del camino es de 193 m y la de uno de los lados es 95 m, ¿cuánto mide el otro lado?

17. En una piscina se ha construido un tobogán con una escalera de 3 m de altura y de manera que la distancia del pie de la escalera al punto más bajo del tobogán es 4 m. ¿Cuánto mide el tobogán?

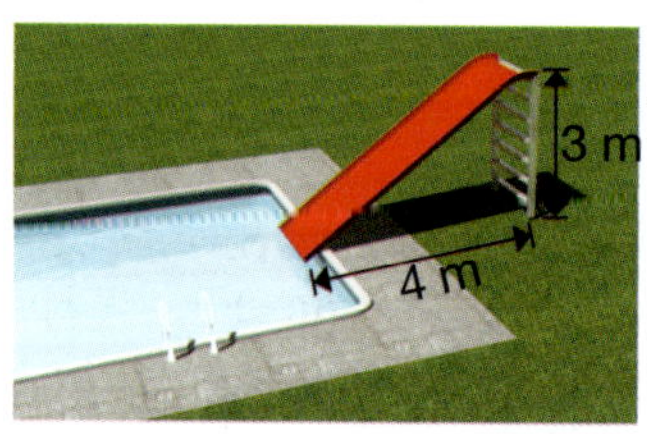

Rectas y puntos notables

Las mediatrices y las bisectrices de un triángulo, junto con las medianas y las alturas, que definiremos a continuación, constituyen las denominadas **rectas notables** de un triángulo, y sus intersecciones se denominan **puntos notables**.

MEDIATRICES

Las **mediatrices** de un triángulo son las mediatrices de sus lados.

El punto donde se cortan las tres mediatrices de un triángulo es el **circuncentro**, ***O***. Está situado a la misma distancia de cada vértice, por lo que es el centro de la circunferencia circunscrita al triángulo.

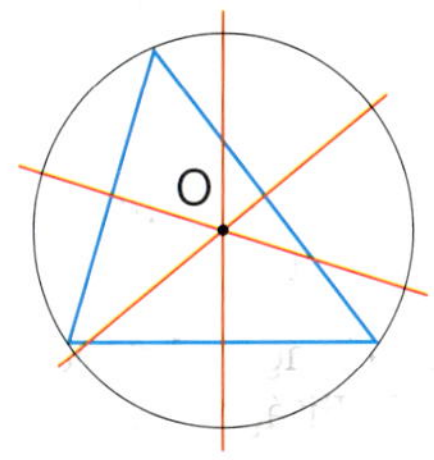

BISECTRICES

Las **bisectrices** de un triángulo son las bisectrices de sus ángulos.

El punto donde se cortan las tres bisectrices de un triángulo es el **incentro**, ***I***. Está situado a la misma distancia de cada lado del triángulo, por lo que es el centro de la circunferencia inscrita en el triángulo.

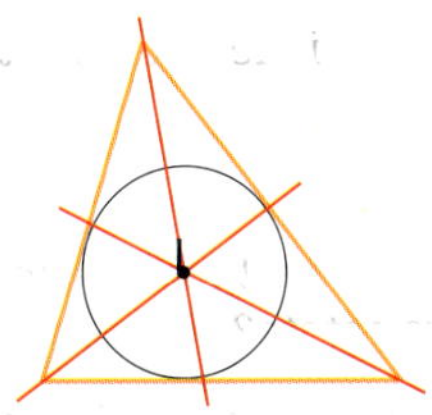

ALTURAS

Las **alturas** de un triángulo son los segmentos perpendiculares a un lado (o su prolongación) y que pasan por el vértice opuesto.

El punto donde se cortan las tres alturas de un triángulo (o sus prolongaciones) es el **ortocentro**, ***H***.

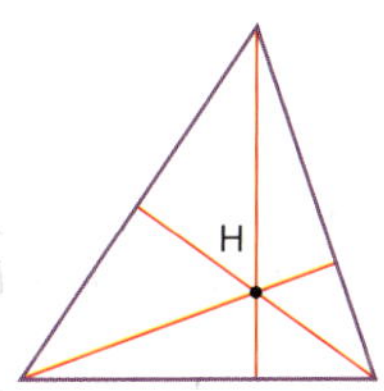

MEDIANAS

Las **medianas** de un triángulo son los segmentos que unen un vértice con el punto medio del lado opuesto.

El punto donde se cortan las tres medianas de un triángulo es el **baricentro**, ***G***. El baricentro divide cada mediana en dos segmentos, uno con longitud doble a la del otro.

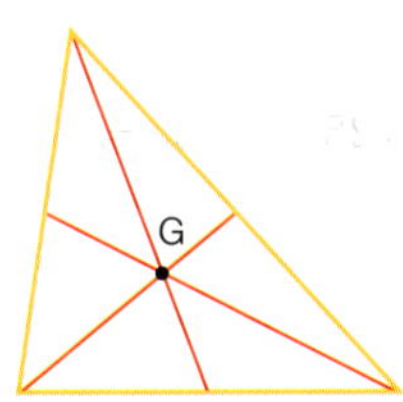

Circuncentro y ortocentro de triángulos

@

En un triángulo acutángulo, el circuncentro y el ortocentro son interiores.

En un triángulo rectángulo, el circuncentro está situado en el punto medio de la hipotenusa. El ortocentro coincide con el vértice del ángulo recto.

En un triángulo obtusángulo, el circuncentro y el ortocentro son exteriores.

— Puedes comprobar las propiedades del circuncentro y el ortocentro de los triángulos en el siguiente enlace:

http://links.edebe.com/bek9c

Actividades

18. Dibuja un triángulo escaleno y acutángulo como el de la figura, y halla su circuncentro, su baricentro y su ortocentro.

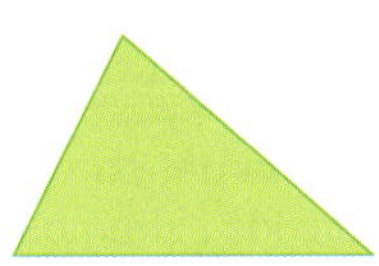

— Comprueba que estos tres puntos se encuentran sobre una línea recta, llamada recta de Euler, y que el baricentro se sitúa a doble distancia del ortocentro que del circuncentro.

19. @ Accede a la página **http://links.edebe.com/fia** y resuelve estos apartados:

a) Comprueba las construcciones que has realizado en la actividad 18.

b) Traza las rectas notables y los puntos notables de los distintos triángulos clasificados según sus ángulos.

Criterios de igualdad de triángulos rectángulos

Como consecuencia de que los triángulos rectángulos tienen un ángulo de 90° y sus lados están relacionados mediante el teorema de Pitágoras, los criterios de igualdad para esta clase de triángulos se reducen a dos.

Así, dos triángulos rectángulos son iguales si cumplen una de las dos condiciones siguientes:

- Tienen dos lados iguales.
- Tienen iguales un lado y un ángulo agudo.

Igualdad

Dos triángulos son iguales si tienen iguales los lados y los ángulos correspondientes.

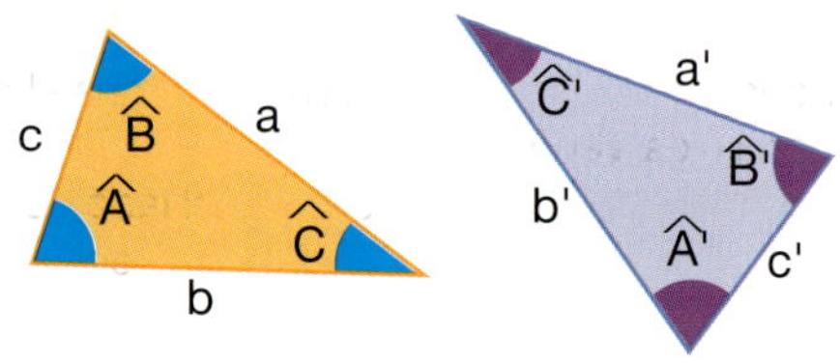

$$a = a';\ b = b';\ c = c'$$

$$\widehat{A} = \widehat{A}';\ \widehat{B} = \widehat{B}';\ \widehat{C} = \widehat{C}'$$

Sin embargo, no es necesario comparar siempre los tres lados y los tres ángulos; para saber si dos triángulos son iguales basta con que lo sean algunos de sus elementos.

> Para saber si dos **triángulos** son **iguales** basta comprobar que se cumple una cualquiera de las cuatro condiciones siguientes:
>
> 1. Tienen **iguales** los **tres lados**.
> 2. Tienen **iguales un lado** y sus **dos ángulos contiguos**.
> 3. Tienen **iguales dos lados** y el **ángulo que forman**.
> 4. Tienen **iguales dos lados** y el **ángulo opuesto al mayor de ellos**.

Estas condiciones son los denominados **criterios de igualdad** de triángulos.

Construcción

Veamos cómo construir triángulos con una regla, un compás y un transportador de ángulos.

Conocidos los tres lados

a — b — c

1. Trazamos un segmento igual al lado *a*. Sus extremos *B* y *C* serán los vértices del triángulo.

B — a — C

2. Con el compás trazamos un arco de radio *b* desde el vértice *C* y otro de radio *c* desde el vértice *B*.

B — a — C

3. Unimos los dos extremos de *a* con el punto de corte de los dos arcos.

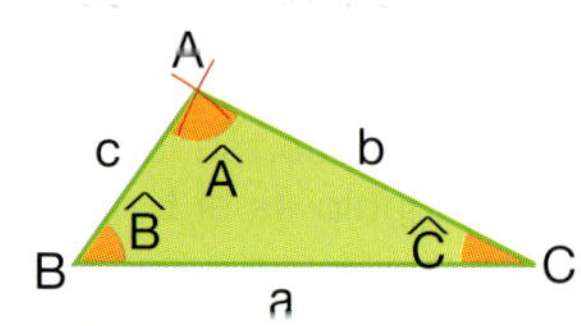

Conocidos un lado y sus ángulos contiguos

1. Trazamos un segmento igual al lado *c*. Sus extremos *A* y *B* serán los vértices del triángulo.

A — c — B

2. Transportamos con ayuda del compás los ángulos $\widehat{A}$ y $\widehat{B}$ sobre los extremos *A* y *B* del segmento *c*.

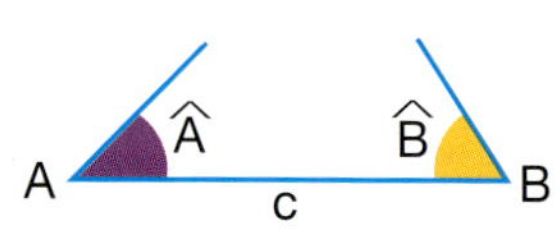

3. Prolongamos los lados no comunes de los ángulos $\widehat{A}$ y $\widehat{B}$ hasta que se corten en el vértice *C*.

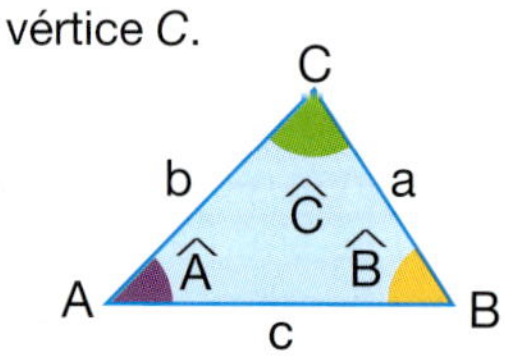

Conocidos dos lados y el ángulo que forman

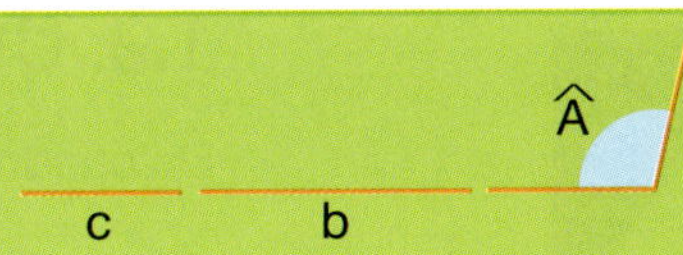

1. Trazamos un segmento igual al lado *b*. Sus extremos *C* y *A* serán los vértices del triángulo.

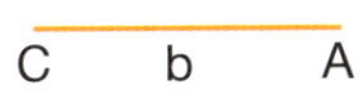

2. Transportamos el ángulo $\widehat{A}$ sobre el extremo *A* y trazamos un segmento igual a *c* sobre el lado del ángulo $\widehat{A}$ que no está sobre *b*, obteniendo el vértice *B*.

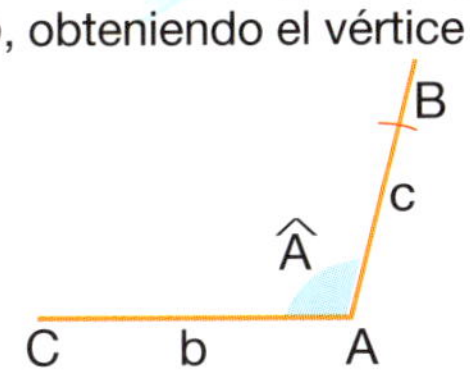

3. Trazamos el segmento que une los vértices *C* y *B*.

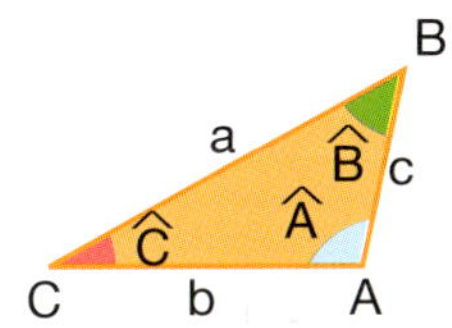

Conocidos dos lados y el ángulo opuesto al mayor de ellos

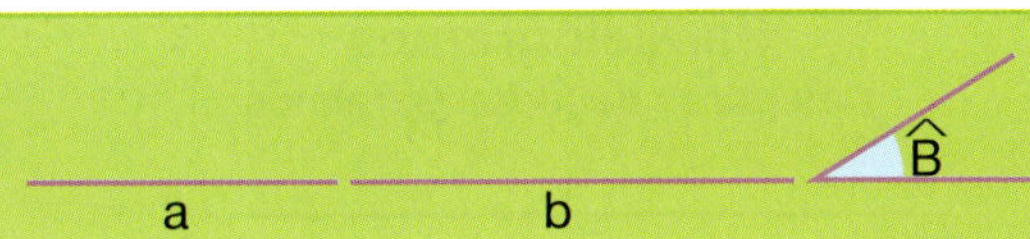

1. Trazamos un segmento igual al menor de los lados conocidos, *a*. Sus extremos *B* y *C* serán los vértices del triángulo.

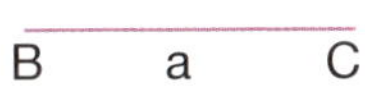

2. Transportamos el ángulo $\widehat{B}$ sobre el extremo *B* y trazamos un arco con centro el vértice *C* y de radio *b*. Su intersección con el lado de *B* nos da el vértice *A*.

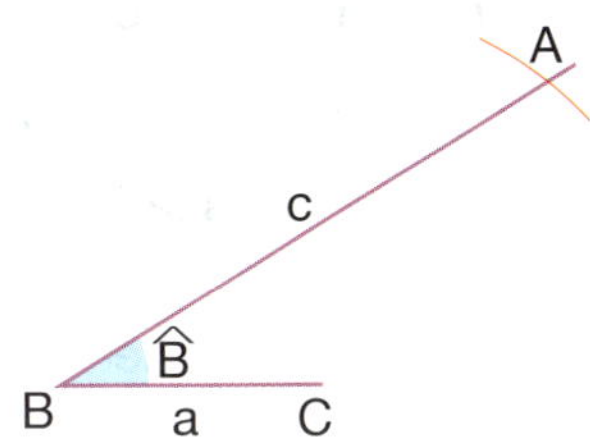

3. Trazamos el segmento que une los vértices *A* y *C*.

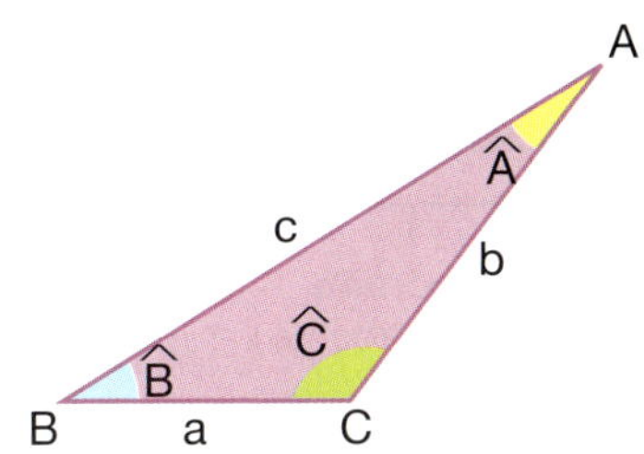

Actividades

20. Construye un triángulo cuyos lados midan 7 cm, 6 cm y 3 cm.

21. ¿Puedes construir un triángulo cuyos lados midan 10 cm, 6 cm y 4 cm? Razona tu respuesta.

22. Construye un triángulo equilátero de 5 cm de lado.

23. Dibuja un triángulo en el que uno de sus lados mida 5 cm y sus ángulos contiguos midan 35° y 70°.

24. Construye un triángulo rectángulo cuya hipotenusa mida 8 cm y uno de sus ángulos agudos, 23°.

25. Construye un triángulo en el que dos de sus lados midan 6 cm y 4 cm, y el ángulo que forman, 30°.

26. Construye un triángulo en el que dos de sus lados midan 6 cm y 4 cm, y el ángulo opuesto al lado de 6 cm sea de 60°.

27. Dos triángulos tienen sus tres ángulos iguales. ¿Son iguales?

28. Los triángulos de la siguiente figura cumplen: $\widehat{A} = \widehat{M}$, $c = n$ y $b = p$. ¿Son iguales? ¿En qué criterio te basas?

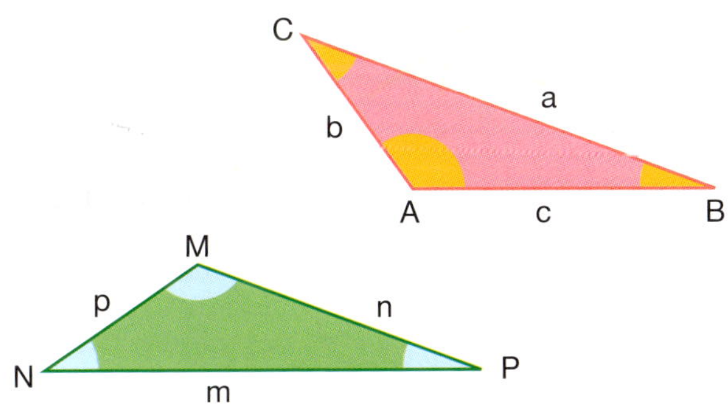

29. Dos triángulos isósceles tienen igual su ángulo desigual. ¿Podemos asegurar que son iguales?

30. Dos triángulos tienen igual la suma de las longitudes de sus lados. ¿Son necesariamente iguales? Razónalo.

31. Dos triángulos rectángulos tienen iguales sus dos catetos. ¿Son iguales?

32. Dos triángulos rectángulos tienen iguales las hipotenusas y un ángulo agudo. ¿Son iguales?

▪ Señal de tráfico que indica la situación de un paso para peatones.

1.2. Cuadriláteros

Un cuadrilátero es un polígono de cuatro lados.

Clasificación

Según el paralelismo de sus lados, los cuadriláteros se clasifican en: *paralelogramos, trapecios* y *trapezoides*.

A su vez, los paralelogramos y los trapecios se clasifican según se muestra en el siguiente esquema:

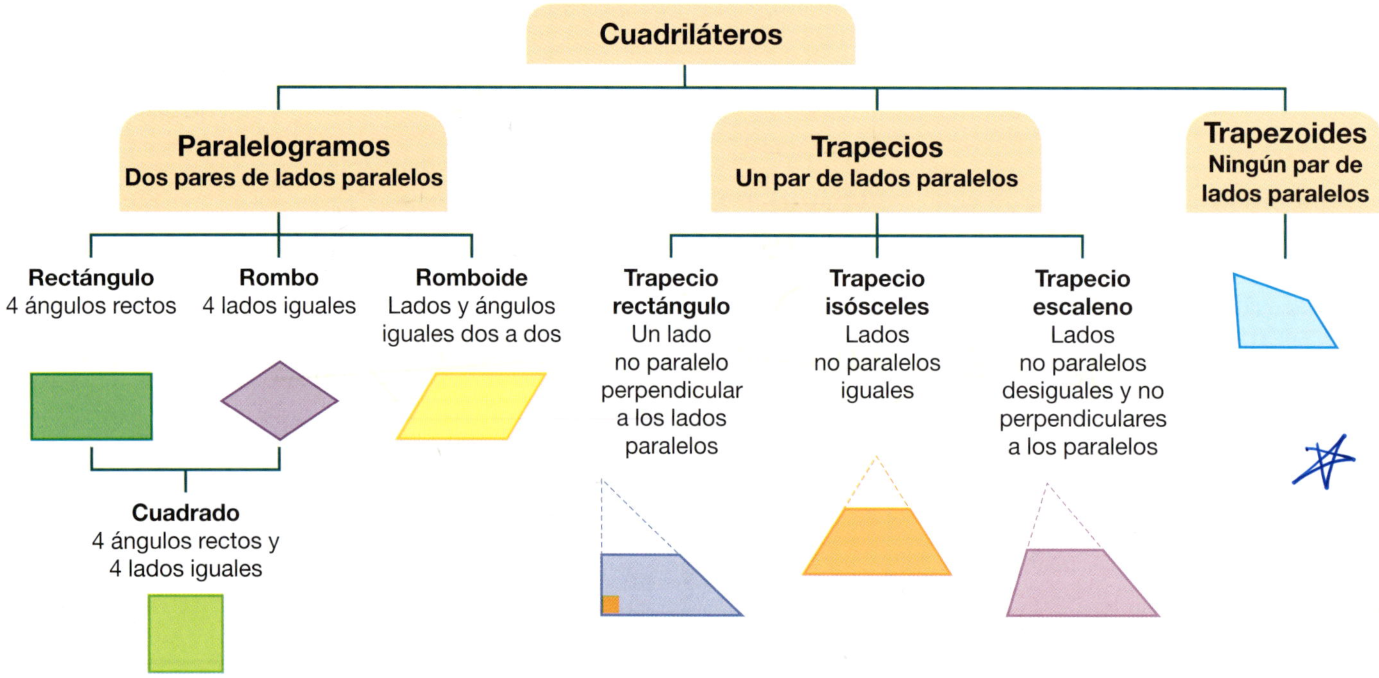

Fíjate

1 cuadrilátero = 2 triángulos

$2 \times 180° = 360°$

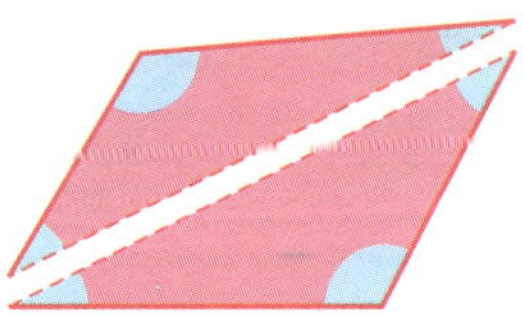

Propiedades

- Un cuadrilátero tiene dos diagonales. En efecto:

$$\frac{n \cdot (n-3)}{2} = \frac{4 \cdot (4-3)}{2} = \frac{4}{2} = 2$$

- La suma de los ángulos interiores de un cuadrilátero es 360°. En efecto:

$$180° \cdot (n-2) = 180° \cdot (4-2) = 360°$$

Actividades

33 Nombra los cuadriláteros que poseen estas características:

a) Tienen los cuatro lados iguales y los ángulos no son rectos, pero son iguales dos a dos.

b) No tienen lados paralelos.

c) Tienen dos lados paralelos y los lados no paralelos son iguales.

d) Tienen los ángulos y los lados iguales dos a dos.

34. Averigua el valor del ángulo $\widehat{B}$ de este trapecio rectángulo sabiendo que el ángulo $\widehat{C}$ vale 120°:

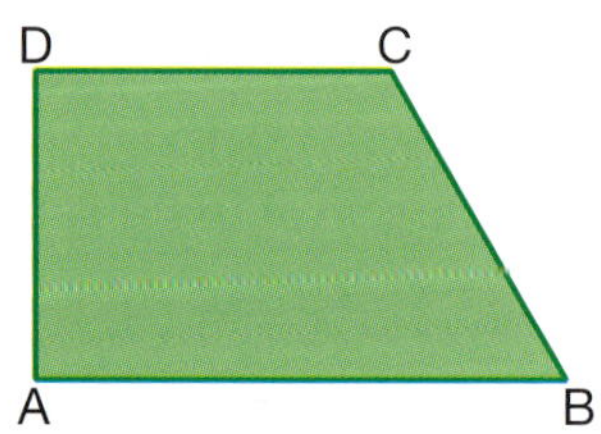

Construcción

Veamos cómo pueden construirse los diferentes paralelogramos con la regla y el compás.

Cuadrado

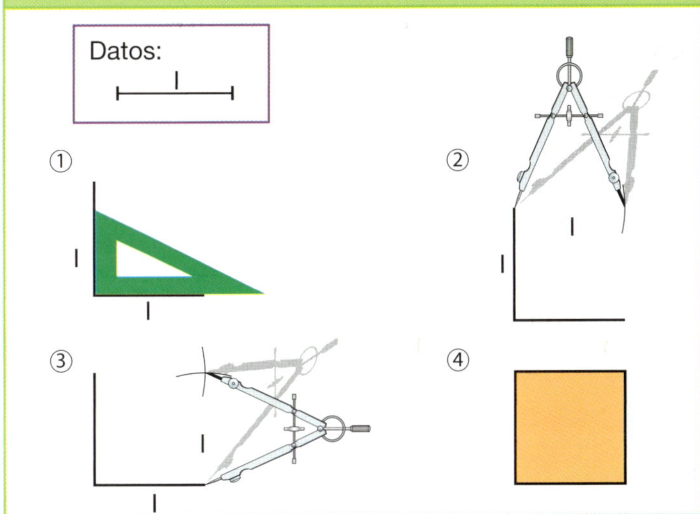

Rectángulo

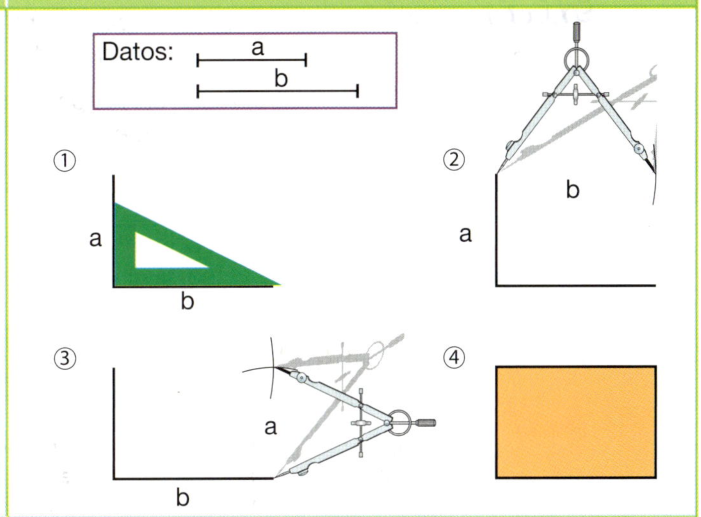

Rombo

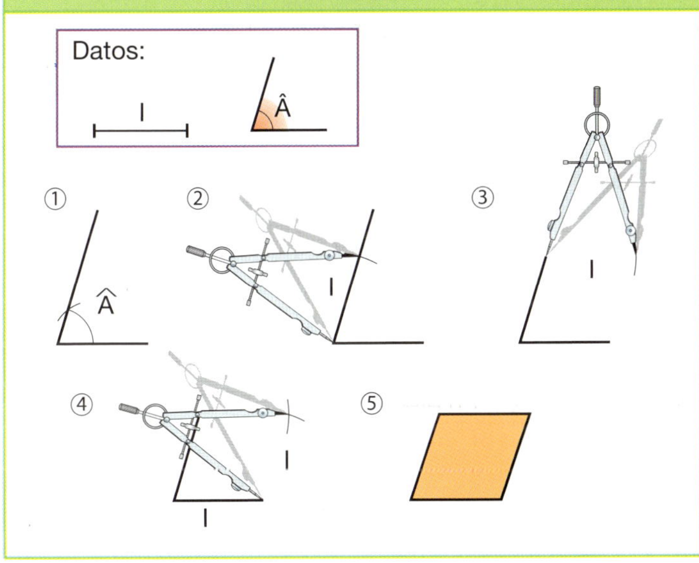

Romboide

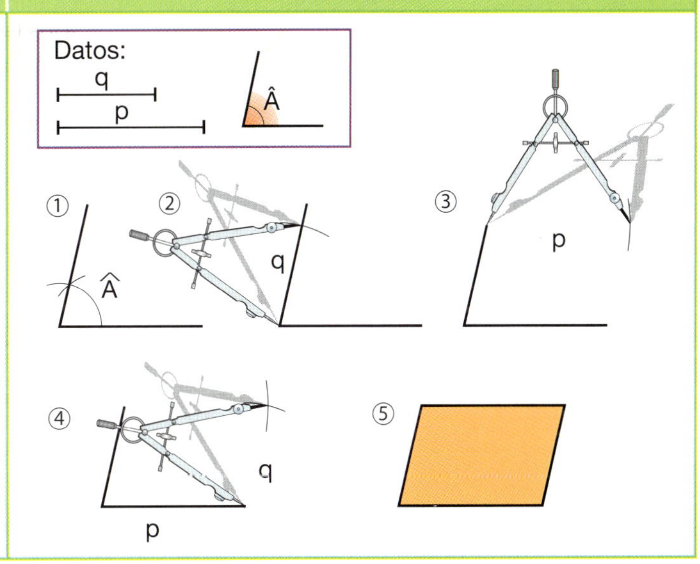

Actividades

35. Explica con tus propias palabras los pasos realizados en la construcción de los distintos paralelogramos con la regla y el compás.

36. Construye con la regla y el compás los siguientes paralelogramos:

a) Un cuadrado de 2,5 cm de lado.

b) Un rectángulo de lados 4 cm y 3 cm.

c) Un rombo de 4 cm de lado y $\widehat{A} = 60°$.

d) Un romboide de lados 5 cm y 4 cm, y $\widehat{A} = 60°$.

— Elabora una tabla de cuatro columnas (para los cuatro paralelogramos) y tres filas (para la figura, cómo son los lados y cómo son los ángulos) y complétala.

37. Di si estas afirmaciones son verdaderas o falsas:

a) Todo cuadrilátero es un cuadrado.

b) Todo rectángulo es un paralelogramo.

c) Algunos trapecios son paralelogramos.

38. Construye un rectángulo cuyos lados midan 5 cm y 3 cm.

39. Construye un rombo de 4 cm de lado sabiendo que uno de sus ángulos mide 40°.

— ¿Qué figura se forma si el ángulo es recto?

40. Construye un romboide cuyos lados formen un ángulo de 110° y midan 6 cm y 4 cm.

2. Construcciones geométricas con ordenador

A continuación veremos algunas herramientas que nos ayudarán a construir triángulos con GeoGebra..

HERRAMIENTA SEGMENTO

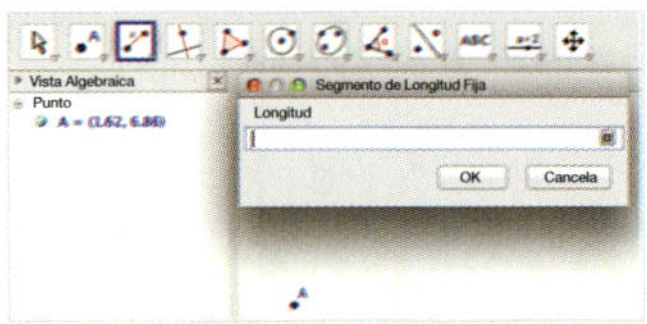

Se utiliza para generar segmentos. La instrucción «Segmento de Longitud Fija» permite generar un segmento con una longitud determinada. Para ello se selecciona un punto que será uno de los extremos de este, y a continuación se indica el valor de la longitud del segmento deseado.

HERRAMIENTA CIRCUNFERENCIA

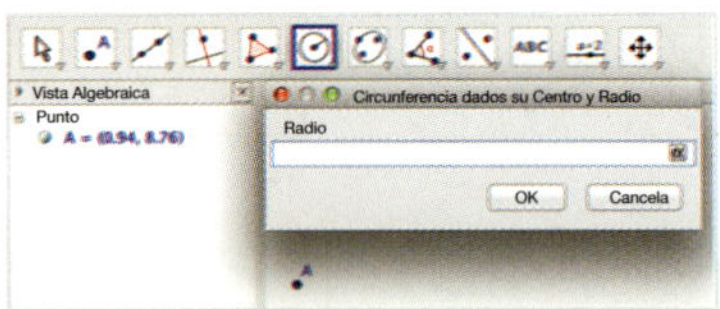

Se utiliza para generar circunferencias.La instrucción «Circunferencia dados su Centro y Radio» permite dibujar una circunferencia con un radio determinado. Para ello se selecciona un punto que será el centro de la circunferencia, y a continuación se indica el valor del radio de la circunferencia deseado.

HERRAMIENTA ÁNGULO

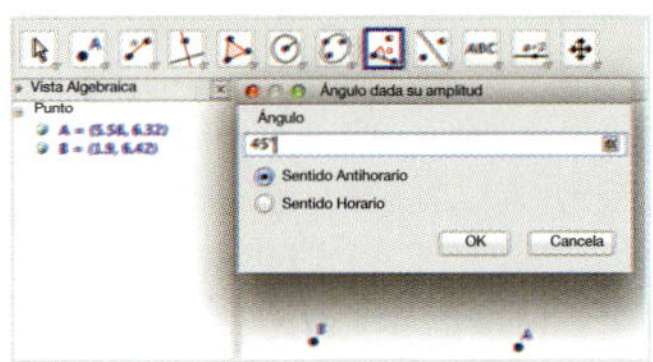

Se utiliza para generar ángulos. La instrucción «Ángulo dada su amplitud» permite dibujar un ángulo de longitud determinada a partir de dos puntos. Para ello se seleccionan dos puntos, de los cuales el segundo será el vértice del ángulo, y a continuación se indica la amplitud del ángulo deseado.
Esta herramienta crea un tercer vértice y el ángulo correspondiente entre estos tres puntos.

2.1. Construcción de triángulos

Construcción de un triángulo conocidos los tres lados.

Veamos un método para construir un triángulo conocidos los tres lados:

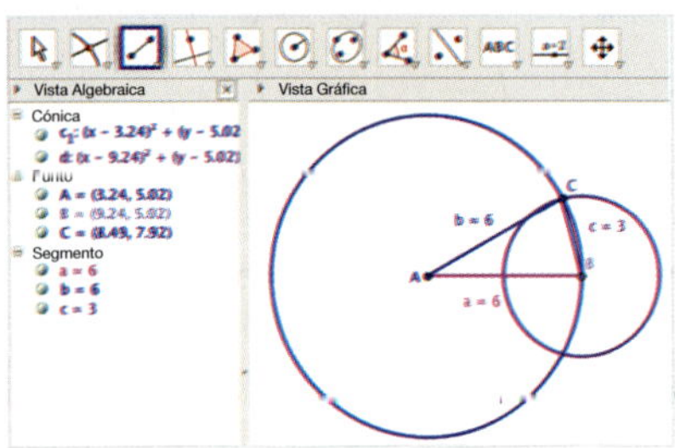

- Con la herramienta «Segmento de Longitud Fija» trazamos un segmento de longitud igual a uno de los lados del triángulo. Los extremos del segmento serán dos de los vértices del triángulo.
- Con la herramienta «Circunferencia dados su Centro y Radio», desde uno de los extremos del segmento, trazamos una circunferencia con radio igual a la longitud del segundo lado. Con la misma herramienta, desde el otro extremo del segmento, trazamos otra circunferencia con radio igual a la longitud del tercer lado.
- Unimos cada uno de los extremos del segmento con uno de los puntos de corte de las dos circunferencias.

Actividades

41. Construye un triángulo:

a) Conocidos un lado y sus ángulos contiguos.

b) Conocidos dos lados y el ángulo que forman.

c) Conocidos dos lados y el ángulo opuesto al mayor de ellos.

42. Halla un modo distinto de construir un triángulo conocidos los tres lados.

— Explica, con tus propias palabras, cada uno de los pasos seguidos.

A continuación, veremos algunas herramientas que nos ayudarán a construir cuadriláteros con GeoGebra.

HERRAMIENTA PUNTO

Se utiliza para dibujar los puntos de intersección de dos objetos.

La instrucción «Intersección de Dos Objetos» permite:

- Identificar todos los puntos de intersección de dos objetos al seleccionarlos.
- Identificar el punto de intersección de dos objetos seleccionando directamente la intersección.

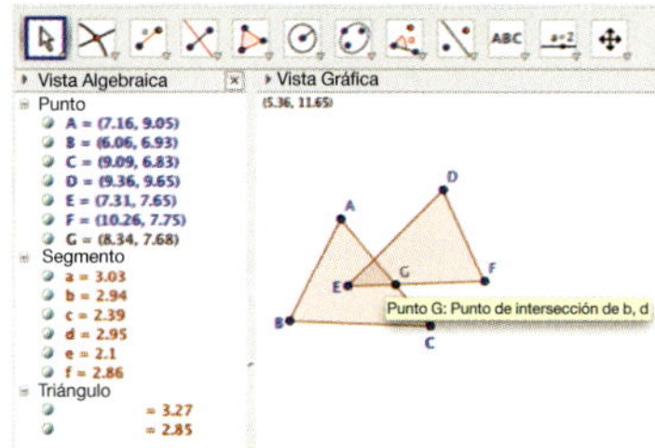

HERRAMIENTA POLÍGONO

Se utiliza para generar polígonos.

La instrucción «Polígono» permite crear un polígono a partir de sus vértices. Para ello se marcan los puntos que constituirán los vértices del polígono en la vista gráfica, donde se crea una línea poligonal abierta. Para cerrarla y formar un polígono hay que seleccionar nuevamente el primer vértice.

En la Vista Algebraica se indica el área del polígono formado.

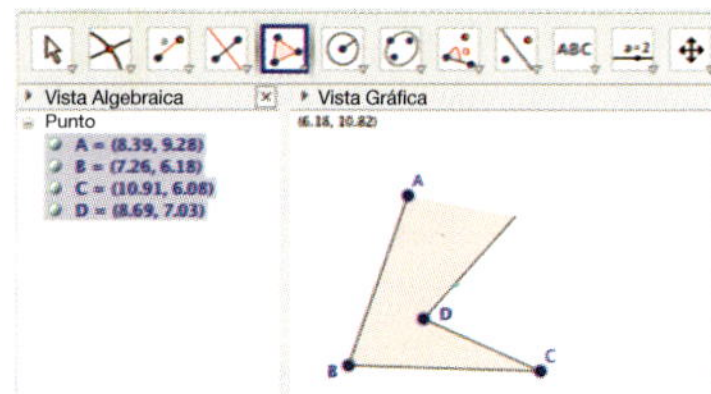

2.2. Construcción de cuadriláteros

Construcción de un cuadrado conocido el lado

Veamos un método para construir un cuadrado a partir de sus lados.

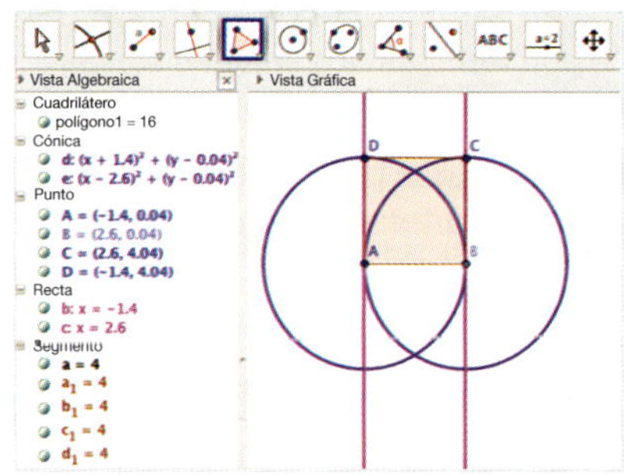

— Con la herramienta «Segmento de Longitud Fija» trazamos un segmento de longitud igual al lado del cuadrado. Los extremos del segmento serán dos de los vértices del cuadrado.

— Con la herramienta «Recta Perpendicular» trazamos dos rectas perpendiculares al segmento que pasen por cada uno de los extremos.

— Desde cada uno de los extremos del segmento, con la herramienta «Circunferencia dados su Centro y Radio», trazamos dos circunferencias con radio igual a la longitud del lado.

— Con la herramienta «Intersección de Dos Objetos», haciendo clic sobre el punto de intersección de cada circunferencia con cada recta perpendicular, obtenemos los otros dos vértices del cuadrado.

— A partir de la herramienta «Polígono», trazamos el cuadrado clicando en sus cuatro vértices y haciendo clic nuevamente en el primer vértice.

Actividades

43. Utilizando el programa informático de que dispongas dibuja:

@

a) Un cuadrado de 2,5 cm de lado.

b) Un rectángulo de lados 4 cm y 3 cm.

c) Un romboide de lados 5 cm y 4 cm, y $\widehat{A} = 60°$.

d) Un rombo de 4 cm de lado y $\widehat{A} = 60°$.

3. Transformaciones geométricas

Si aplicamos a todos los elementos de una figura plana una transformación (desplazamiento, giro, ampliación, reducción...), obtendremos una nueva figura denominada figura transformada.

3.1. Tamaño y forma

Observa estas dos señales de tráfico:

La señal de advertencia de peligro y la de ceda el paso son dos triángulos del **mismo tamaño** y de la **misma forma**. Al efectuar un giro de 180° a la primera señal obtenemos la segunda señal.

> Una transformación que mantiene la forma y el tamaño de la figura plana inicial se denomina **transformación isométrica**.

Figuras semejantes o proporcionales

La segunda señal es una reducción de la original, es decir, todos los lados del cuadrado se han reducido en la misma proporción. Las dos señales son semejantes o proporcionales.

Dos figuras planas con la misma forma, diferente tamaño y lados proporcionales son figuras semejantes.

Observa estas otras dos señales de tráfico:

Son dos señales con la misma forma pero distinto tamaño. Si reducimos todos los lados de la primera señal a la mitad obtendremos la segunda señal.

> Una transformación que mantiene la forma pero no el tamaño de la figura plana inicial se denomina **transformación no isométrica**.

Actividades

44. Indica en cada caso si se trata de una transformación isométrica o no isométrica.

a)

b)

c)

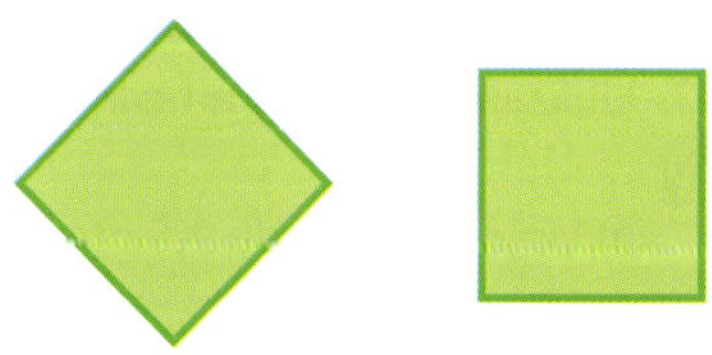

3.2. Traslaciones y giros

Las traslaciones y los giros son dos tipos de transformaciones isométricas.

En ambas transformaciones, a cada elemento (vértice, lado, ángulo) de la figura plana original le corresponde otro elemento en la figura transformada.

Traslación

Observa la siguiente transformación:

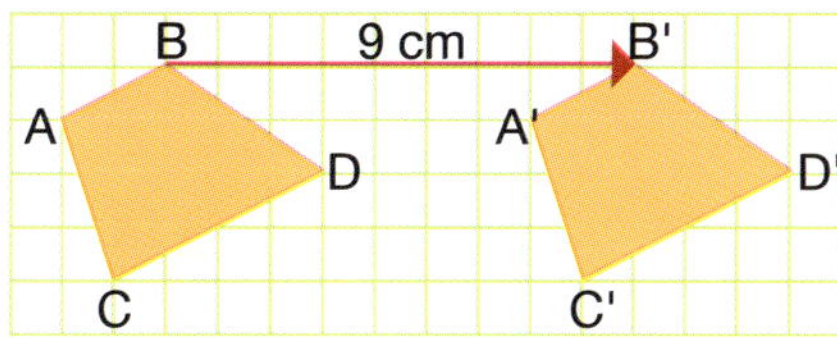

Al trapecio *ABCD* le hemos aplicado una traslación de 8 unidades a la derecha.

> La **traslación** es una transformación isométrica en la que todos los elementos de una figura se desplazan desde una posición inicial hasta otra posición final en línea recta y en el mismo sentido.

Giro

Observa ahora cómo hemos transformado el siguiente triángulo:

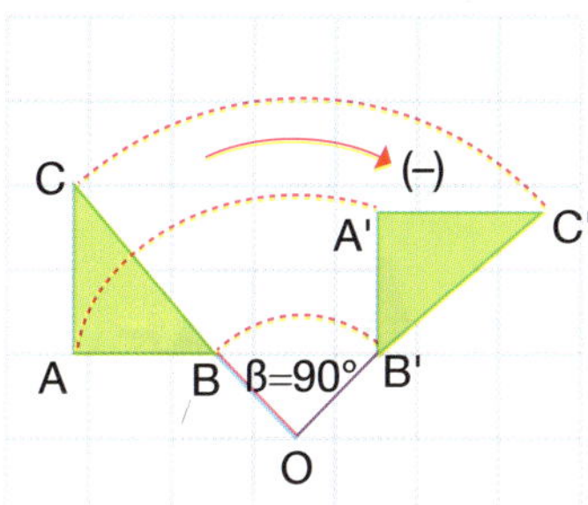

Al triángulo *ABC* le hemos aplicado un giro de 90° en sentido negativo y centro de giro O.

> El **giro** es una transformación isométrica en la que todos los elementos de una figura se desplazan desde una posición inicial hasta otra posición final mediante una rotación.

Para realizar un giro necesitamos conocer el ángulo de giro y el centro de giro. El centro de giro es un punto que puede formar parte de la figura o no pertenecer a ella.

Sentido del giro

Un giro en sentido positivo se efectúa en sentido contrario al movimiento de las agujas del reloj.

Un giro en sentido negativo se efectúa en el mismo sentido del movimiento de las agujas del reloj.

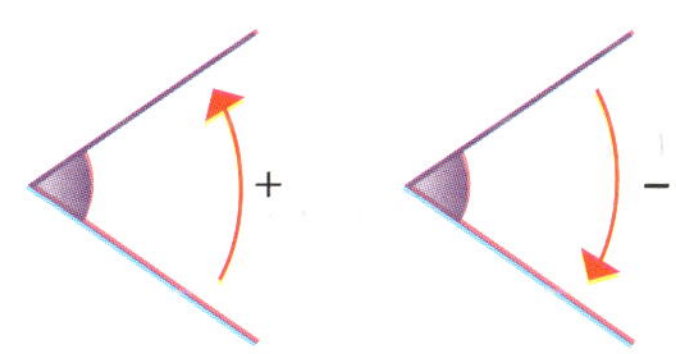

Actividades

45. Observa los dibujos e indica qué tipo de transformación isométrica se produce en cada caso.

a)

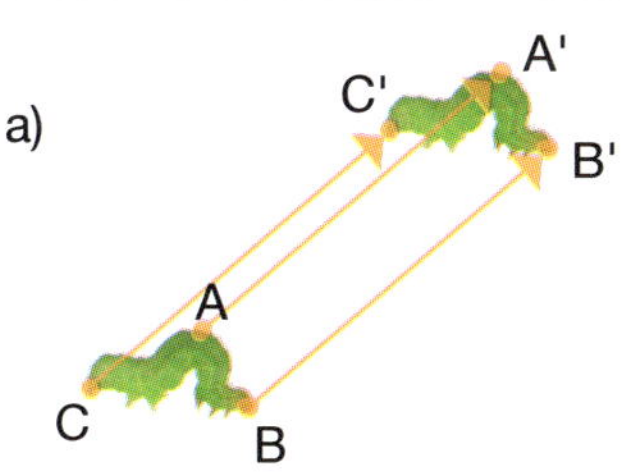

b)

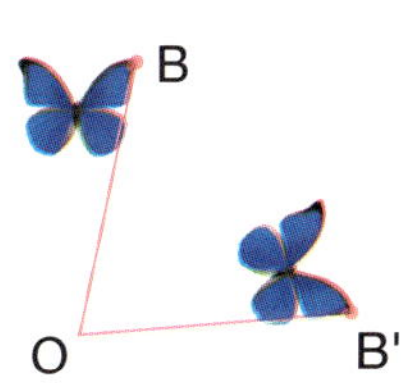

c)

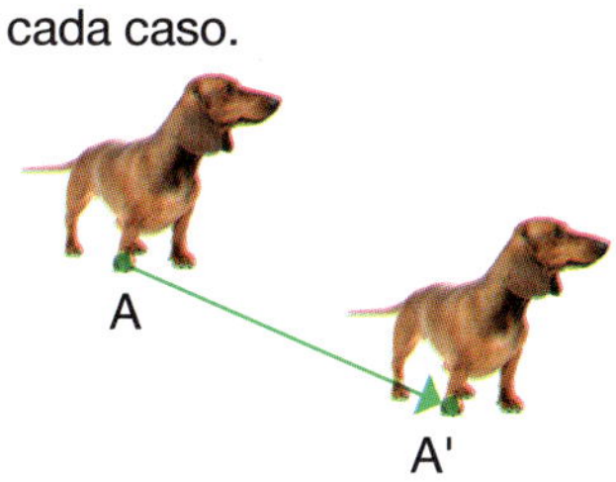

46. Copia en tu cuaderno las siguientes figuras y realiza:

a) Un giro de 45° en sentido positivo con centro en D.

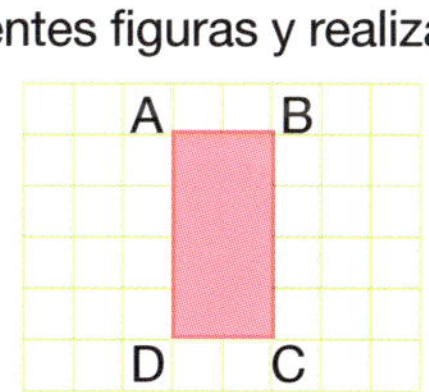

b) Una traslación de 7 unidades hacia arriba.

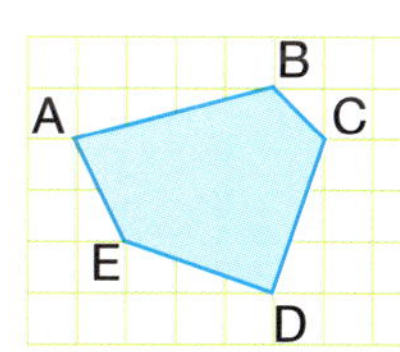

En la siguiente presentación podrás observar diferentes ejemplos de simetría axial en organismos animales, vegetales y minerales: **http://links.edebe.com/8zigc3**

– Imprime la lámina que aparece en la web y realiza las simetrías de las figuras respecto de los ejes marcados.

Podemos dibujar una figura simétrica aplicando a una de sus mitades una simetría axial respecto al eje de simetría.

Los objetos pueden tener más de un eje de simetría.

3.3. Simetrías

Otro tipo de transformación isométrica es la simetría.

Simetría axial o reflexión

Observa estos dos triángulos simétricos. Hemos obtenido el triángulo *A'B'C'* aplicando una **simetría axial** o **reflexión** de **eje de simetría *e*** al triángulo *ABC*:

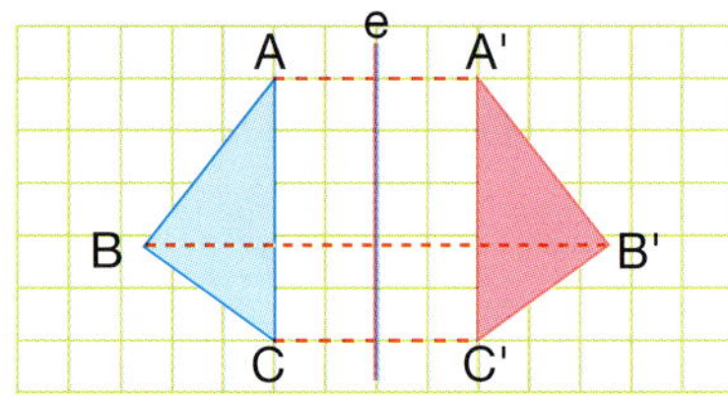

> La **simetría axial** de eje *e* es una transformación isométrica en la que a cada punto *A* de la figura original le corresponde otro punto *A'* que está a la misma distancia de *e* que el primero.

Ejes de simetría en figuras simétricas

La simetría está presente en numerosos objetos de la vida cotidiana. Observa estas figuras:

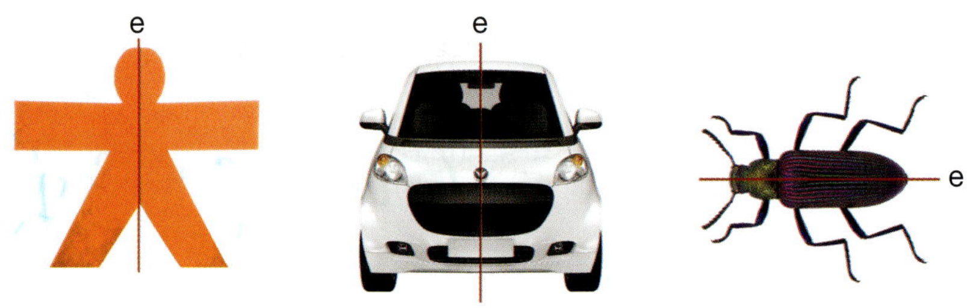

Todas ellas son simétricas, es decir, tienen un eje de simetría.

> Un **eje de simetría** es una recta que divide una figura en dos partes de modo que al doblar la figura por este eje, las dos partes se superponen.

Actividades

47. Copia las figuras siguientes en tu cuaderno y aplica a cada una de ellas una simetría axial de eje de simetría *e*:

a) 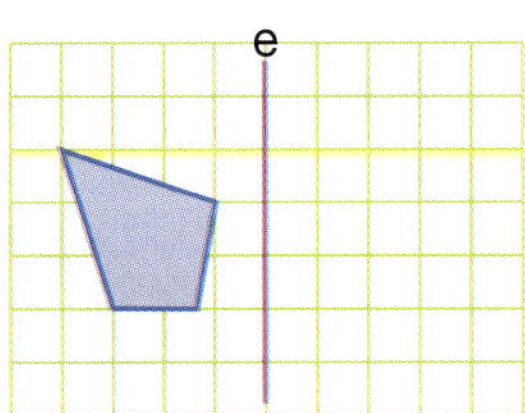

b) 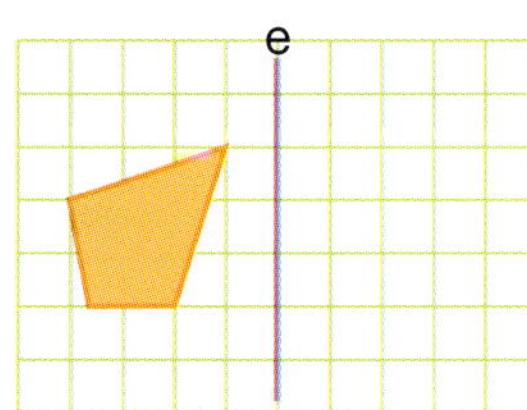

48. Copia en tu cuaderno las siguientes figuras planas y marca los ejes de simetría:

a) 

b) 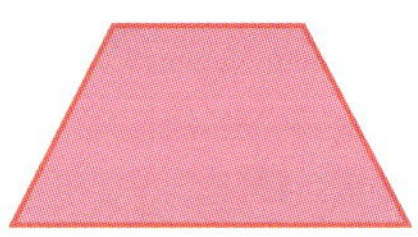

c) 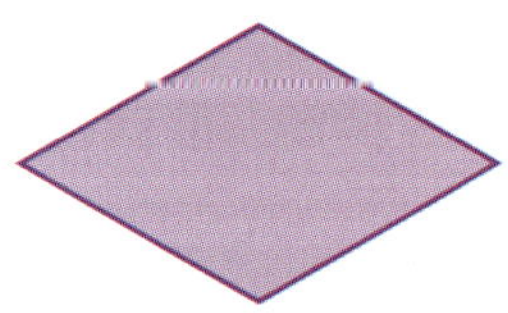

4. Mosaicos

Las transformaciones isométricas están presentes en obras de decoración, en el arte, en ornamentación...

Los mosaicos son un ejemplo de la aplicación de las transformaciones isométricas.

> Los mosaicos son una forma de cubrir el plano sin dejar huecos a partir de formas geométricas que se repiten sin solaparse.

Los mosaicos más sencillos son los regulares, que se generan a partir de un único polígono regular.

Únicamente existen tres polígonos regulares que generan mosaicos regulares pues para generarlos es necesario que la suma de los ángulos que concurren en un mismo vértice sea 360°.

1. Triángulo equilátero: con la composición de 6 triángulos equiláteros cubrimos 360°.

$6 \times 60° = 360°$

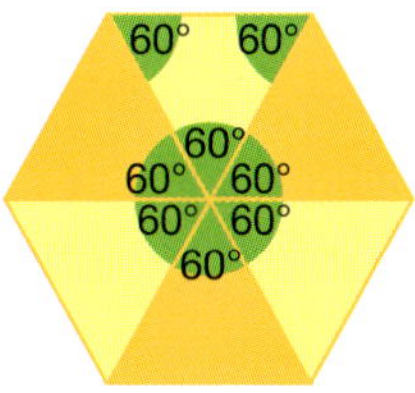

Retícula triangular

2. Cuadrado: con la composición de 4 cuadrados cubrimos 360°.

$4 \times 90° = 360°$

Cuadrícula

3. Hexágono regular: con la composición de 3 hexágonos regulares cubrimos 360°.

$3 \times 120° = 360°$

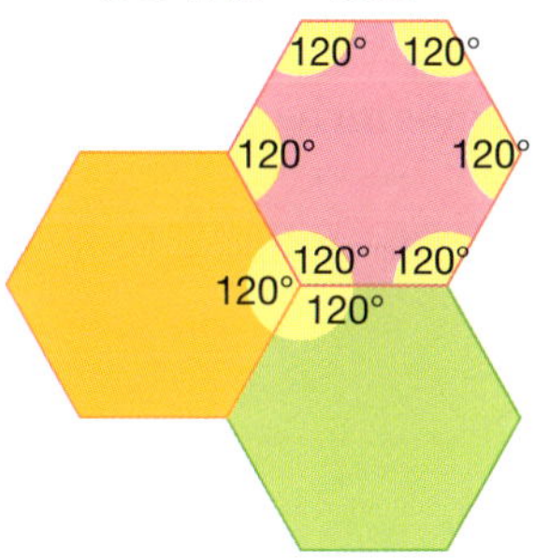

Retícula hexagonal

Entra a la siguiente página:

http://links.edebe.com/avnxy6, y diseña diferentes mosaicos a partir de traslaciones verticales y horizontales.

Actividades

49. ¿Podrás construir un mosaico con pentágonos regulares? Justifica tu respuesta.

50. Construye un mosaico combinando triángulos equiláteros y cuadrados. Dibuja en tu cuaderno el mosaico generado e indica las medidas de los ángulos que concurren en un mismo vértice.

51. El mosaico siguiente se ha generado combinando varios polígonos regulares:

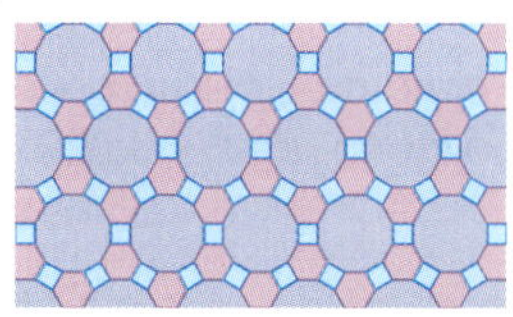

— Identifícalos e indica la medida de los ángulos que concurren en un mismo vértice.

ACTIVIDADES RESUELTAS

Generalizar

Esta estrategia consiste en resolver casos particulares y, una vez resueltos, generalizar y calcular la solución del problema para cualquier enunciado.

Halla el número de ejes de simetría de un heptágono regular.

Comprender

— ¿Entiendes el enunciado?

Tenemos que calular el número de ejes de simetría de un heptágono regular, es decir, de un polígono regular de 7 lados.

Planificar

— ¿Puedes utilizar alguna de las estrategias estudiadas?

Calculamos el número de ejes de simetría de polígonos regulares con menor número de lados: triángulo equilátero, cuadrado y pentágono regular. A partir de las soluciones obtenidas con estos polígonos regulares, generalizamos y obtenemos el número de ejes de simetría de un polígono regular de siete lados.

Ejecutar el plan

— Ahora se trata de implementar la estrategia elegida.

Dibujamos cada uno de los polígonos anteriores y marcamos los ejes de simetría.

Triángulo equilátero **Cuadrado** **Pentágono regular**

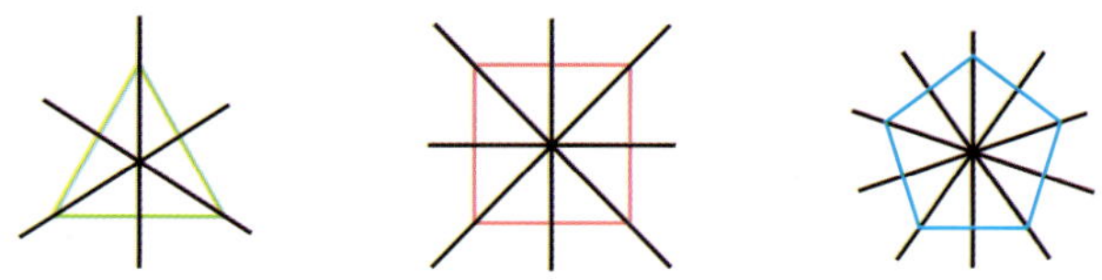

En estos tres casos vemos que el número de ejes de simetría coincide con el número de lados. Luego un heptágono regular tendrá 7 ejes de simetría.

Revisar

— ¿Crees que podrías resolver el problema de otro modo?

Para comprobar la respuesta, dibujamos un heptágono regular y marcamos los 7 ejes de simetría.

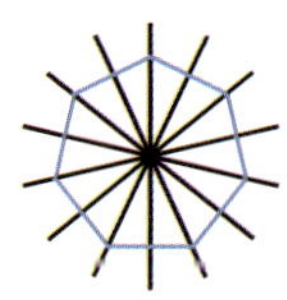

Actividades

Utiliza la estrategia anterior para resolver los siguientes problemas:

52. ¿Cuántos ejes de simetría tiene un polígono regular de 18 lados? ¿Y un polígono regular de 20 lados?

53. ¿La generalización obtenida en la estrategia de resolución anterior es válida para cualquier polígono? ¿Qué propiedades debe cumplir?

54. Halla los ejes de simetría de un dodecágono regular.

— Copia en tu cuaderno el siguiente dodecágono y comprueba la solución gráficamente.

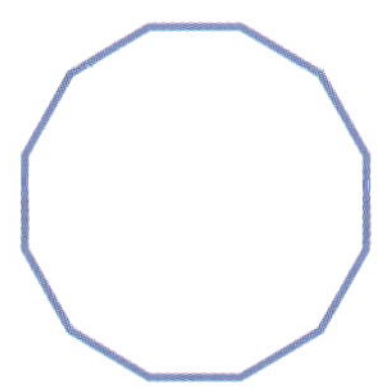

SÍNTESIS

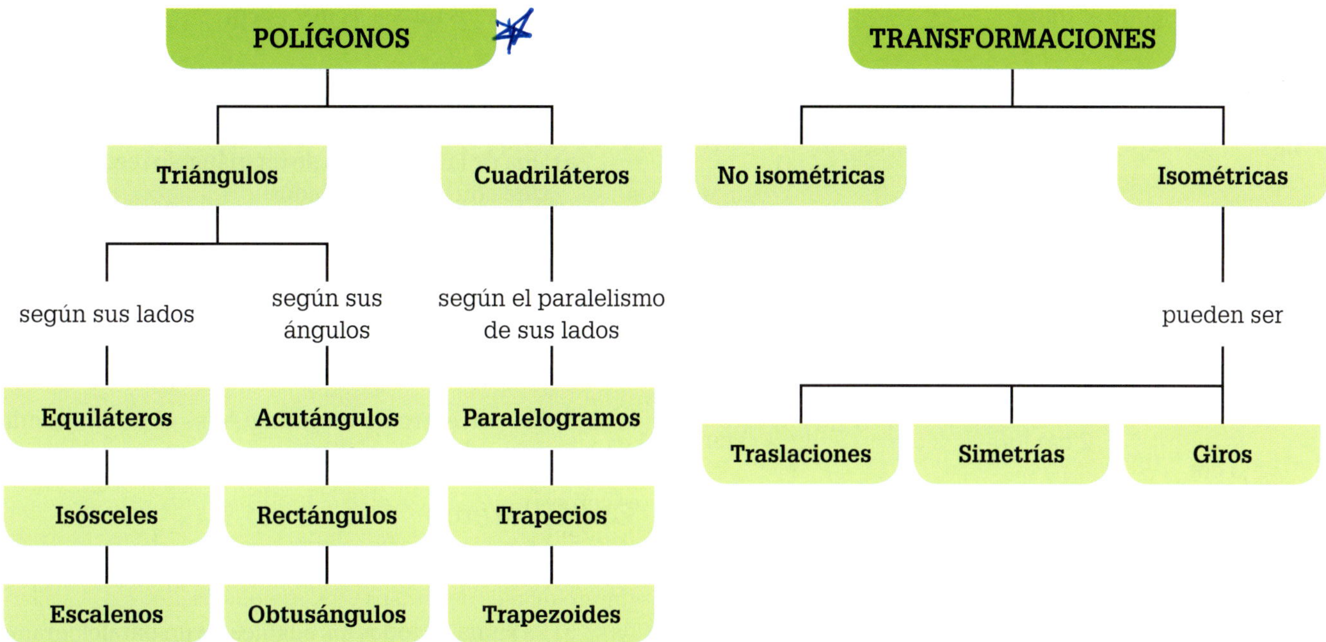

Actividades finales

Polígonos

55. ★☆☆ ¿Cuántos polígonos se distinguen en la siguiente figura?:

— Clasifícalos según sus lados y según sus ángulos.

56. ★☆☆ Copia en tu cuaderno el siguiente pentágono regular:

— Traza las diagonales del polígono y dibuja un cuadrilátero inscrito al polígono.

57. ★☆☆ ¿Cuántas diagonales tiene un eneágono?

58. ★☆☆ Si un polígono tiene 35 diagonales, ¿cuál es su número de vértices?

59. ★☆☆ Los ángulos interiores de un polígono miden 106°, 60°, 110° y 84°. ¿Cuántos vértices y cuántos lados tiene? ¿Es cóncavo o convexo?

60. ★☆☆ Calcula las sumas de los ángulos interiores de los polígonos de 4, 5, 6, 7, 8, 9 y 10 lados.

61. ★★☆ Determina el valor del ángulo marcado.

a)

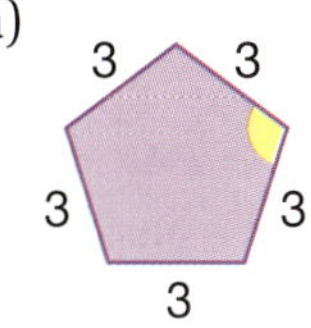

b)

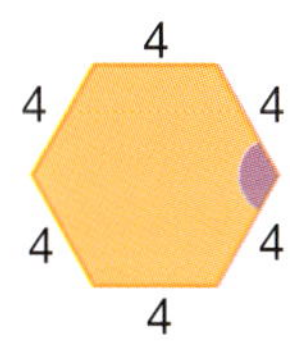

c)

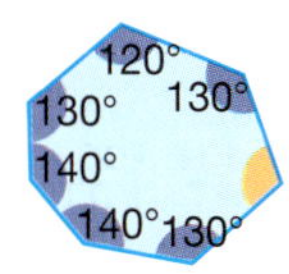

62. ★★☆ Dibuja un pentágono y un hexágono convexos. Calcula mentalmente:

a) El número de diagonales de un pentágono y el de un hexágono.

b) La suma de los ángulos de un pentágono y de un hexágono.

c) El número de ejes de simetría de un pentágono y de un hexágono.

Actividades finales

63. ★★☆ El ángulo central de un polígono regular mide 30°. ¿De qué polígono se trata?

64. ★★★ ¿Qué ángulo forman las apotemas correspondientes a dos lados contiguos de un pentágono regular?

Triángulos

65. ★☆☆ Clasifica los triángulos según sus lados.

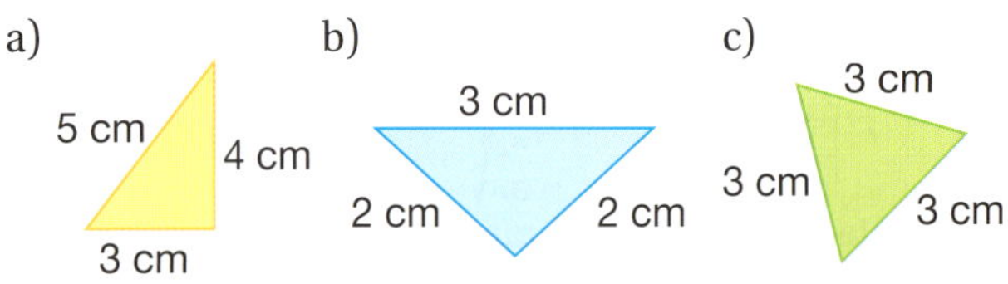

66. ★☆☆ Clasifica los triángulos según sus ángulos.

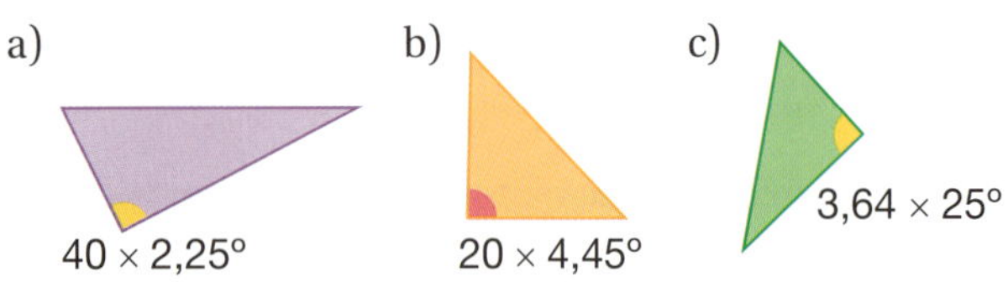

67. ★☆☆ Un triángulo tiene un ángulo que mide 35° y otro ángulo que mide 1,2 veces más que el primero. ¿Cuánto mide el tercer ángulo?

68. ★★☆ Construye con regla, compás y transportador de ángulos los siguientes triángulos conocidos estos datos:

a) $a = 6$ cm $\quad b = 5$ cm $\quad c = 3$ cm

b) $a = 6$ cm $\quad b = 5$ cm $\quad \widehat{C} = 35°$

c) $b = 5$ cm $\quad \widehat{C} = 30° \quad \widehat{A} = 45°$

d) $a = 5$ cm $\quad \widehat{C} = 30° \quad \widehat{A} = 45°$

69. ★★☆ ¿En cuál de los siguientes casos es posible obtener un triángulo? Justifica tu respuesta.

a) $a = 1{,}7$ cm $\quad b = 2{,}21$ cm $\quad c = 2{,}55$ cm

b) $a = 5{,}4$ cm $\quad b = 1{,}8$ cm $\quad c = 2$ cm

c) $a = 4{,}5$ cm $\quad b = 6{,}4$ cm $\quad c = 3{,}5$ cm

70. ★★☆ Construye un triángulo rectángulo con ángulo recto en A, sabiendo que $c = 6$ cm y $\widehat{B} = 40°$.

71. ★★☆ Los catetos de un triángulo rectángulo miden 3 cm y 4 cm. ¿Cuánto mide la hipotenusa?

— Dibuja este triángulo.

72. ★★☆ Calcula la longitud de la diagonal de un rectángulo cuyos lados miden 9 cm y 14 cm.

73. ★★★ Di cuáles de los siguientes enunciados son ciertos y explica por qué:

a) Una de las medianas de un triángulo rectángulo coincide con uno de sus lados.

b) En un triángulo rectángulo el ortocentro coincide con uno de sus vértices.

c) En un triángulo equilátero las medianas coinciden con las alturas.

d) El baricentro de un triángulo es el punto donde se cortan las tres mediatrices.

Cuadriláteros

74. ★☆☆ Completa en tu cuaderno las siguientes frases:

a) La suma de todos los ángulos de un paralelogramo es ....

b) Cada uno de los ángulos de un cuadrado mide ....

c) El cuadrilátero que no tiene lados paralelos se denomina ....

d) El cuadrilátero con los 4 lados iguales y los ángulos iguales dos a dos se denomina ....

75. ★☆☆ Indica si los siguientes enunciados son ciertos y explica por qué:

a) Un cuadrilátero es un cuadrado cuando todos sus lados tienen la misma longitud.

b) Un cuadrilátero es un cuadrado cuando sus diagonales tienen la misma longitud.

76. ★☆☆ Clasifica los siguientes cuadriláteros según sus ángulos y el paralelismo de sus lados:

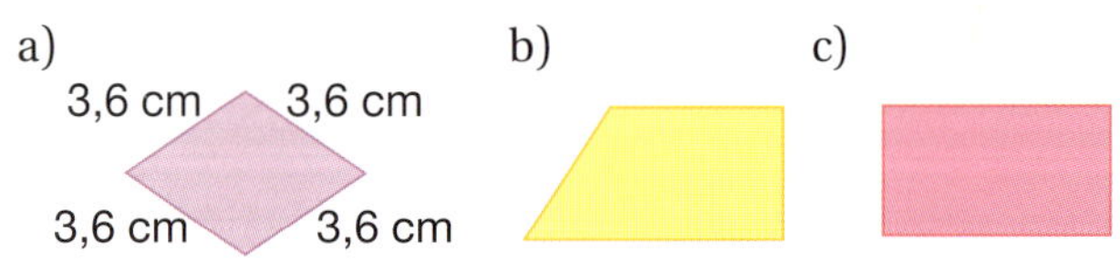

77. ★☆☆ Determina el ángulo marcado en el cuadrilátero.

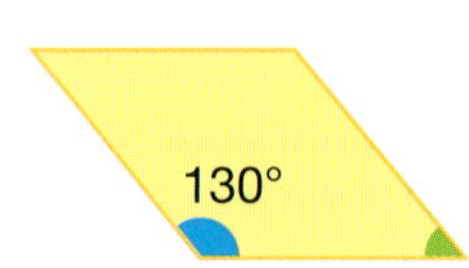

78. ★☆☆ Copia en tu cuaderno la cuadrícula y une, mediante segmentos, los puntos que sean números primos en orden ascendente. Une, con otro segmento, el número primo mayor con el menor. ¿Qué cuadrilátero has obtenido?

79. ★☆☆ Determina en cada cuadrilátero el ángulo marcado.

a) b) c)

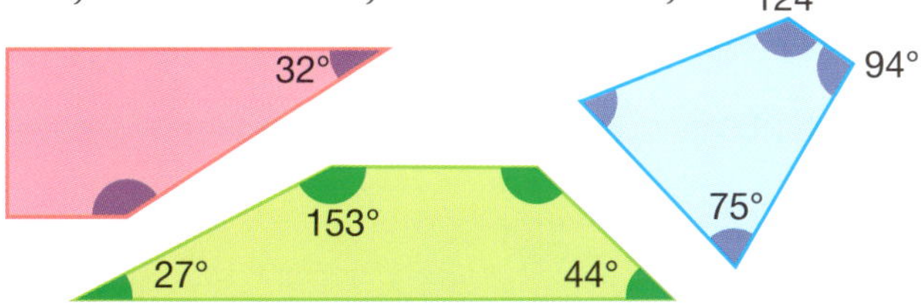

80. ★☆☆ Uno de los ángulos de un romboide mide 35°. ¿Cuánto miden los demás ángulos?

81. ★★☆ Copia en tu cuaderno la cuadrícula y une, mediante segmentos, los puntos que sean múltiplos de 9 en orden ascendente. Une, con otro segmento, el mayor múltiplo de 9 con el menor. ¿Qué cuadrilátero has obtenido?

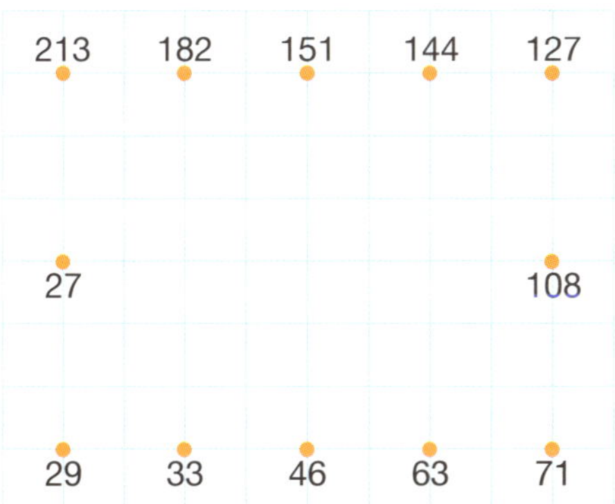

Responde a las siguientes preguntas:

— En cuanto a las diagonales: ¿son del mismo o de diferente tamaño? ¿Son oblicuas o perpendiculares?

— En cuanto a la longitud de los lados: ¿son de la misma longitud? ¿Iguales dos a dos? ¿O de diferentes longitudes?

— En cuanto al paralelismo de los lados: ¿tiene dos pares de lados paralelos? ¿Un par de lados paralelos? ¿O ningún par de lados paralelos?

— En cuanto a la amplitud de los ángulos: ¿tiene todos los ángulos iguales? ¿Un par de ángulos iguales? ¿O todos los ángulos diferentes?

82. ★★☆ Construye con regla, compás y transportador de ángulos un rectángulo cuya base mide 6 cm y la longitud de la altura es $\frac{3}{2}$ la longitud de la base.

83. ★★★ La diagonal de un cuadradro mide 6,5 cm. Constrúyelo con regla, compás y transportador de ángulos.

Construcciones con ordenador

84. @ ★☆☆ Construye, con el programa informático de que dispongas, un cuadrado de 5 cm de lado.

85. @ ★★☆ Construye un trapecio isósceles cuya base menor mida 3,4 cm, la base mayor, 7,6 cm, y la altura sea igual a 4,5 cm.

86. @ ★★★ Dos lados contiguos de un paralelogramo son iguales, y el ángulo que comprenden mide 120°. Constrúyelo a partir del programa GeoGebra y di de qué paralelogramo se trata.

Transformaciones

87. ★☆☆ Observa las siguientes letras del abecedario:

— Copia en tu cuaderno las letras que sean simétricas y marca los ejes de simetría.

88. ★☆☆ Observa las siguientes figuras planas:

a) b) c)

— ¿Son simétricas? Copia en tu cuaderno las figuras que sí que lo sean y marca los ejes de simetría.

89. ★☆☆ Dibuja todos los ejes de simetría en los siguientes polígonos:

a) Triángulo isósceles.

b) Cuadrado.

c) Pentágono regular.

Actividades finales

90. ★☆☆ Dibuja la mitad simétrica que falta.

a)

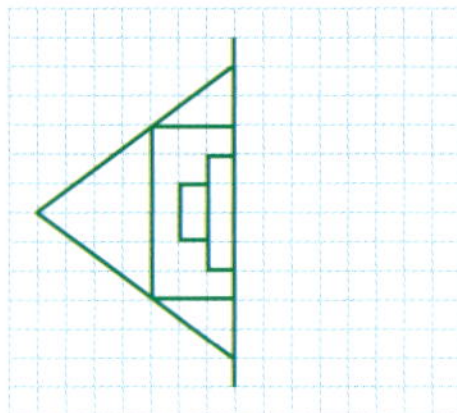

b)

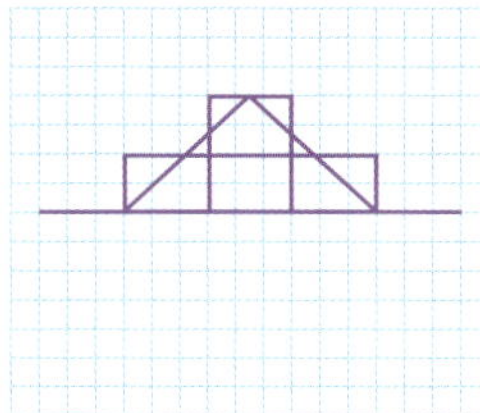

91. ★☆☆ Muchos artistas utilizan la simetría para conseguir bellas creaciones fotográficas.

— Busca en Internet cinco fotografías en las que el fotógrafo haya jugado con la simetría.

92. ★☆☆ Copia la siguiente figura en tu cuaderno y realiza una traslación de la figura de 3 unidades hacia arriba y 7 unidades hacia la izquierda:

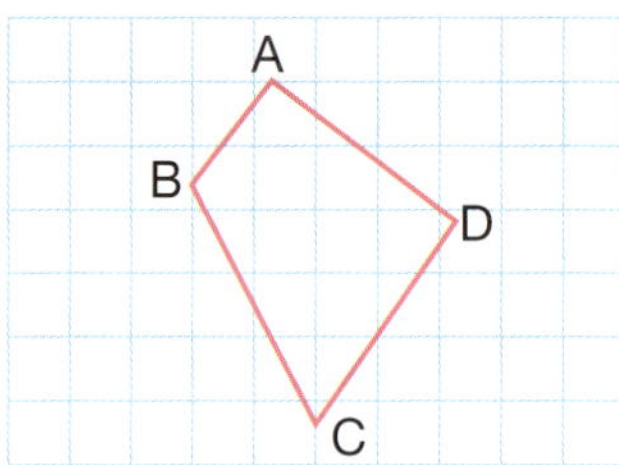

93. ★★☆ Dibuja el pentágono simétrico respecto del eje de simetría marcado.

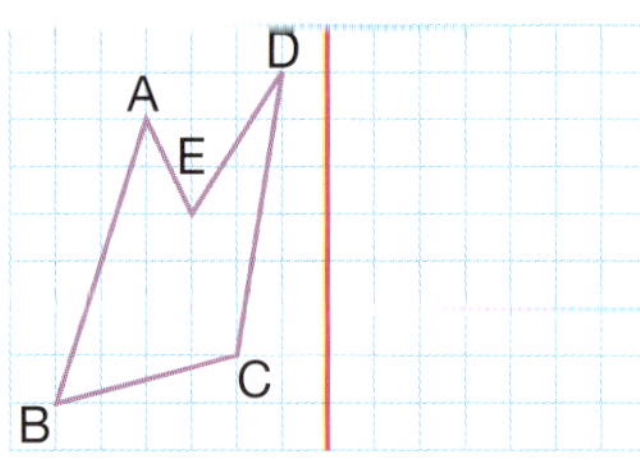

94. ★★☆ Dado el siguiente triángulo *ABC*, realiza un giro de 180º en sentido negativo tomando como centro de giro el vértice *A*:

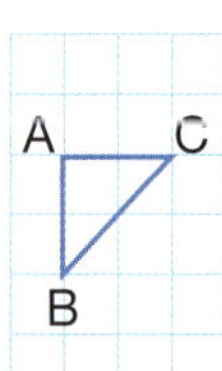

95. ★★★ Dibuja en tu cuaderno el siguiente rectángulo y aplícale un giro en sentido negativo de centro el vértice *B* y ángulo 45º y 90º:

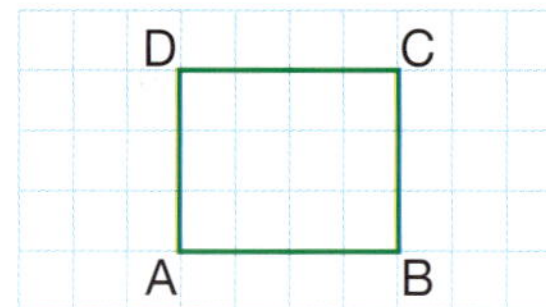

96. ★★★ Dado el cuadrilátero *ABCD*, realiza una traslación de 3 unidades hacia la derecha y 4 unidades hacia arriba y, posteriormente, realiza un giro de 180º de centro *B*.

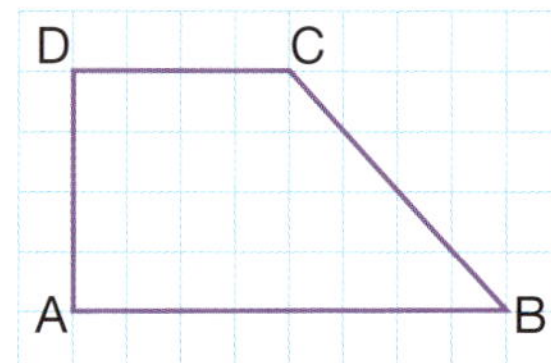

Problemas

97. ★☆☆ Un diamante tiene la siguiente forma visto desde arriba:

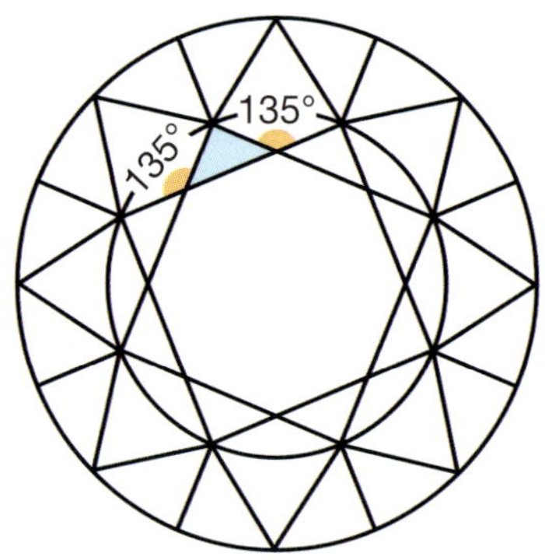

— Determina los ángulos del triángulo marcado en la figura y clasifícalo según la amplitud de sus ángulos.

98. ★☆☆ Para cercar una superficie se han construido varias vallas como esta:

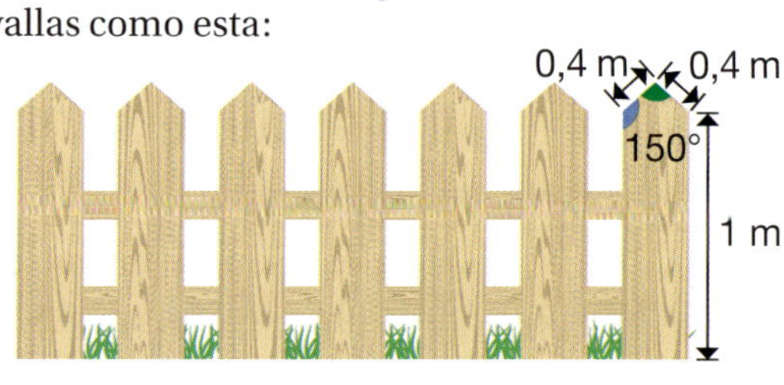

— Determina el ángulo de la punta de una de las tablas.

99. ★★☆ Entra en la página: **http://links.edebe.com/3xch2**, y construye mosaicos a partir de una única figura plana.

— Lleva a cabo una presentación en la que incluyas cada uno de los mosaicos generados y una breve explicación de por qué recubren el plano. Para los polígonos regulares que no recubran el plano con una misma figura, explica el porqué e incluye una imagen ilustrativa.

100. ★★☆ Una escalera está apoyada en la pared. La escalera forma un ángulo con el suelo que es cuatro tercios el ángulo que forma el suelo con la pared. Calcula el ángulo que forma:

a) La escalera con el suelo.

b) La escalera con la pared.

101. ★★☆ Un terreno rectangular está dividido en 6 parcelas rectangulares de igual área.

a) ¿Cómo podrías dividirlo para formar 4 parcelas iguales? ¿Se te ocurre más de una posibilidad?

b) ¿Cuál es el nombre de los polígonos que has representado en la división del terreno?

102. ★★☆ Un trapecio isósceles tiene un perímetro de 54,42 cm. Si la base mayor mide 24 cm y la base menor es 1,5 veces menor, ¿cuánto miden cada uno de los otros dos lados?

103. ★★★ La rampa de acceso a un edificio empieza a 120 cm de su fachada y salva una altura de 50 cm. Calcula la longitud de la rampa.

104. ★★★ Un jardín rectangular, de 96 m de largo y 28 m de ancho, tiene cuatro árboles en cada uno de sus extremos. Si se quiere plantar un quinto árbol que sea equidistante de los otros cuatro, ¿cuál es la distancia que separará al quinto árbol del resto?

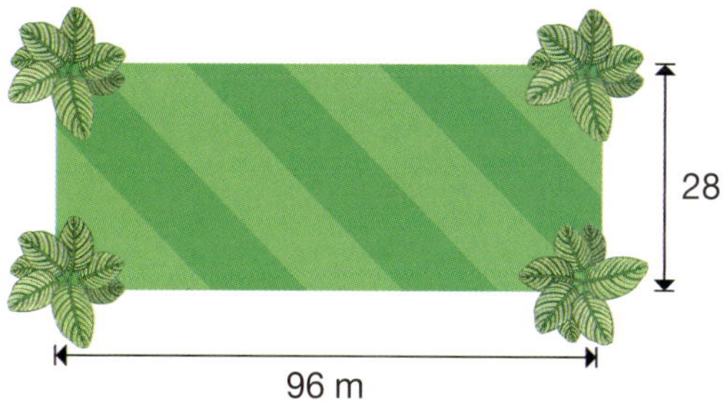

105. ★★★ En las siguientes páginas podrás componer figuras planas a partir de trapecios isósceles, hexágonos regulares, cuadrados, triángulos equiláteros y romboides:

@

Traslaciones: **http://links.edebe.com/i3x3g**

Giros: **http://links.edebe.com/7t6v98**

Simetría axial: **http://links.edebe.com/mugq9**

— Crea una presentación en la que incluyas un ejemplo de cada tipo de transformación isométrica explicando los cambios de la figura transformada respecto de la inicial.

Cre@ctividad: Mosaicos con LibreOffice

En el paquete ofimático de LibreOffice se incluye el programa LibreOffice Word.

En un nuevo documento de LibreOffice Word se pueden insertar formas básicas y formar composiciones obteniendo mosaicos.

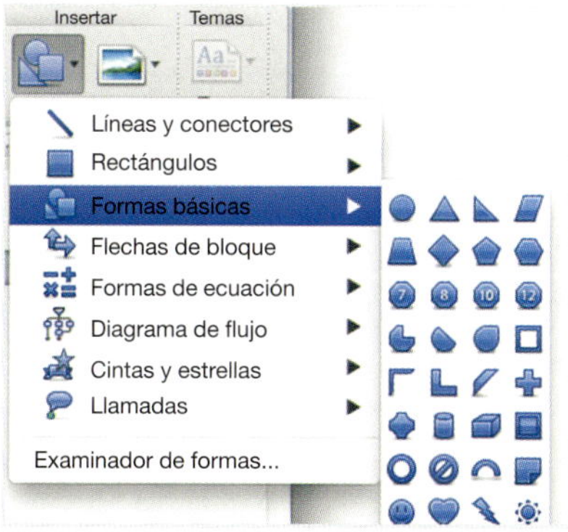

Atrévete

— Crea un documento en el que construyas tres mosaicos regulares.

— Comprueba que el resto de polígonos regulares (pentágono regular, heptágono regular, octógono regular, etc.) no pueden formar mosaicos regulares. ¿Por qué crees que se pueden generar mosaicos regulares únicamente con triángulos equiláteros, cuadrados y hexágonos regulares?

Los mosaicos que se forman a partir de la combinación de diferentes polígonos regulares se denominan mosaicos semirregulares.

— Crea mosaicos combinando polígonos regulares: triángulos equiláteros y cuadrados, triángulos equiláteros y hexágonos regulares, cuadrados y octógonos regulares, etc. ¿Qué criterios crees que nos permiten combinar polígonos regulares para formar mosaicos semirregulares?

Pon a prueba tus competencias

1. En las fiestas de tu pueblo se engalanan las calles con guirnaldas elaboradas con cartulina. Se quiere desperdiciar el mínimo papel posible y se han calcado trozos de cartulina rectangulares como este:

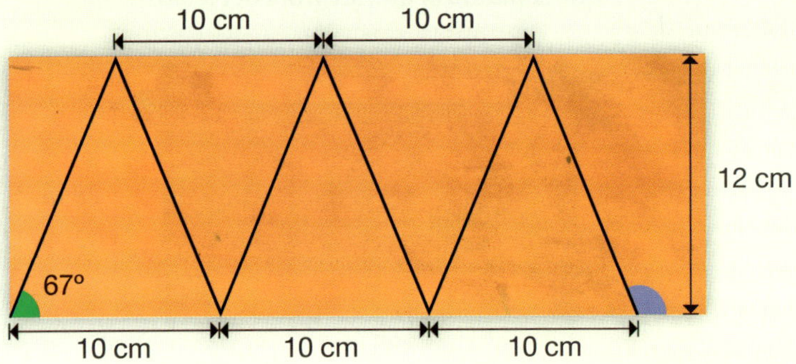

a) ¿Cuántos triángulos se pueden confeccionar con cada trozo de cartulina?

b) Determina el ángulo opuesto al lado del triángulo que mide 10 cm.

c) Clasifica, según sus ángulos y según el paralelismo de sus lados, los trozos de papel pinocho que han sobrado de la cenefa.

d) Determina la amplitud del ángulo marcado en la cenefa.

e) Si tenemos 60 trozos de cartulina como el de la imagen, ¿de cuántos triángulos dispondríamos?

2. Las dos torres que forman la Puerta de Europa de Madrid son inclinadas y forman un ángulo de 15° con la vertical. Sus bases son cuadrados de 34,5 m de lado.

a) Las estructuras laterales tienen formas poligonales. ¿Cuáles son los polígonos que las definen?

b) Determina la amplitud del ángulo de cada una de las torres con la horizontal.

c) Determina la amplitud de los ángulos de los polígonos que forman la estructura lateral.

d) Determina la amplitud de los ángulos de los polígonos que forman la estructura de las bases.

3. Beatriz pintó el cuadro de la derecha.

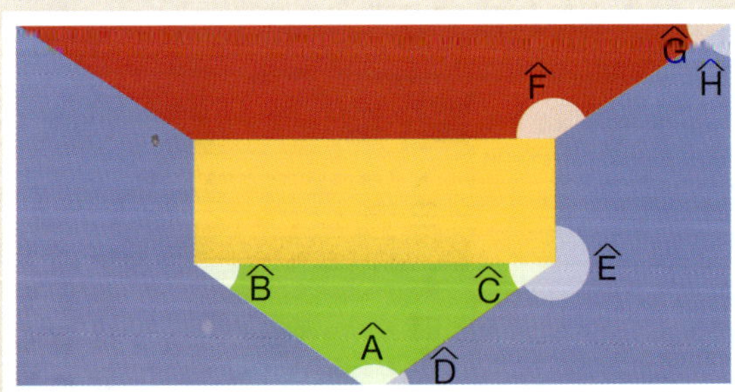

a) Identifica los polígonos presentes en el cuadro.

b) Clasifícalos según sus lados.

c) Clasifícalos en cóncavos y convexos.

d) Clasifica los triángulos según la amplitud de sus ángulos.

e) Clasifica los cuadriláteros según sus ángulos y el paralelismo de sus lados.

f) Sabiendo que el ángulo A y el ángulo G tienen una amplitud de 120° y 40°, respectivamente, ¿cuál es la amplitud de los ángulos B, C, D, E, F y H?

4. Queremos cambiar el suelo de una casa, y acudimos a una tienda de baldosas. La firma que hemos elegido nos ofrece cuatro modelos de baldosa estándar y el diseño que queramos por encargo.

a) Si queremos cubrir el suelo con un único modelo estándar de baldosa de forma que no quede ningún hueco, ¿qué modelos podemos elegir?

b) Si queremos cubrir el suelo combinando el modelo 1 y un diseño de polígono distinto a los estándares, ¿qué modelo de polígono encargaríamos? Ayúdate de un croquis para descubrirlo.

c) ¿Y si quisieramos recubrir el suelo combinando el modelo 2 y otro modelo de polígono por encargo?

Modelos estándar

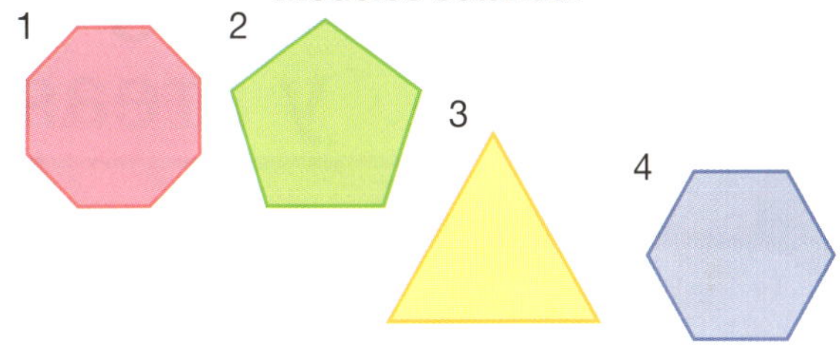

Visión 360º

La simetría está presente en la pintura, la arquitectura, la naturaleza, etc.

— Elige un tema relacionado con la pintura, la escultura, la arquitectura, la naturaleza, los elementos cotidianos, etc. y lleva a cabo una presentación en la que incluyas fotografías de cuerpos que sean simétricos respecto de uno o varios ejes de simetría. Titula cada imagen y traza sus ejes de simetría.

Reflexiona

Diario de aprendizaje

— ¿Te parece que la plaza del mercado de Cracovia tiene relación con los conceptos tratados en la unidad? ¿Con cuáles?

— Los contenidos tratados en la unidad ¿te han servido para ampliar tus conocimientos sobre la geometría?

— ¿Qué errores has cometido en la resolución de las actividades y cómo los has resuelto durante tu aprendizaje?

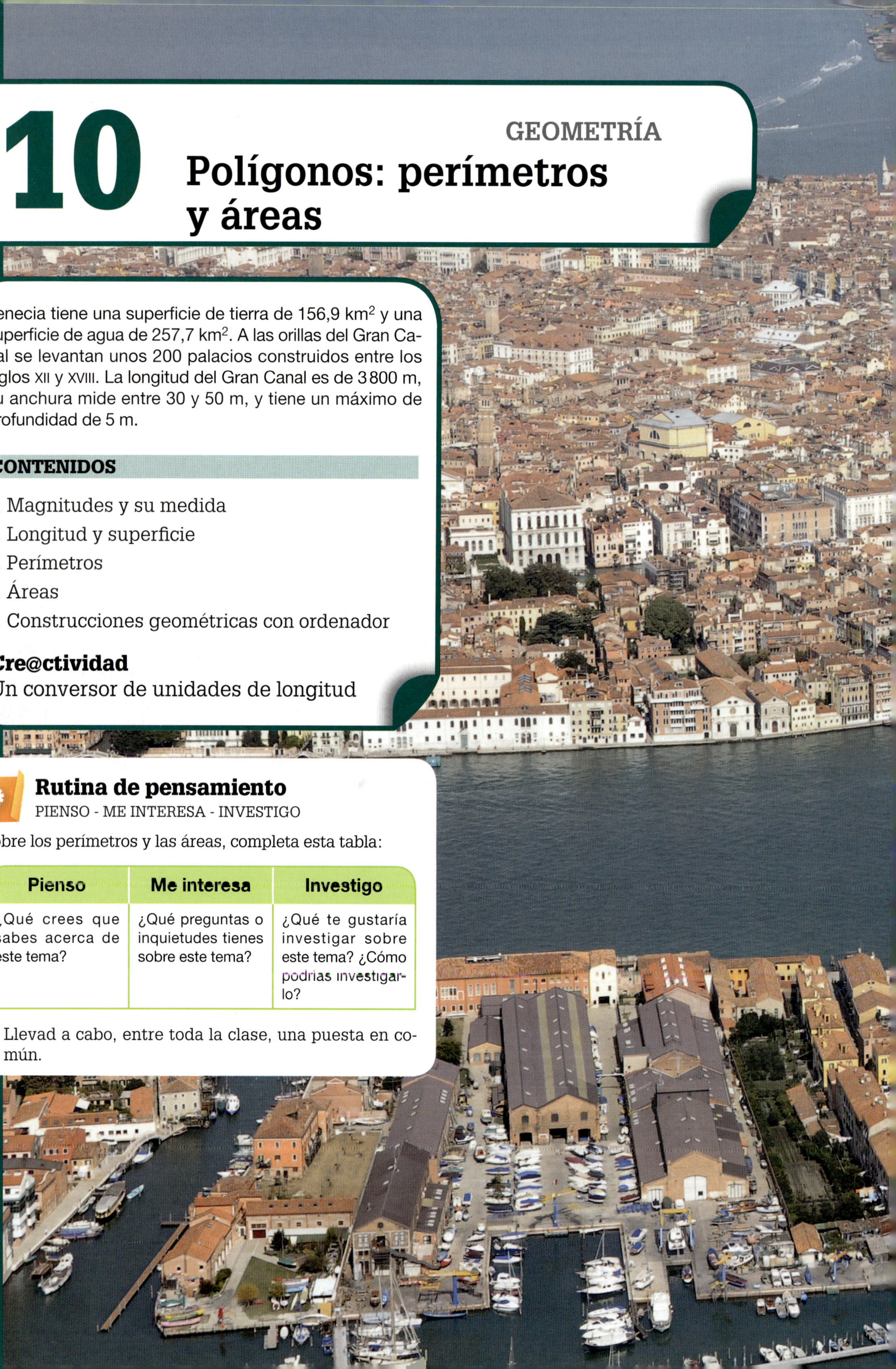

10 GEOMETRÍA

Polígonos: perímetros y áreas

Venecia tiene una superficie de tierra de 156,9 km^2 y una superficie de agua de 257,7 km^2. A las orillas del Gran Canal se levantan unos 200 palacios construidos entre los siglos XII y XVIII. La longitud del Gran Canal es de 3800 m, su anchura mide entre 30 y 50 m, y tiene un máximo de profundidad de 5 m.

CONTENIDOS

Rutina de pensamiento

PIENSO - ME INTERESA - INVESTIGO

Sobre los perímetros y las áreas, completa esta tabla:

Pienso	Me interesa	Investigo
¿Qué crees que sabes acerca de este tema?	¿Qué preguntas o inquietudes tienes sobre este tema?	¿Qué te gustaría investigar sobre este tema? ¿Cómo podrías investigarlo?

— Llevad a cabo, entre toda la clase, una puesta en común.

1. Magnitudes y su medida

Los chicos de las imágenes están tomando medidas.

Las expresiones 6,57 m, 3 kg, 3 L, 1,8 m^2 y 0,025 m^3 son medidas.

La longitud, la masa, la capacidad, la superficie y el volumen son ejemplos de propiedades o características de los cuerpos que pueden medirse. Son magnitudes.

Así, cuando decimos que una mesa tiene una longitud de 3 palmos, estamos comparando la longitud de la mesa con la de nuestro palmo: la longitud de la mesa es tres veces mayor que la unidad empleada, el palmo.

Magnitud es toda propiedad de un cuerpo que puede medirse.

Una **medida** es el resultado de comparar la cantidad de una magnitud que presenta un cuerpo con una cantidad fija considerada como **unidad**.

Toda medida consta de un número y una unidad de medida:

Número ← 3 **palmos** → Unidad

Medidas directas e indirectas

Una medida es directa si su valor se obtiene directamente del proceso de medición. Por ejemplo, la longitud de una cuerda.

Una medida es indirecta si se obtiene como resultado de una operación matemática entre medidas directas. Por ejemplo, la medida de la superficie de una finca.

1.1. Sistema Internacional de Unidades

Hemos visto que podemos expresar la longitud de una mesa en palmos. Pero, dependiendo de la mano de la persona, el número de palmos no será el mismo, aunque midamos la misma mesa.

Para evitar confusiones, es preciso establecer un sistema de unidades de carácter universal.

Un **sistema de unidades** es un conjunto de unidades que permiten medir las distintas magnitudes.

En todo sistema de unidades distinguimos:

- **Unidades básicas.** Se definen por sí mismas y son independientes entre sí y del resto de las unidades.
- **Unidades derivadas.** Se obtienen a partir de las unidades básicas.

El precursor del sistema de unidades más utilizado hoy en día fue el **Sistema Métrico Decimal (SMD)**, denominado así ya que para obtener múltiplos y submúltiplos de sus unidades se multiplica o divide por 10, 100, 1 000…

En la actualidad se utiliza el **Sistema Internacional de Unidades (SI)**, adoptado en la XI Conferencia General de Pesas y Medidas (París, 1960).

El SI consta de siete *unidades básicas*:

Magnitud	Unidad	Símbolo
Longitud	metro	m
Masa	kilogramo	kg
Tiempo	segundo	s
Intensidad de corriente eléctrica	amperio	A
Temperatura	kelvin	K
Cantidad de sustancia	mol	mol
Intensidad luminosa	candela	cd

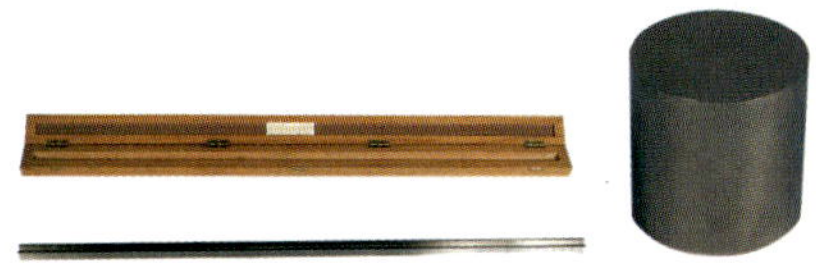

- Metro y kilogramo patrones depositados en la Oficina Internacional de Pesos y Medidas de Sèvres (Francia).

Medida del meridiano y nacimiento del metro

En 1792, la Academia de las Ciencias Francesa encargó a los científicos Pierre Mechain y Jean Baptiste Delambre medir parte de un meridiano terrestre y obtener así un patrón del metro. Con ello se pretendía unificar la medida exacta de la unidad de longitud. Los dos científicos midieron la distancia entre la torre del fuerte de Montjuïc y Dunquerque y, a partir de sus resultados, se decretó que la longitud de un metro era una diez millonésima parte del meridiano.

1.2. Instrumentos de medida

Los **instrumentos de medida** son utensilios que nos permiten comparar lo que estamos midiendo con la unidad de medida, para obtener una medición con exactitud.

A continuación, te presentamos algunos de los instrumentos más usuales para medir magnitudes:

— ¿Por qué crees que en esta página no te hemos presentado ningún instrumento de medida de superficie? ¿Cómo medirías una superficie?

Cinta métrica. Cinta flexible graduada.

Balanza electrónica. Utiliza la electricidad para determinar la masa de un objeto. Su precisión es notable, de 2 a 5 g de margen de error por cada kilogramo pesado.

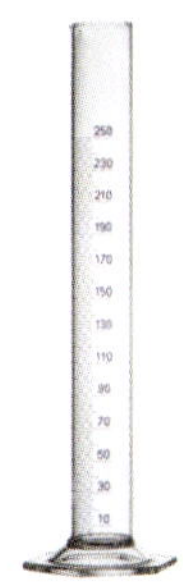

Probeta. Recipiente alargado de cristal con forma de tubo y graduado para calcular el volumen de un líquido.

Actividades

1. Enumera tres magnitudes distintas de las citadas anteriormente.
2. En el siguiente párrafo hay una serie de expresiones que son medidas. Analízalas y completa la tabla.

   A los 15 minutos de salir de la escuela, Laura llega a su casa, que se encuentra a 200 m, se come un bocadillo de 100 g de pan con 50 g de jamón y bebe 0,25 L de agua.

Magnitud	Medida	Unidad

El atleta ha saltado una longitud de 6,75 m.

2. Longitud y superficie

Para medir perímetros y áreas, necesitaremos conocer las unidades de longitud y de superficie, y así como las diferentes formas de expresar sus medidas.

2.1. Unidades de longitud

La **longitud** es una magnitud física que expresa la distancia entre dos puntos.

La unidad de longitud en el SI es el **metro**.

Sin embargo, el metro no es siempre la unidad más adecuada para efectuar mediciones. Cuando queremos medir objetos muy grandes o muy pequeños, utilizamos, respectivamente, múltiplos y submúltiplos de este.

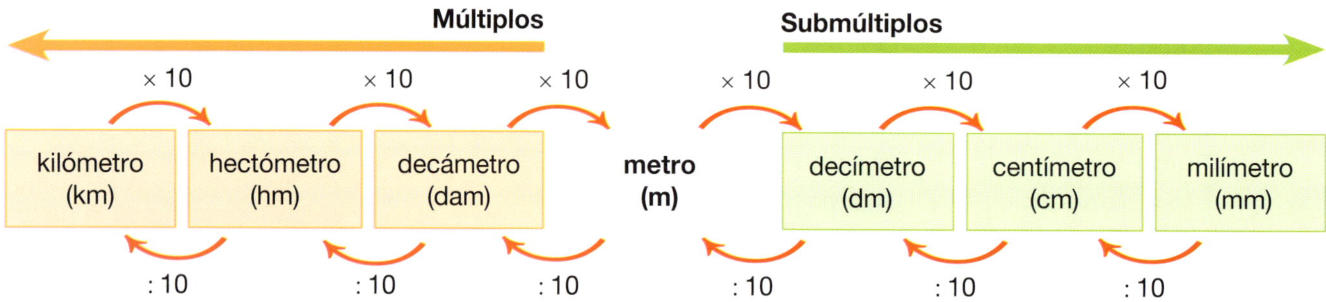

Para transformar medidas de unas unidades a otras, empleamos los factores de conversión.

Un **factor de conversión** es un cociente entre dos cantidades equivalentes expresadas en diferentes unidades. Al multiplicar por él una medida, esta no varía, aunque sí cambia de unidad.

NOMBRE Y EQUIVALENCIAS	
MÚLTIPLOS	
kilómetro (km)	1 km = 1 000 m
hectómetro (hm)	1 hm = 100 m
decámetro (dam)	1 dam = 10 m
SUBMÚLTIPLOS	
decímetro (dm)	1 dm = 0,1 m
centímetro (cm)	1 cm = 0,01 m
milímetro (mm)	1 mm = 0,001 m

Ejemplo 1

Expresa 5 hm en centímetros.

COMPRENSIÓN: Para pasar de hectómetros a centímetros, debemos multiplicar cuatro veces por 10; es decir, tenemos que multiplicar por 10 000. Así, se tiene:

$$1 \text{ hm} = 10\,000 \text{ cm}$$

RESOLUCIÓN: Escribimos esta equivalencia en forma de **factor de conversión** y operamos.

Factor de conversión

$$5 \text{ hm} = 5 \text{ hm} \times \frac{10\,000 \text{ cm}}{1 \text{ hm}} = 50\,000 \text{ cm}$$

5 hm equivalen a 50 000 cm.

Actividades

3. Completa en tu cuaderno:

a) 1 hm = ... m

b) 10 dm = ... hm

c) 45,6 dam = ... hm

d) 0,1 cm = ... km

e) 0,01 dam = ... dm

f) 68,98 m = ... cm

4. Indica qué cantidades son mayores que 1 km:

a) 30 dam b) $4,5 \times 10^7$ mm c) 76 481 cm

5. Ordena de mayor a menor:

4 dm - 0,3 dam - 90 mm - 120 m - 0,7 km

2.2. Unidades de superficie

Llamamos **superficie** a la región del plano que ocupa una figura plana. La medida de la extensión que ocupa una superficie se llama **área**.

La unidad de superficie en el SI es la unidad derivada del metro: el metro cuadrado (m^2).

El **metro cuadrado** es la medida de la superficie de un cuadrado de 1 m de lado.

Al igual que en las magnitudes de longitud, existen también los múltiplos y los submúltiplos del metro cuadrado.

El área de la laguna es de 24 m^2.

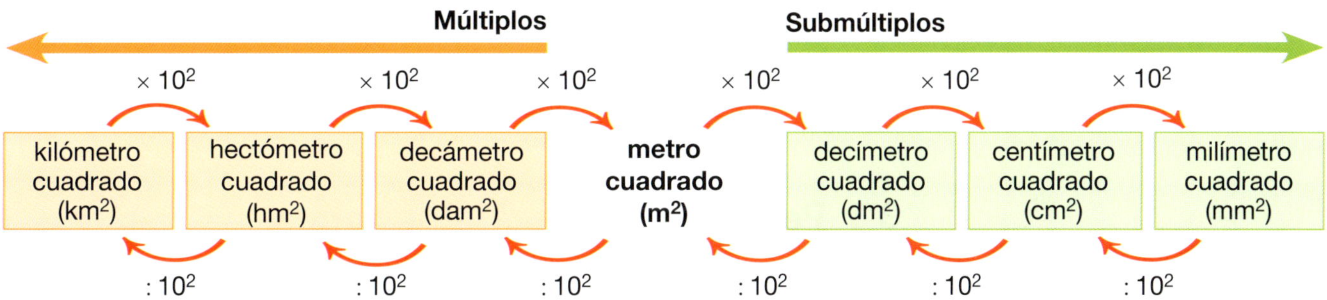

Estas relaciones nos permiten transformar unas unidades de superficie en otras usando factores de conversión.

Ejemplo 2

Expresa 32 km^2 en decámetros cuadrados.

COMPRENSIÓN: Para pasar de kilómetros cuadrados a decámetros cuadrados, debemos multiplicar dos veces por 10^2; es decir, tenemos que multiplicar por 10^4. Así se tiene:

$$1\ km^2 = 10^4\ dam^2$$

RESOLUCIÓN: Escribimos esta equivalencia como factor de conversión y obtenemos los decámetros cuadrados.

$$32\ km^2 = 32\ \cancel{km^2} \times \boxed{\frac{10^4\ dam^2}{1\ \cancel{km^2}}} = 320\,000\ dam^2$$

32 km^2 equivalen a 320 000 dam^2.

Unidades agrarias

Se usan habitualmente para medir extensiones de cultivo o de bosque.

Hectárea	1 ha = 1 hm^2
Área	1 a = 1 dam^2
Centiárea	1 ca = 1 m^2

Actividades

6. Efectúa estas transformaciones:

a) 15 cm^2 = ... dm^2
b) 45,6 km^2 = ... dam^2
c) 567 mm^2 = ... cm^2
d) 23,4 m^2 = ... dm^2
e) 68,98 m^2 = ... dam^2
f) 5 700 mm^2 = ... m^2

7. Halla la equivalencia en centímetros cuadrados de estas medidas:

0,250 dm^2 - 27,2 m^2 - 1 547 mm^2 - 0,38 m^2

8. Las medidas de un campo de fútbol profesional son 100 m × 70 m. ¿Cuántos metros cuadrados mide un campo de fútbol? ¿A cuántos campos de fútbol equivale una hectárea?

9. Transforma en metros cuadrados las siguientes unidades de superficie:

a) 13,2 hm^2
b) 0,72 dam^2
c) 5,003 hm^2
d) 2 393,5 dm^2
e) 68,98 dam^2
f) 1 500 556 mm^2
g) 15 256 785 cm^2
h) 0,5 km^2
i) 2 393,5 dm^2

En la siguiente página, encontrarás un geoplano electrónico con el que podrás estimar perímetros a partir de las medidas de las longitudes de las gomas elásticas:

http://links.edebe.com/8st6jb

3. Perímetros

El perímetro de una figura plana es la medida de su contorno. Si la figura es un polígono, basta con sumar las longitudes de sus lados.

Ejemplo 3

Halla el perímetro de este polígono.

COMPRENSIÓN: Para hallar el perímetro, sumamos las longitudes de sus lados.

RESOLUCIÓN:

$P = 8 + 6 + 2 + 1{,}5 + 2{,}5 + 3 + 0{,}5 + 1 +$

$+ 2{,}5 = 27$ cm

El perímetro del polígono mide 27 cm.

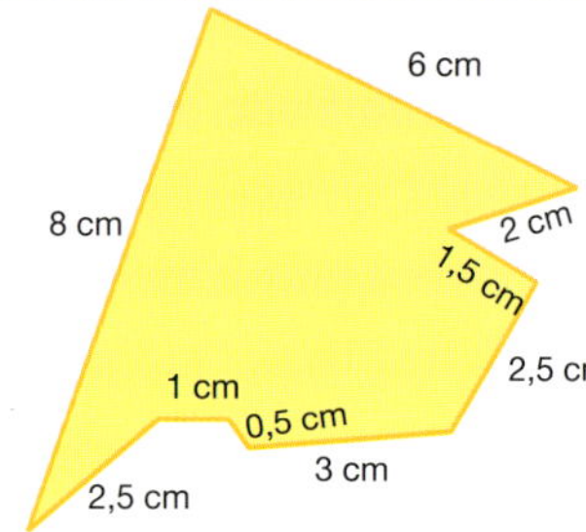

Existen polígonos para los que podemos establecer una fórmula para calcular su perímetro. Veámoslo.

3.1. Perímetro de paralelogramos

Cuadrado y rombo

El cuadrado y el rombo tienen los cuatro lados iguales.

Por lo tanto, podemos establecer una fórmula para calcular el perímetro del cuadrado y del rombo: multiplicamos por 4 la longitud de un lado.

El **perímetro** de un **cuadrado** o de un **rombo** de longitud de lado *l* es:

$$P = 4 \cdot l$$

Ejemplo 4

Halla el perímetro de este rombo.

COMPRENSIÓN: Para hallar el perímetro del rombo, multiplicamos por 4 la longitud de un lado.

RESOLUCIÓN:

$$P = 4 \cdot l = 4 \cdot 5 = 20 \text{ cm}$$

El perímetro del rombo mide 20 cm.

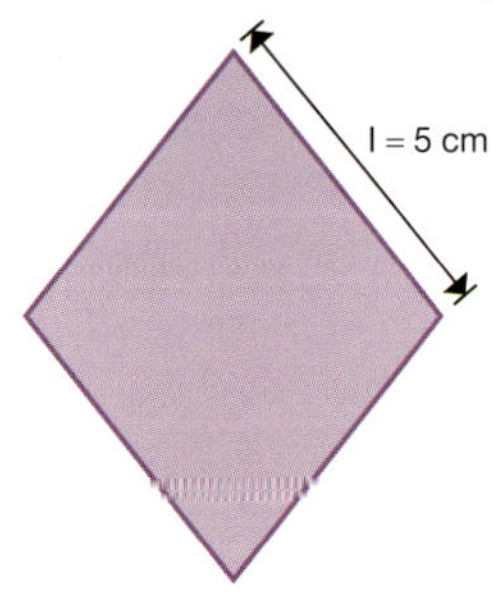

Actividades

10. Halla los perímetros de las siguientes figuras:

a)

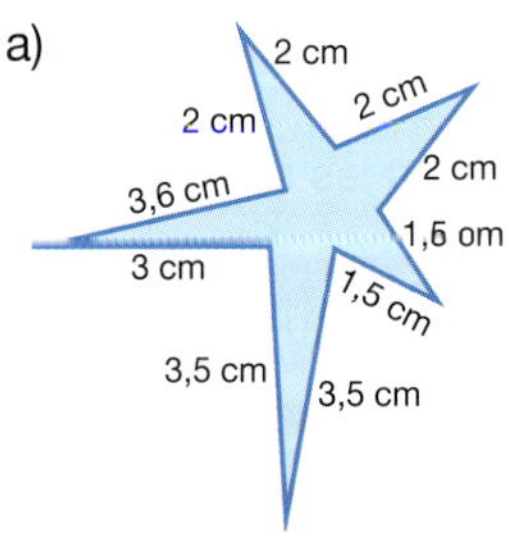

b)

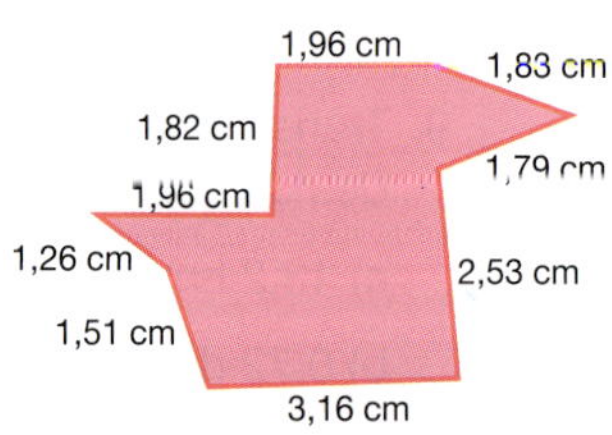

c)

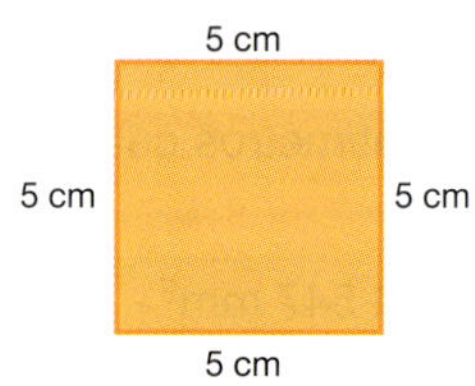

d)

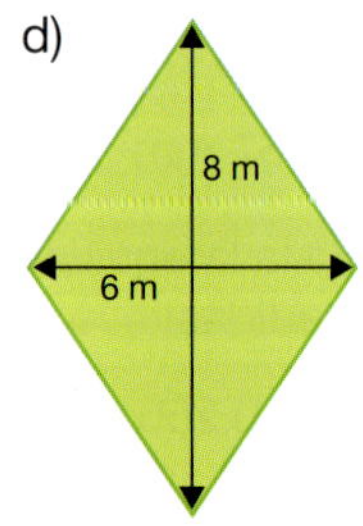

Rectángulo y romboide

El rectángulo y el romboide tienen los lados iguales dos a dos.

Por lo tanto, podemos establecer una fórmula para calcular el perímetro del rectángulo y del romboide: multiplicamos por 2 cada uno de los lados y sumamos ambas longitudes.

El **perímetro** de un **rectángulo** o de un **romboide** de lados a y b es:

$$P = 2a + 2b$$

Ejemplo 5

Halla el perímetro de este romboide.

COMPRENSIÓN: Para hallar el perímetro del romboide, multiplicamos el lado a por 2 y el lado b por 2, y sumamos los valores obtenidos.

RESOLUCIÓN:

$$P = 2a + 2b = 2 \cdot 4 + 2 \cdot 3{,}5 = 8 + 7 = 15 \text{ cm}$$

El perímetro del romboide mide 15 cm.

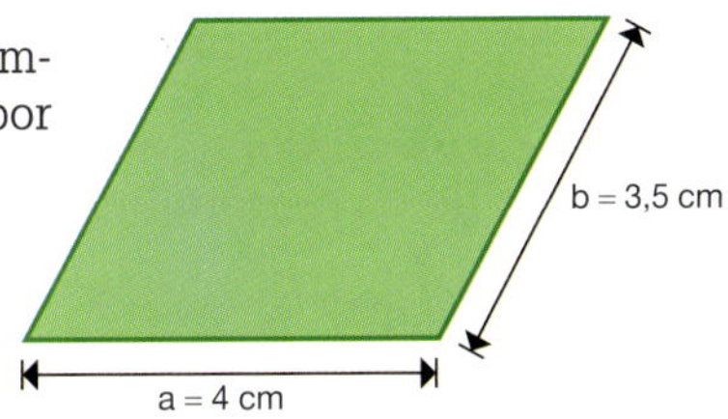

3.2. Perímetro de polígonos regulares

Un polígono regular tiene todos los lados iguales.

Por lo tanto, para hallar su perímetro multiplicamos el número de lados por la longitud de un lado.

El **perímetro** de un **polígono regular** de longitud de lado l es:

$$P = n \cdot l$$

Ejemplo 6

Halla el perímetro de este pentágono regular.

COMPRENSIÓN: Para hallar el perímetro del pentágono regular, multiplicamos por 5 la longitud de un lado.

RESOLUCIÓN:

$$P = n \cdot l = 5 \cdot 2 = 10 \text{ cm}$$

El perímetro del pentágono regular mide 10 cm.

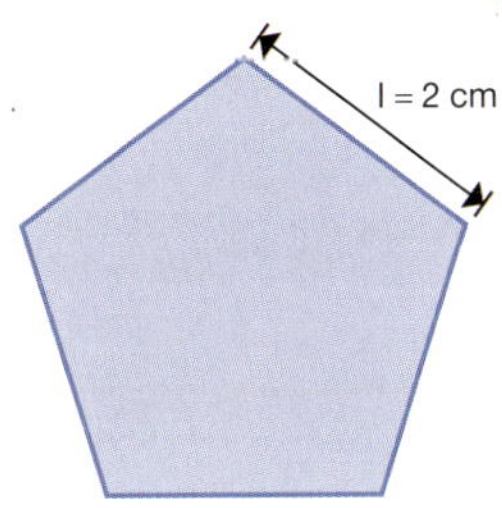

Actividades

11. Halla los perímetros de las siguientes figuras:

a)

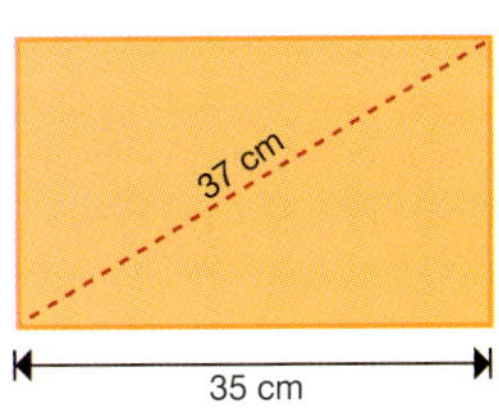

b)

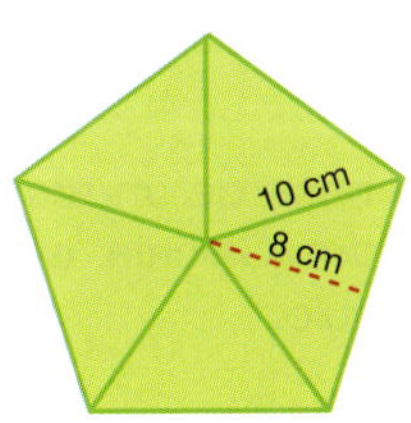

c)

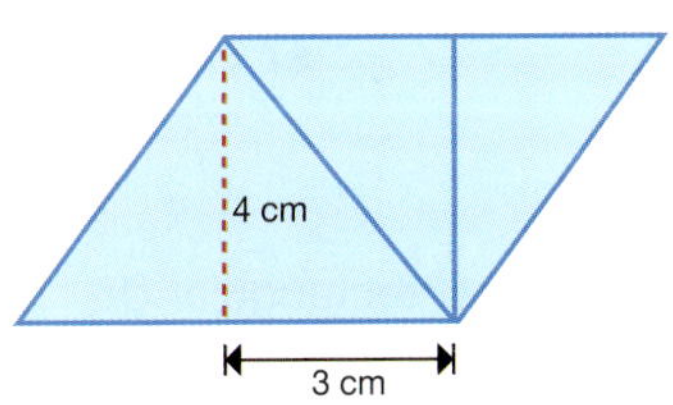

d)

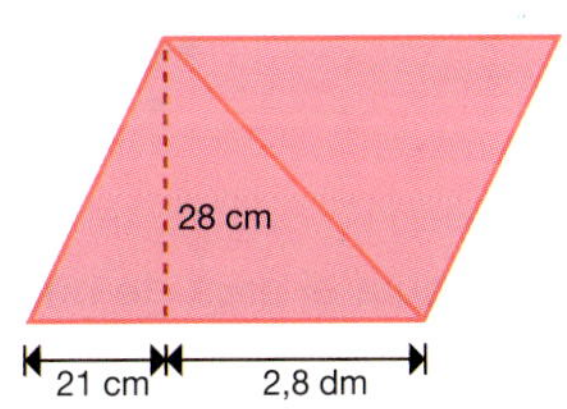

4. Áreas

El área de una figura plana es la medida de la extensión del plano que ocupa o superficie.

Veamos cómo calcular las áreas de diferentes polígonos.

4.1. Área de paralelogramos

RECTÁNGULO

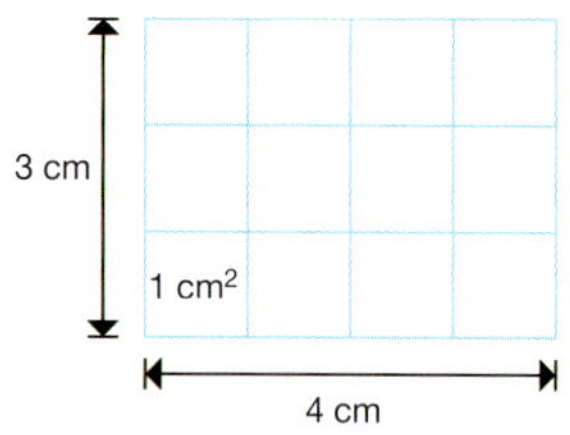

De la figura se deduce que el área del rectángulo coincide con el producto de la longitud de su base por su altura:

$$4 \text{ cm} \cdot 3 \text{ cm} = (4 \cdot 3)\ (\text{cm} \cdot \text{cm}) = 12 \text{ cm}^2$$

> El **área** de un **rectángulo** de base *b* y altura *h* es:
>
> $$A_{rectángulo} = b \cdot h$$

ROMBOIDE

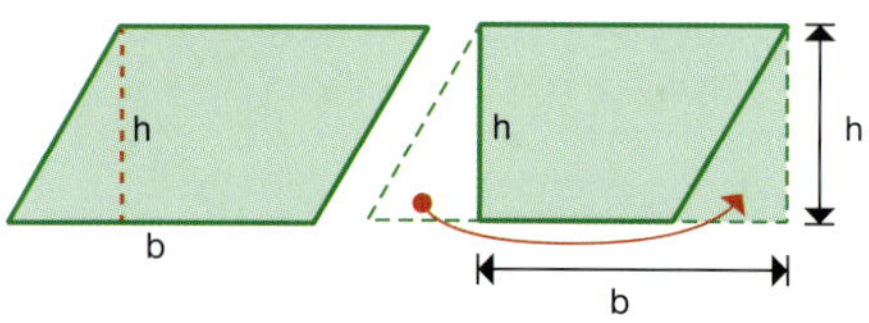

De la figura se deduce que el área del romboide es igual a la del rectángulo correspondiente.

> El **área** de un **romboide** de base *b* y altura *h* es:
>
> $$A_{romboide} = b \cdot h$$

ROMBO

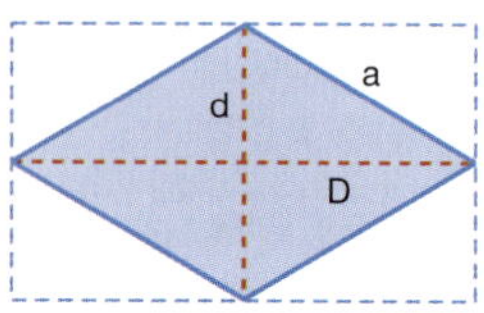

Observa que el área de un rombo cuyas diagonales son *D* y *d* es la mitad del área de un rectángulo, de base *D* y altura *d*.

> El **área** de un **rombo** de diagonales *D* y *d* es:
>
> $$A_{rombo} = \frac{A_{rectángulo}}{2} = \frac{b \cdot h}{2} = \frac{D \cdot d}{2}$$

Actividades

12. Identifica estos paralelogramos y calcula sus perímetros y sus áreas:

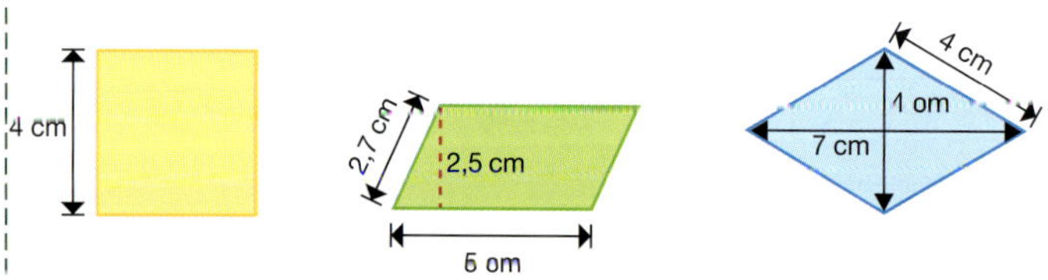

13. Calcula el área de una placa de metal rectangular de 35 cm de base y 14,4 cm de altura.

14. Las longitudes de la diagonal menor y la diagonal mayor del rombo central miden 2,3 cm y 3 cm, respectivamente. Si las diagonales de los rombos pequeños miden la mitad, ¿cuál es el área que ocupan los tres rombos?

15. La base de un rectángulo mide 84 dm y la diagonal, 85 dm. Calcula, en metros cuadrados, el área del rectángulo.

4.2. Área de triángulos

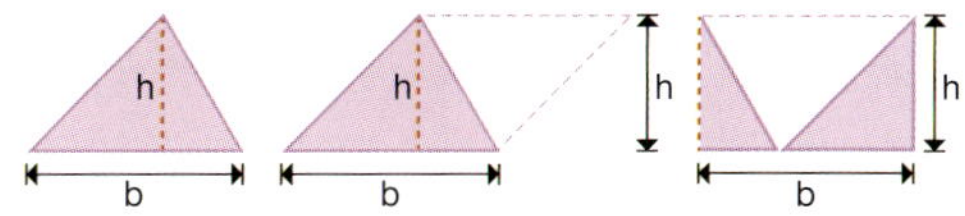

Observa que el área de un triángulo de base *b* y altura *h* es la mitad del área de un paralelogramo de base *b* y altura *h*.

> El **área** de un **triángulo** de base *b* y altura *h* es:
>
> $$A_{\text{triángulo}} = \frac{A_{\text{paralelogramo}}}{2} = \frac{\boldsymbol{b \cdot h}}{\boldsymbol{2}}$$

4.3. Área de trapecios

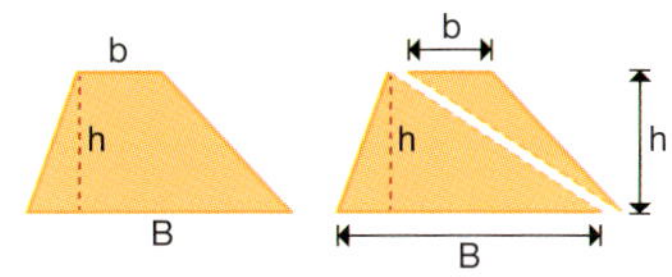

Fíjate en que un trapecio de bases *B* y *b* y altura *h* puede descomponerse en dos triángulos, uno de base *B* y altura *h* y otro de base *b* y altura *h*.

> El **área** de un **trapecio** es la suma de las áreas de dos triángulos:
>
> $$A_{\text{trapecio}} = A_{\text{triángulo 1}} + A_{\text{triángulo 2}} = \frac{B \cdot h}{2} + \frac{b \cdot h}{2} = \frac{\boldsymbol{(B + b) \cdot h}}{\boldsymbol{2}}$$

4.4. Área de polígonos regulares

Un polígono regular puede descomponerse en tantos triángulos iguales como lados tiene el polígono.

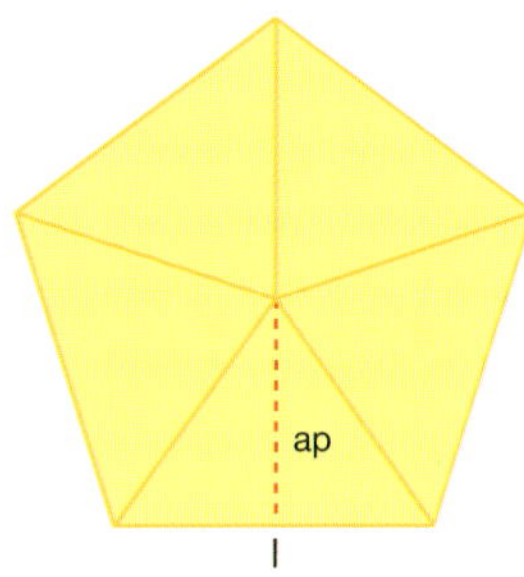

Por ejemplo, en el caso de un pentágono de lado *l*, su área es cinco veces el área de uno de los triángulos. Cada triángulo tiene la base de longitud *l* y altura igual a la apotema del pentágono, *ap*. Por tanto, el área del pentágono es: $A = 5 \cdot \frac{l \cdot ap}{2} = \frac{5l \cdot ap}{2}$.

Observa que 5*l* es el perímetro, *P*, del pentágono.

> El **área** de un **polígono regular** de perímetro *P* y apotema *ap* es:
>
> $$A_{\text{polígono regular}} = \frac{\boldsymbol{P \cdot ap}}{\boldsymbol{2}}$$

Cálculo de la apotema

La apotema de un polígono regular corresponde a un cateto de uno cualquiera de los triángulos rectángulos que podemos inscribir en él.

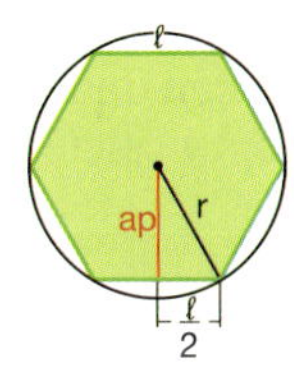

Por lo tanto, podemos calcularla utilizando el teorema de Pitágoras:

$$ap = \sqrt{r^2 - \left(\frac{l}{2}\right)^2}$$

Actividades

16. Calcula el área de un triángulo de 7 cm de base y 5 cm de altura.

17. Calcula las áreas de los tres triángulos que aparecen en la figura.

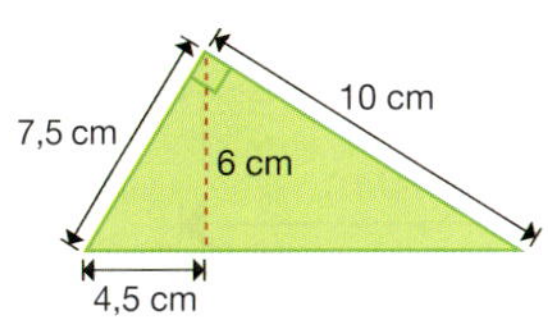

18. Identifica cada una de las cuatro figuras que aparecen en la imagen y calcula sus áreas.

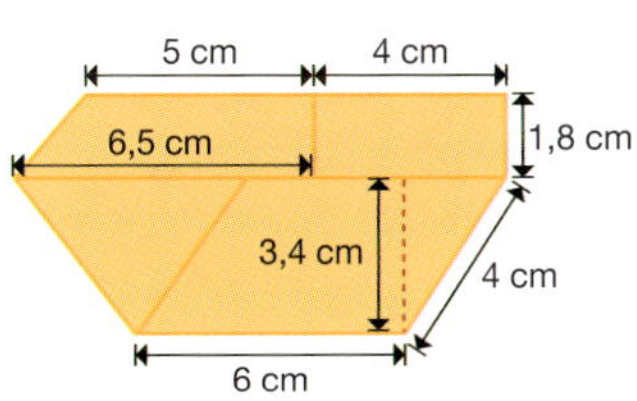

19. Dibuja un trapecio rectángulo cuyas bases sean 6 cm y 3 cm, su altura 4 cm y su cuarto lado 5 cm. Calcula su perímetro y su área.

20. Halla el área del polígono regular de 11,5 cm de lado, 10 cm de apotema y cuyo ángulo central mide 60°.

21. Toma las medidas que creas necesarias del siguiente polígono regular, y calcula su perímetro y su área:

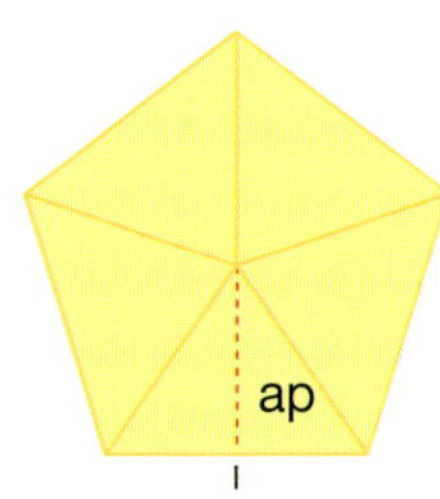

4.5. Área de polígonos irregulares

Para calcular el área de un polígono irregular, podemos descomponerlo en el menor número posible de figuras cuyas áreas sepamos calcular.

Normalmente, lo más fácil es descomponerlo en triángulos.

Ejemplo 7

Calcula el área de este polígono irregular.

— Descomponemos el polígono irregular en triángulos.

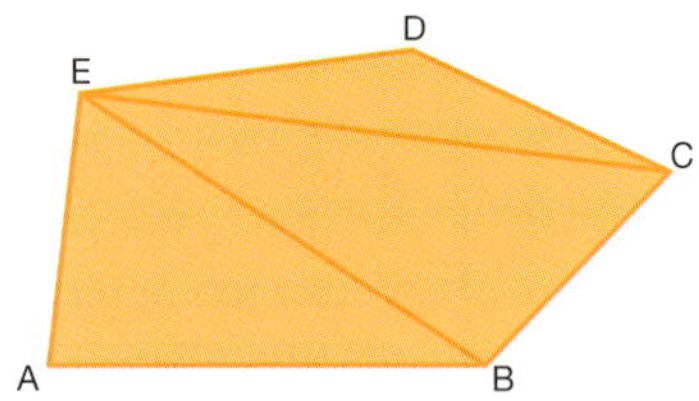

— Medimos con una regla las bases y las alturas de los tres triángulos, y calculamos sus áreas.

$$\text{Área}_{ABE} = \frac{3\text{ cm} \cdot 1{,}8\text{ cm}}{2} = 2{,}7\text{ cm}^2$$

$$\text{Área}_{BCE} = \frac{3{,}3\text{ cm} \cdot 1{,}8\text{ cm}}{2} = 2{,}97\text{ cm}^2$$

$$\text{Área}_{CDE} = \frac{4{,}1\text{ cm} \cdot 0{,}6\text{ cm}}{2} = 1{,}23\text{ cm}^2$$

$$A_{\text{polígono}} = 2{,}7\text{ cm}^2 + 2{,}97\text{ cm}^2 + 1{,}23\text{ cm}^2 = 6{,}90\text{ cm}^2$$

Ejemplo 8

Calcula el área de esta figura.

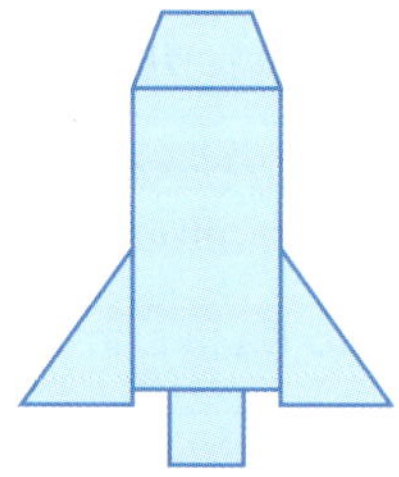

— Descomponemos la figura en el menor número posible de polígonos cuyas áreas sepamos calcular y medimos con la regla las longitudes necesarias.

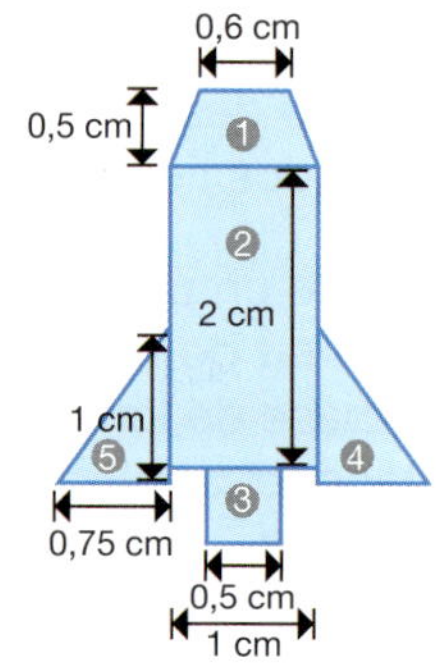

— Obtenemos las áreas de las figuras ①, ②, ③, ④ y ⑤.

$$A_1 = \frac{(1 + 0{,}6) \cdot 0{,}5}{2} = 0{,}4\text{ cm}^2\ ;\ A_2 = 1 \cdot 2 = 2\text{ cm}^2;$$

$$A_3 = 0{,}5^2 = 0{,}25\text{ cm}^2;\ A_4 = A_5 = \frac{0{,}75 \cdot 1}{2} = 0{,}375\text{ cm}^2$$

$$A_{\text{figura}} = A_1 + A_2 + A_3 + A_4 + A_5 = 3{,}4\text{ cm}^2$$

Actividades

22. Calcula el perímetro y el área de este polígono irregular tomando las medidas pertinentes:

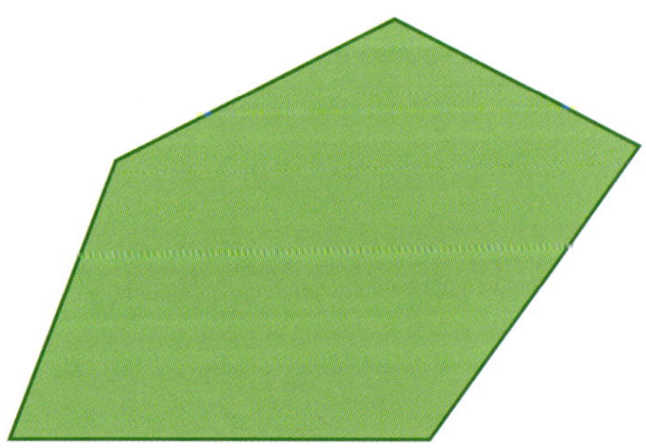

23. Calcula el perímetro y el área de este polígono irregular:

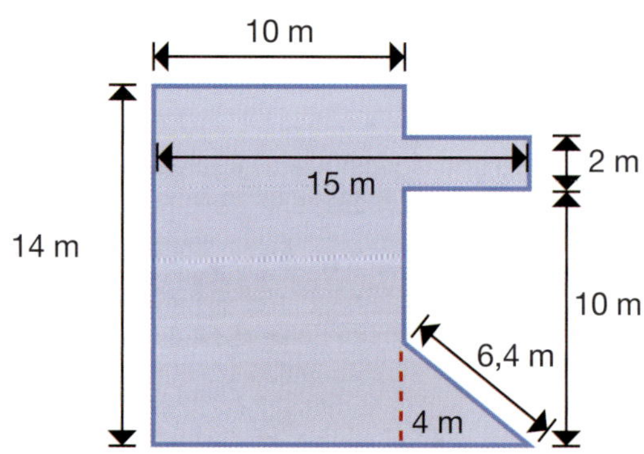

4.6. Estimación de áreas

A veces, es necesario estimar la medida de una superficie.

La estimación de medidas de superficie requiere práctica. A continuación, te presentamos una serie de estrategias que pueden resultarte útiles.

ESTRATEGIA	DESCRIPCIÓN	EJEMPLO
Adición repetida	Recubrimos mentalmente la superficie que vamos a medir con la unidad de medida elegida y contamos el número de veces que está contenida.	Para medir la superficie del suelo de una habitación, estimamos el área de una baldosa y contamos el número de baldosas. A_{suelo}: .... m^2 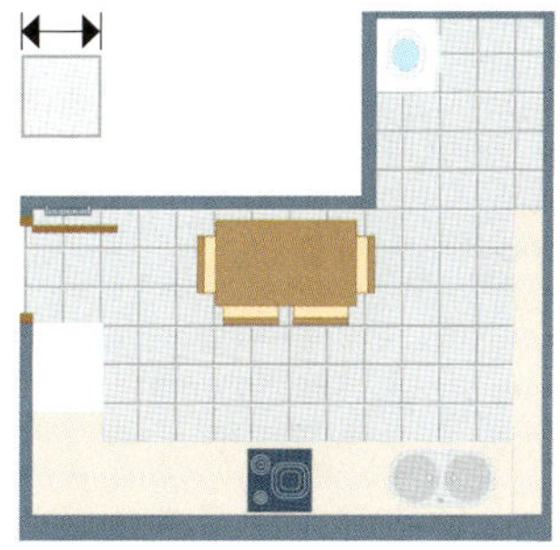
Estimación de longitudes y aplicación de fórmulas	Usamos estrategias de estimación de longitudes para estimar las dimensiones de una región poligonal y aplicamos fórmulas para obtener el área.	Para obtener el área de un recinto rectangular, estimamos sus dimensiones y multiplicamos ambos valores. A_{tapa}: .... m^2 
Reestructuración	Separamos una parte del objeto y la unimos en otro lugar para obtener otra superficie más fácil de medir.	Transformamos un trapecio isósceles en un rectángulo para hallar su área. $A_{trapecio}$: .... m^2 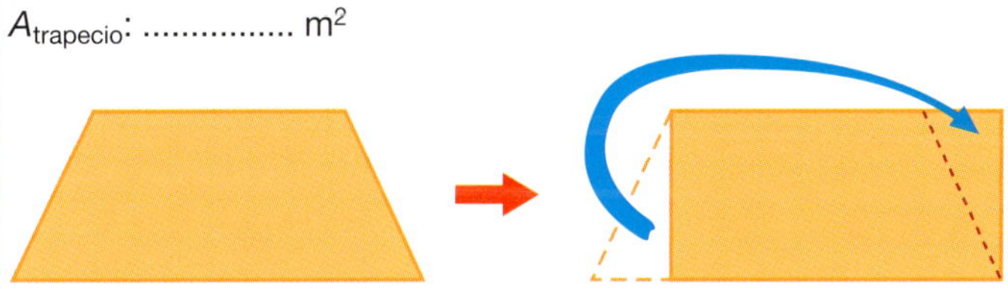

Actividades

24. Indica qué tipo de estimación se está efectuando en cada una de las siguientes situaciones:

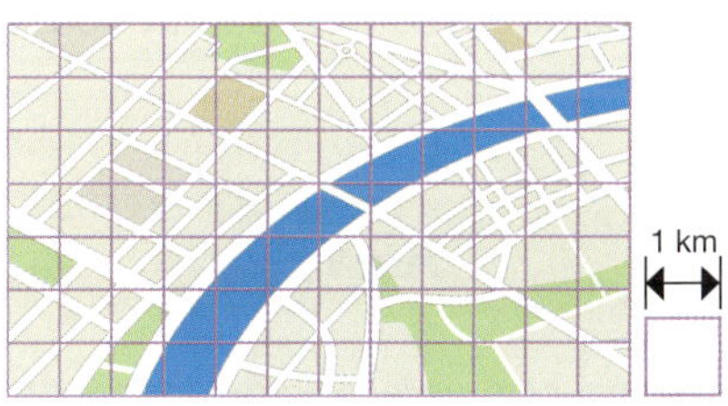

25. Cita tres objetos que midan aproximadamente 1 dm^2.

26. Formad grupos de cuatro alumnos. Observad un mapa de España y ordenad las comunidades autónomas según su área.

— Averiguad el área de vuestra comunidad autónoma y, a partir de esta, estimad las extensiones de las restantes comunidades.

— Buscad las áreas de las comunidades autónomas y comparadlas con vuestras estimaciones.

5. Construcciones geométricas con ordenador

Las siguientes herramientas nos permitirán calcular áreas de diferentes figuras planas con GeoGebra.

Herramientas generales

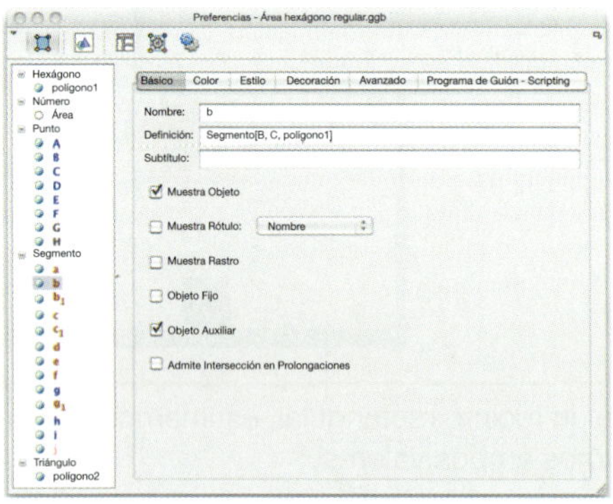

Una de las herramientas generales es *Elige y mueve*.

Al seleccionar un objeto con esta herramienta, podremos:

— Desplazarlo a lo largo de la vista gráfica.

— Eliminarlo.

— Acceder al cuadro de diálogo «Propiedades de Objeto».

Esta última acción permite cambiar distintos parámetros del objeto seleccionado, al entrar en los diferentes menús. Los más usados son:

- **Básico.** Para cambiar el nombre del objeto, definirlo, seleccionar el objeto como fijo o auxiliar, etc.
- **Color.** Para colorear el objeto seleccionado.
- **Estilo.** Para cambiar el tamaño o grosor del objeto seleccionado (en este menú aparecerán varias opciones dependiendo del objeto seleccionado).

Las herramientas que nos permitirán trazar polígonos regulares y calcular áreas son las siguientes:

Polígono regular

Si utilizamos esta herramienta, podemos crear un polígono regular. Con la opción marcada, seleccionamos dos puntos que definirán la longitud del lado del polígono y, a continuación, indicamos el número de lados deseados. Obtendremos así un polígono regular cuyos lados miden la longitud del primer segmento.

Distancia o longitud

Al seleccionar un segmento con esta opción marcada, se muestra la longitud de este.

Al seleccionar un polígono, se muestra el perímetro de este.

Área

Al seleccionar un polígono con esta opción marcada, se muestra el área del polígono.

5.1. Área de polígonos

Veamos cómo podemos calcular el área de un triángulo a partir de su fórmula.

Para calcular el área del triángulo, necesitamos conocer la longitud de la base y la longitud de la altura.

— Dibuja un triángulo cualquiera.

— Selecciona el lado de la base del triángulo mostrando su rótulo con el nombre y el valor.

— Con la herramienta *Recta que pasa por Dos Puntos* prolonga los dos extremos del segmento de la base.

— Traza la recta perpendicular a la base que pasa por el tercer vértice del triángulo.

— Dibuja la altura del triángulo con la herramienta *Segmento entre Dos Puntos,* mostrando también su rótulo con el nombre y el valor.

— Introduce en la barra de entrada la fórmula del área del triángulo. Utiliza para ello los nombres de las variables que muestren los nombres de los rótulos.

— Comprueba que el resultado que has obtenido coincide con el que puedes conseguir utilizando la herramienta *Área*.

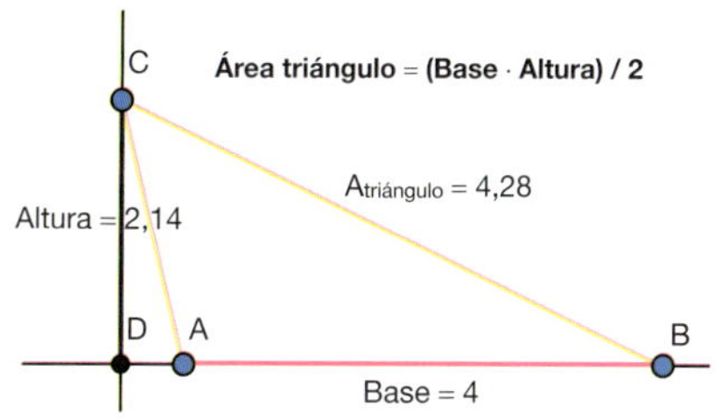

5.2. Área de polígonos regulares

Veamos cómo calcular el área del hexágono a partir de su fórmula.

Para calcularla, necesitamos conocer el perímetro del hexágono y su apotema.

— Dibuja un hexágono regular.

— Calcula el perímetro del hexágono con la herramienta *Distancia o Longitud*.

— Ayúdate de la herramienta *Punto Medio o Centro* para trazar el centro de uno de los lados del hexágono.

— Marca la apotema del triángulo con la herramienta *Segmento entre Dos Puntos,* mostrando su rótulo con el nombre y el valor.

— En la barra de entrada introduce la fórmula del área del hexágono, utilizando los mismos nombres de las variables que muestren los nombres de los rótulos.

— Comprueba que el resultado que has obtenido coincide con el que puedes conseguir utilizando la herramienta *Área*.

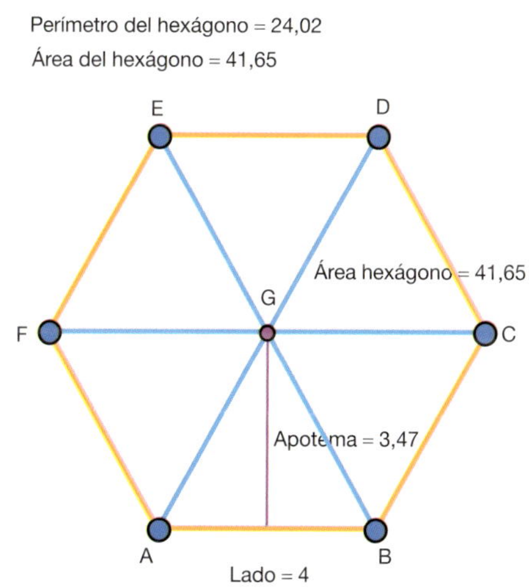

Actividades

27. Utilizando el programa informático de que dispongas, dibuja un pentágono regular y calcula su área: a) con la fórmula del área de polígonos regulares y b) con la herramienta *Polígono regular*.

28. A partir del mismo programa informático, dibuja un hexágono regular y halla el área: a) con la herramienta *Polígono regular* y b) con el cálculo del área de un triángulo aplicando su fórmula y la suma de polígonos de la misma área.

29. + Con el programa informático de que dispones para desarrollar construcciones geométricas, calcula el área de un rectángulo cuya base dependa de un deslizador y su área sea siempre 10.

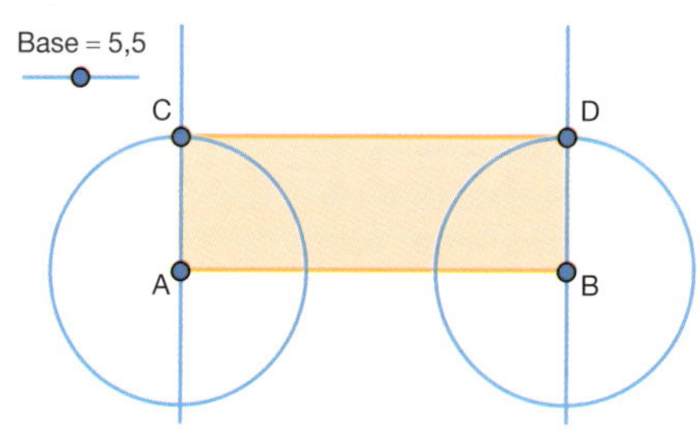

ACTIVIDADES RESUELTAS

Descomposición del problema

Esta estrategia consiste en dividir el problema en subproblemas relacionados entre sí, resolver cada uno de ellos y hallar finalmente la solución al problema inicial.

Halla la longitud del lado de un cuadrado cuya área es igual a la de un rectángulo de base 25 m y altura 9 m.

Comprender

— ¿Entiendes el enunciado?

— ¿Cuáles son los datos?

Elaboramos un esquema de las figuras geométricas que aparecen en el problema y anotamos en ellas los datos conocidos.

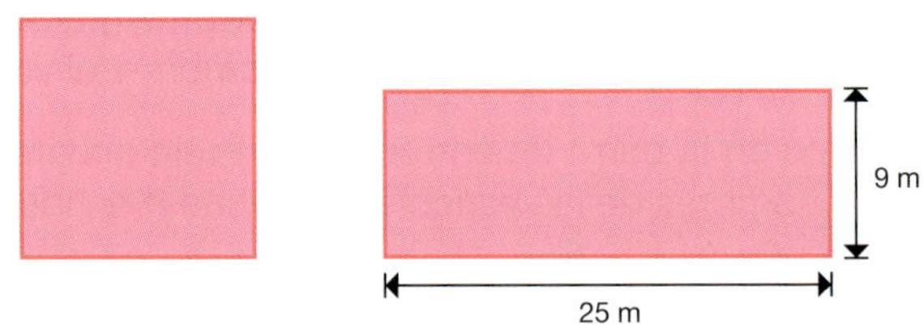

Planificar

— ¿Puedes utilizar alguna de las estrategias estudiadas?

Para hallar la longitud del lado del cuadrado, debemos calcular primero su área. Podemos, pues, descomponer el problema en dos subproblemas:

1. Hallar el área de un rectángulo conocidas las longitudes de su base y de su altura.
2. Hallar la longitud del lado de un cuadrado conocida su área.

Ejecutar el plan

— Ahora se trata de implementar la estrategia elegida.

1. $A_{\text{rectángulo}} = \text{base} \cdot \text{altura}$

   $A_{\text{rectángulo}} = 25\text{ m} \cdot 9\text{ m} = 225\text{ m}^2$

2. $A_{\text{rectángulo}} = A_{\text{cuadrado}}$

   $A_{\text{cuadrado}} = l^2 \Rightarrow l = \sqrt{A_{\text{cuadrado}}} \Rightarrow l = \sqrt{225} = 15\text{ m}$

El lado del cuadrado tiene una longitud de 15 m.

Revisar

— ¿Crees que podrías resolver el problema de otro modo?

Calculamos el área del cuadrado y comprobamos que coincide con la del rectángulo.

$$A_{\text{cuadrado}} = (15\text{ m})^2 = 225\text{ m}^2 = A_{\text{rectángulo}}$$

Actividades

Utiliza la estrategia anterior para resolver estos problemas:

30. Halla el área del recinto de esta figura:

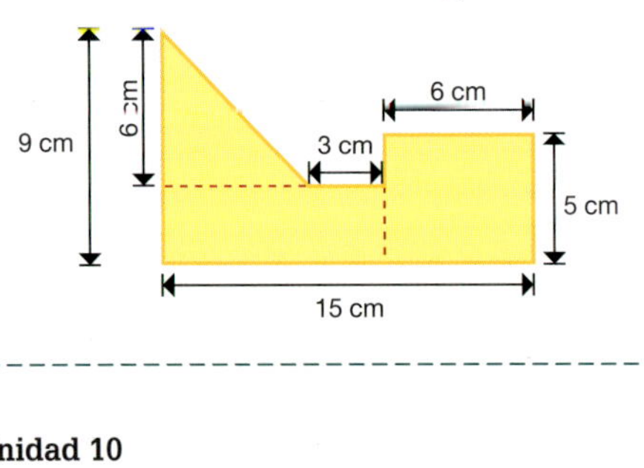

31. El perímetro de un heptágono regular es 52,5 cm. Halla el área de un rectángulo cuya base es el doble de su altura e igual al lado del heptágono.

32. Halla la base y la altura de un rectángulo cuya área es igual al área de un cuadrado de lado 4 m. La base del rectángulo mide el doble de su altura.

33. Halla el perímetro de un cuadrado cuya área es igual a la de un rombo cuyas diagonales miden 7 cm y 4 cm.

SÍNTESIS

POLÍGONOS

podemos calcular

- **PERÍMETRO** — es un — LONGITUD
  - Fórmulas
    - si es irregular: Se suman las longitudes de los lados.
    - si es regular: Se multiplica un lado por el número de lados.
  - Estimaciones
- **ÁREA** — es una — SUPERFICIE
  - Fórmulas
    - Área del triángulo
    - Área de los paralelogramos
    - Área del trapecio
    - Área de polígonos regulares
  - Estimaciones

Actividades finales

Magnitudes y su medida

34. ★☆☆ Enumera cinco propiedades de los objetos o de las personas que puedan medirse, y otras cinco que no puedan medirse.

35. ★☆☆ Cita pruebas deportivas que se nombren con unidades de medida, como, por ejemplo, la carrera de los 110 m vallas.

36. ★☆☆ Explica por qué es necesario establecer un sistema de unidades de carácter universal. ¿Qué podría pasar si encargáramos a un carpintero un armario de 7 palmos de longitud?

37. ★★☆ Establece la equivalencia de algunas unidades de medida antiguas con las del Sistema Internacional. Para ello, visita **http://links.edebe.com/ea2** y entra en el enlace «Tabla de pesos y medidas de todos los tiempos».

Unidades de longitud: *pie, vara*.

Unidades de superficie: *fanega, peonía*.

— Confecciona una presentación con los conocimientos obtenidos y exponlos al resto de tus compañeros y compañeras.

Longitud y superficie

38. ★☆☆ Expresa en metros las siguientes medidas de longitud: 15 cm; 25 mm; 16 km; 0,1 hm; 5,6 dam.

39. ★☆☆ Completa las siguientes igualdades:

a) 0,001 hm^2 = ... m^2

b) 29,312 dm^2 = ... m^2

c) 245,3 dam^2 = ... km^2

40. ★★☆ Ordena de menor a mayor estas áreas: 0,5 m^2; 60 dm^2; 4 000 cm^2; 0,51 m^2; 39,99 dm^2.

41. ★★☆ Completa:

km^2	hm^2	dam^2	m^2	dm^2	cm^2	mm^2	
1	21		2	13		5	.... m^2
	6	3	18		4		.... cm^2
5		14	3	5			.... dam^2
	36		12	6		32	.... dm^2
				23	8	19	.... m^2

Actividades finales

Perímetros y áreas

42. ★☆☆ Cada lado de un triángulo equilátero mide 1,5 m. Calcula su perímetro.

43. ★☆☆ Determina el área de este triángulo:

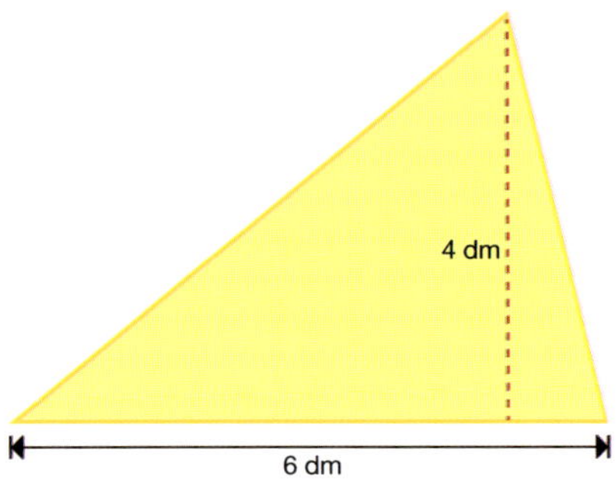

44. ★☆☆ Calcula el perímetro y el área del siguiente triángulo:

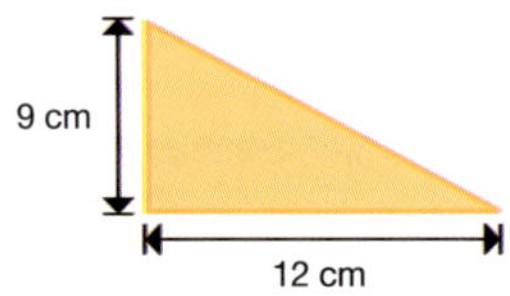

45. ★☆☆ Expresa en metros cuadrados las áreas de dos triángulos cuyas bases y alturas miden:

a) 2,6 dam y 8 m b) 80 cm y 23 dm

46. ★☆☆ Calcula el área de un romboide de 7 cm de base y 15 cm de altura. Expresa el resultado en metros cuadrados.

47. ★☆☆ Calcula la cantidad de papel que necesitamos para construir una cometa con forma de rombo cuyas diagonales miden 20 cm y 15 cm.

48. ★☆☆ Calcula, en cada caso, el área en metros cuadrados del trapecio cuyas bases y alturas son:

a) 14 m, 128 dm y 825 cm

b) 1,25 hm, 15,2 dam y 86 m

49. ★☆☆ Halla los perímetros y las áreas de los siguientes polígonos:

a) Un rectángulo de base 14 cm y altura 5,6 cm.

b) Un rombo de diagonales 1,3 dam y 8,4 m.

c) Un trapecio de bases 10 dm y 0,8 m y altura 0,5 m.

50. ★★☆ Si la base de un triángulo isósceles mide 16 cm y el perímetro, 50 cm, ¿cuál es la longitud de los otros dos lados?

51. ★★☆ Los catetos de un triángulo rectángulo miden 8 cm y 15 cm. ¿Cuál es su perímetro?

52. ★★☆ Calcula el perímetro y el área de un pentágono regular de 4 m de lado y 2,75 m de apotema.

— Expresa el área en centímetros cuadrados.

53. ★★☆ Calcula el área de cada uno de estos triángulos. Utiliza la calculadora cuando lo creas necesario.

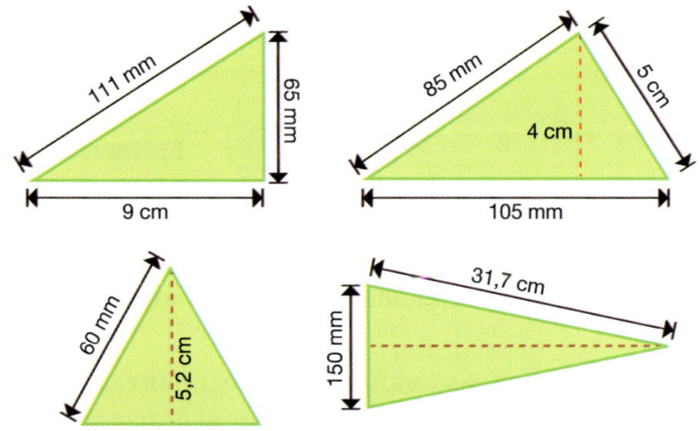

54. ★★☆ Calcula el perímetro y el área de este trapecio isósceles. Para ello, toma e indica las medidas necesarias.

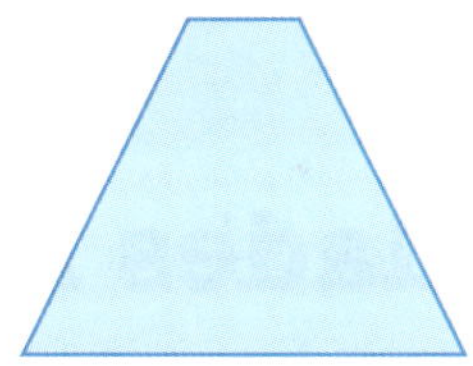

55. ★★☆ Halla el área de la zona coloreada de verde.

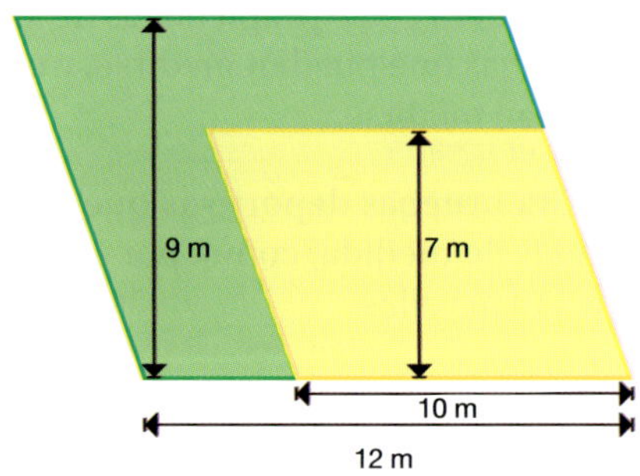

56. ★★☆ Calcula el área y el perímetro de la siguiente figura. Utiliza la calculadora cuando lo consideres necesario.

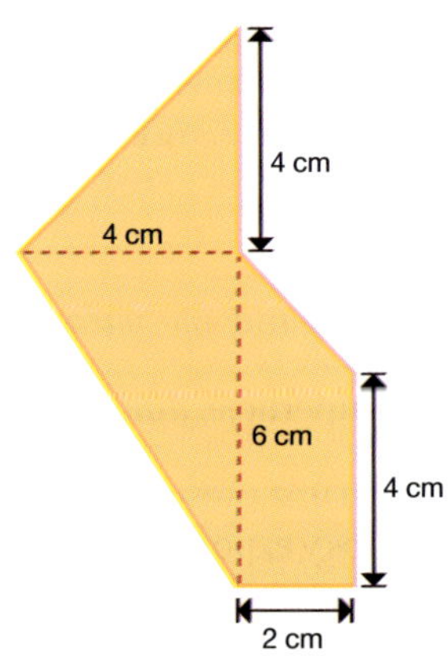

57. ★★☆ Determina la altura de un triángulo sabiendo que su base mide 5 cm y su área es igual a 17,5 cm^2.

58. ★★☆ Un triángulo rectángulo tiene un cateto de 8 cm y el otro cateto mide un 20 % más que el primero. Calcula el área del triángulo.

59. ★★☆ Cita tres objetos cuya área estimada, en cada caso:

a) Sea inferior a $\frac{1}{2}$ dm^2.

b) Esté comprendida entre $\frac{1}{2}$ dm^2 y 1 dm^2.

c) Sea mayor que 1 dm^2.

60. ★★☆ Halla los perímetros y las áreas de estos polígonos:

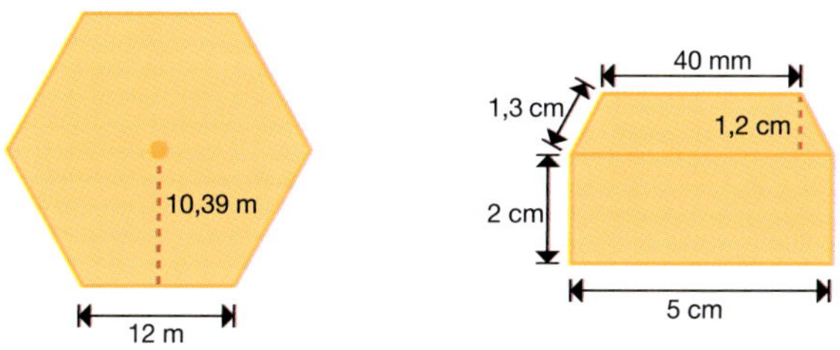

61. ★★★ Un triángulo isósceles tiene $3\frac{1}{5}$ dm de altura y su lado desigual mide $5\frac{1}{4}$ dm. Determina el área del triángulo en centímetros cuadrados.

— Usa la calculadora cuando lo creas necesario.

62. ★★★ El siguiente triángulo isósceles está dividido en cuatro triángulos isósceles iguales. Determina el área del triángulo central.

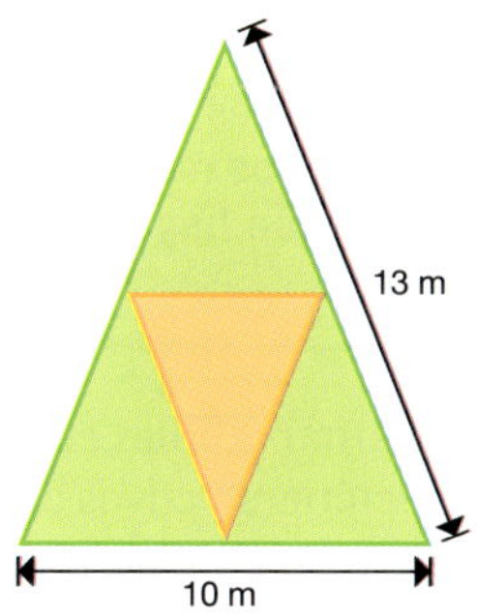

— Emplea la calculadora cuando lo consideres oportuno.

63. ★★★ Calcula el perímetro y el área de esta figura:

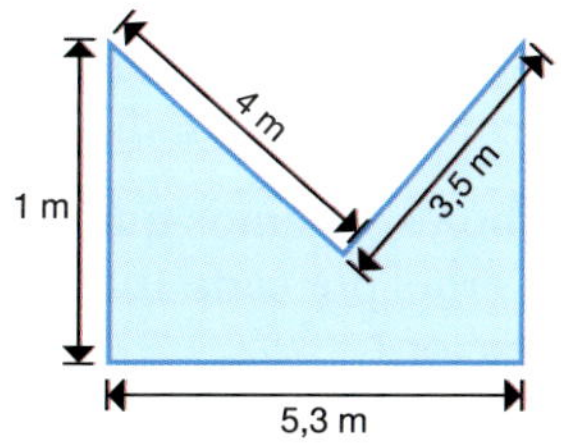

64. ★★★ Calcula el perímetro y el área de la siguiente figura:

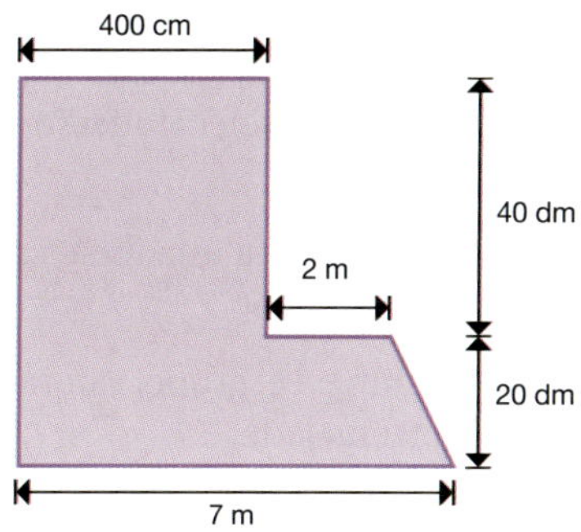

65. ★★★ Calcula el perímetro y el área de esta estrella:

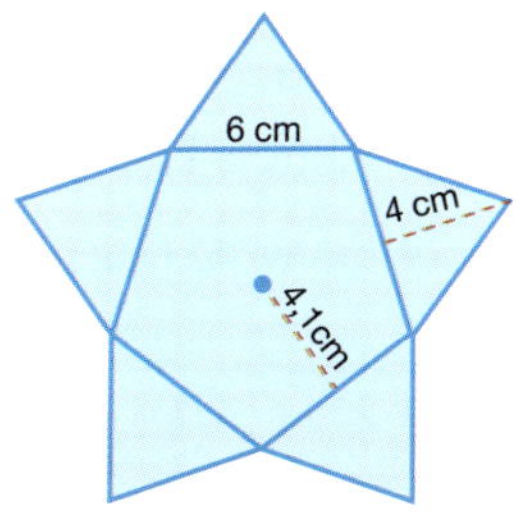

66. ★★★ Calcula el perímetro y el área del siguiente polígono irregular a partir de la toma de las medidas necesarias:

Construcciones con el ordenador

67. ★☆☆ @ Utiliza el programa informático del que dispongas y dibuja un triángulo equilátero de 5,7 cm de lado.

68. ★☆☆ @ A partir del programa interactivo GeoGebra, construye un triángulo conocidos los tres lados: 5 cm, 7 cm y 4 cm.

69. ★☆☆ @ Utiliza el programa informático del que dispongas y construye un cuadrado de 9 cm de lado.

70. ★★☆ @ Construye un triángulo de lado 12,3 cm y ángulos adyacentes de 35º y 50º.

71. ★★☆ @ Construye un paralelogramo en el que uno de los lados mida 6,5 cm, la diagonal sea de 10,4 cm y uno de los ángulos adyacentes al lado sea de 60º.

Actividades finales

72. ★★☆ En grupos, aplicad la **técnica cooperativa** *El juego de las palabras*.

— De las palabras que ha propuesto el profesor o profesora sobre este tema, seleccionad tres o cuatro que consideréis clave.

— Individualmente, redacta una frase con las palabras propuestas.

— Ponedlas en común en el grupo, valoradlas y redactad una versión consensuada.

Problemas

73. ★☆☆ Un cuadro mide 350 mm de largo y 402 mm de ancho. Determina su perímetro.

74. ★☆☆ El ancho de un cartel rectangular mide 12 dm y su diagonal, 13 dm. Calcula su perímetro en centímetros.

75. ★★☆ Calcula el perímetro de esta figura:

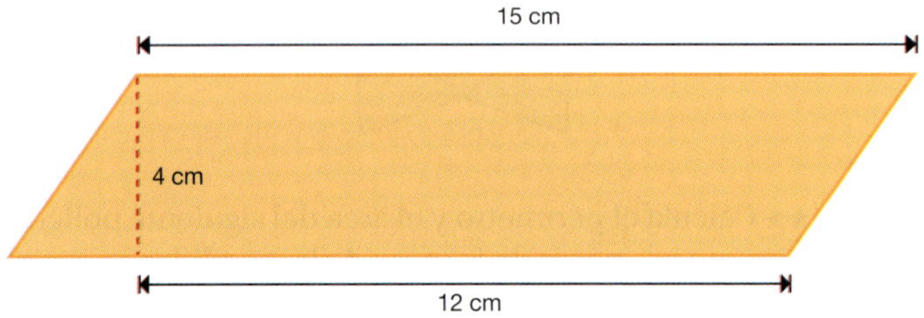

76. ★★☆ En una pared de un cuarto de baño caben 500 baldosas de 1 dm^2 de área. Di si una pared cuadrada de 2,5 m de lado tiene la misma área que la anterior. ¿Cuántas baldosas de 1 dm^2 caben en la segunda pared?

77. ★★☆ Las banderas de señales se usan en navegación marítima para transmitir mensajes. Existen 26 banderas diferentes y cada una indica un mensaje. Observa dos de ellas:

F-FOXTROT	B-BRAVO
Tengo avería. Comuníquese conmigo. 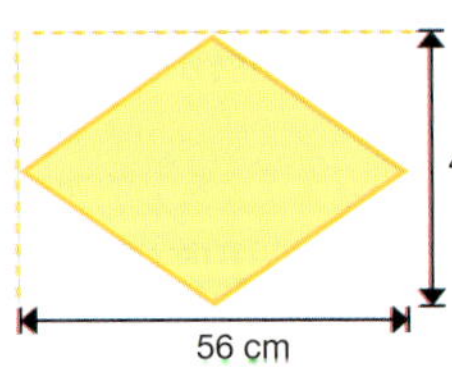	Estoy cargando, descargando o transportando mercancías peligrosas. 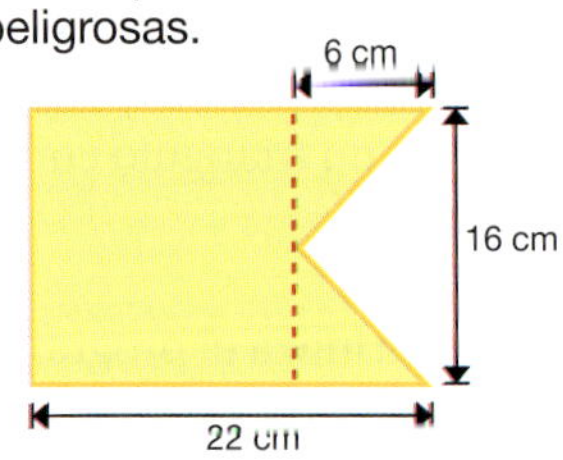

Para estas dos banderas:

a) Clasifícalas según sea un polígono cóncavo o convexo, y según el número de lados.

b) Halla sus perímetros.

c) Calcula sus áreas.

78. ★★☆ Queremos colocar una cerca alrededor del terreno de la figura. ¿Cuántos metros de cerca hacen falta para cerrar el terreno? ¿Cuál es el área del recinto?

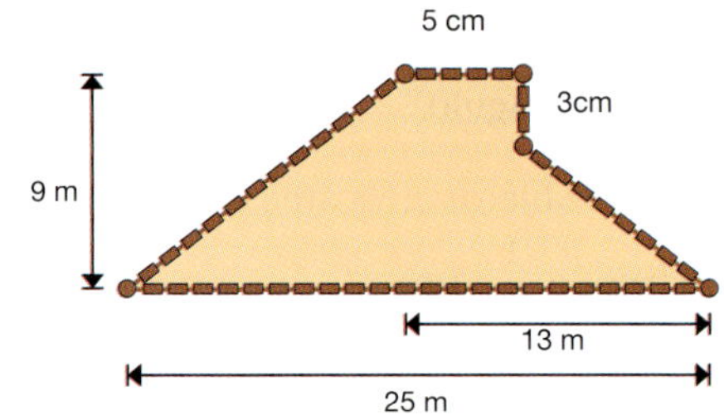

PBL

Una empresa de maquinaria de embotellado

Una empresa de refrescos y zumos quiere llevar a cabo un estudio para saber de qué modo pueden ahorrar en el envasado de sus productos. Para ello, pide al Departamento de Estudios de Mercado que investigue los tipos de envases existentes en el mercado, sus capacidades y los materiales de que están hechos para elegir cuáles serán los más económicos para envasar sus productos.

— Formad grupos de cinco componentes y responded a las siguientes cuestiones:

a) ¿Cuáles son las capacidades estándar de envases de refrescos y zumos para uso doméstico?

b) ¿Qué forma tienen? ¿De qué material están hechos?

c) ¿Qué forma y material crees que es mejor para cada capacidad?

— Podéis buscar información en libros especializados, vídeos en YouTube, en Internet, en las etiquetas de los productos envasados que tengáis en casa o en el supermercado, etc.

— Presentad las conclusiones de vuestro trabajo en forma de ficha técnica con los datos del envase y sus ventajas respecto a otros que hayáis valorado en la investigación.

79. ★★★ Queremos plantar árboles en un parque con forma de un triángulo rectángulo cuyos catetos miden 900 m y 400 m.

En la parte central hemos diseñado una superficie circular de 70 000 m^2 sin árboles.

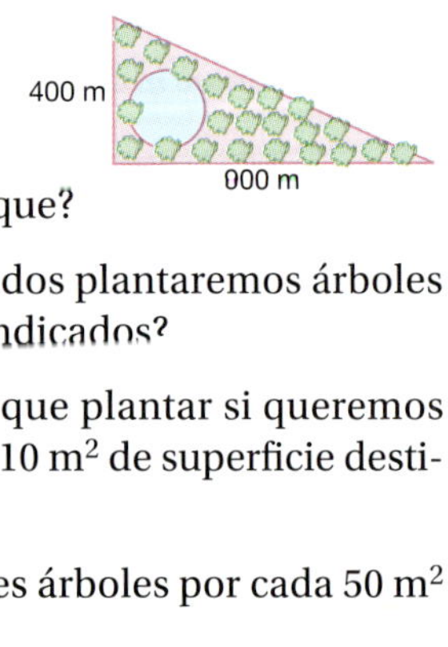

a) ¿Qué superficie tiene el parque?

b) ¿En cuántos metros cuadrados plantaremos árboles de acuerdo con los planes indicados?

c) ¿Cuántos árboles tenemos que plantar si queremos que haya un árbol por cada 10 m^2 de superficie destinada a plantación?

d) ¿Y si queremos que haya tres árboles por cada 50 m^2 destinados a plantación?

80. ★★★ Determina el perímetro de este triángulo:

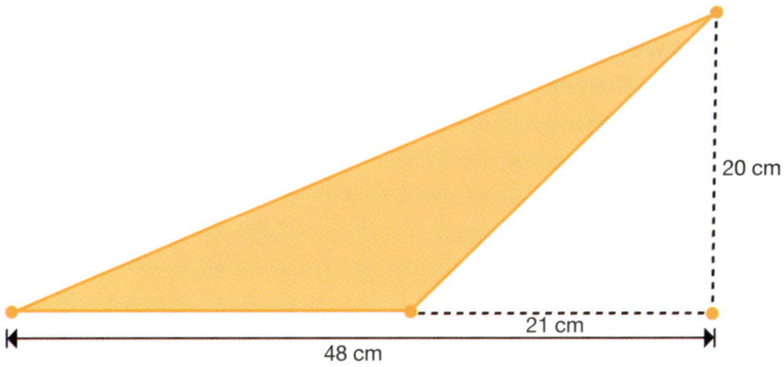

81. ★★★ La base menor de un trapecio mide 0,92 dm y la base mayor, un 25 % más. Si el área es de 82,8 cm^2, calcula la altura del trapecio en decímetros.

82. ★★★ Determina las longitudes de la base menor y la base mayor del siguiente trapecio sabiendo que su perímetro mide 70 cm:

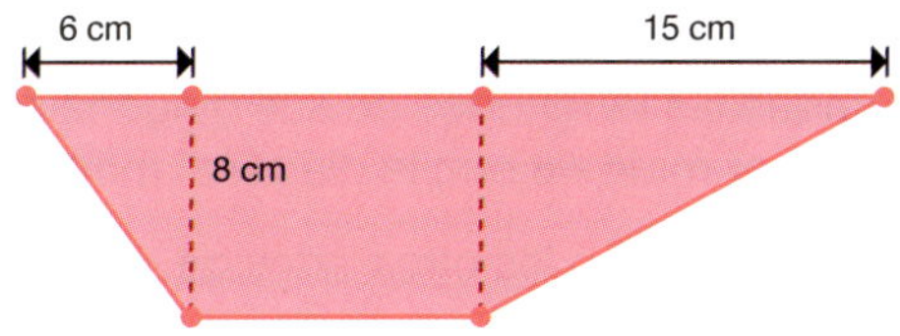

83. ★★★ Calcula el área de este trapecio en centímetros cuadrados:

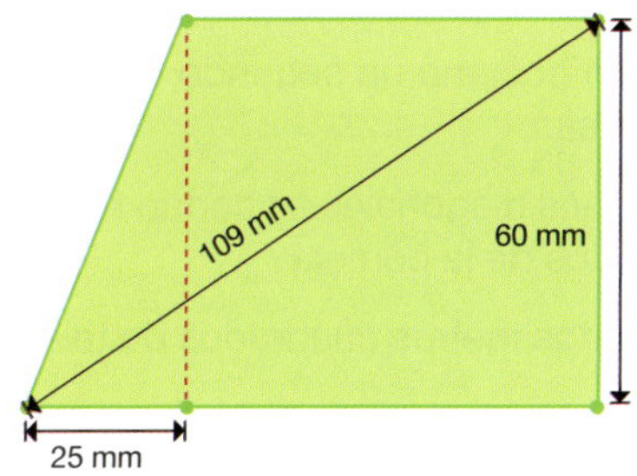

Cre@ctividad: Un conversor de unidades de longitud

Veamos cómo construir un conversor de unidades con una hoja de cálculo.

Para ello, crearemos dos desplegables: uno para seleccionar la unidad de longitud inicial y otro para seleccionar la unidad de longitud final. Para confeccionar cada uno de los desplegables, tendremos que seguir estos pasos:

— Sitúate en una celda, por ejemplo la B1, y, desde la barra del menú principal, haz clic en *Datos* → *Validez.*

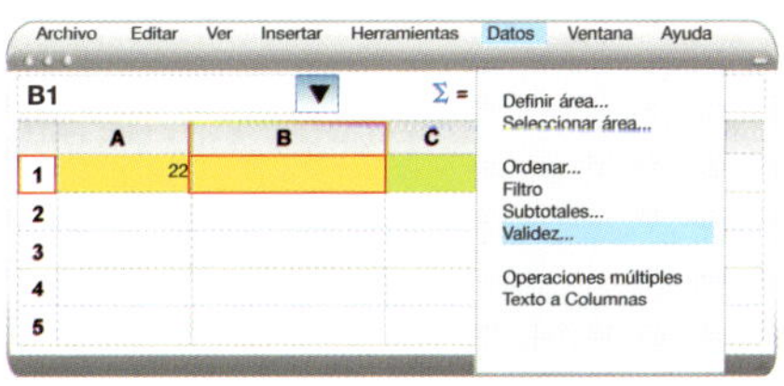

— Elige la opción *Lista* de la pestaña *Criterios* y como entrada introduce las abreviaturas de las unidades de longitud.

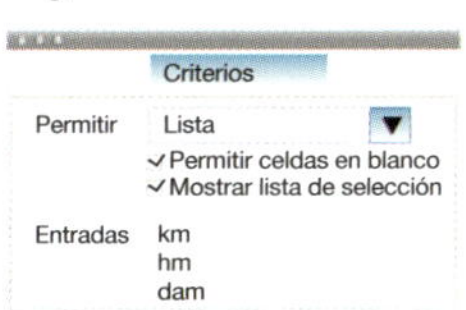

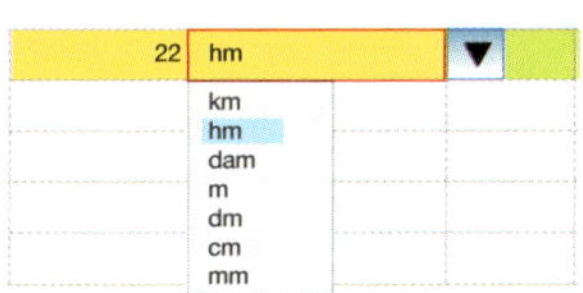

Para pasar, por ejemplo, 22 m a milímetros incluimos una celda para el valor 22 (celda A1), un desplegable para seleccionar metros (celda B1), un desplegable para seleccionar milímetros (celda D1) y una celda en la que aparecerá el valor de la unidad de medida final (celda C1).

	A	B	C	D
1	22	m	22000	mm

Para convertir las medidas, emplearemos los factores de conversión. Para calcular el factor de conversión, procederemos del siguiente modo:

— En dos columnas con siete filas (una por unidad) y con la instrucción «SI», introduciremos la equivalencia de cada unidad con el metro. Por ejemplo, en la primera fila incluiremos la función:

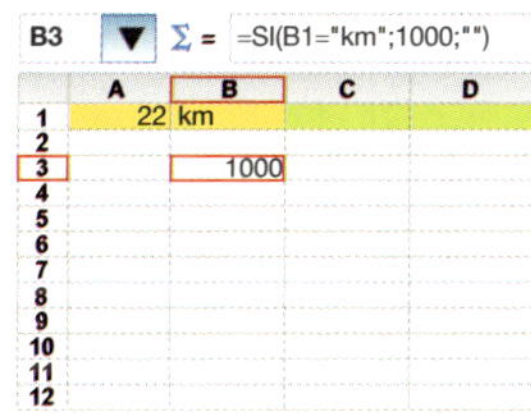

= SI(B1="km";1000;""). Así, si en el desplegable seleccionamos la opción km, en la celda B3 habrá un 1000. En caso contrario, estará vacía.

— Repetiremos el mismo proceso en cada fila y en las filas octavas sumaremos los valores de las siete filas anteriores, que nos proporcionarán los valores de las unidades seleccionadas.

— El factor de conversión se mostrará en la celda D12, en la que introduciremos la instrucción "= B10/D10" (resultado de dividir el valor seleccionado en el primer desplegable, celda B10, entre el del segundo desplegable, celda D10).

En la celda C1, introduciremos la instrucción "= A1*D12" (resultado de multiplicar el valor de la unidad inicial por el factor de conversión, y obtener así el valor final).

Atrévete

— Comprueba las soluciones de algunas actividades de la unidad utilizando tu conversor.

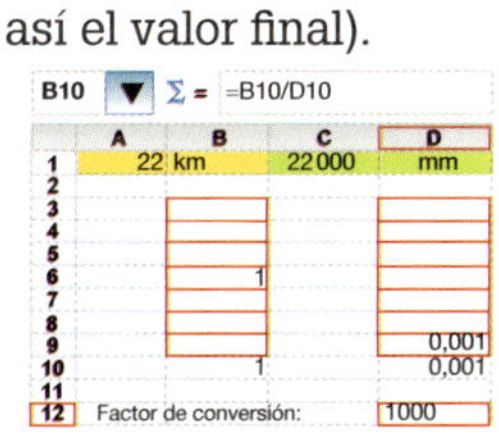

Pon a prueba tus competencias

1. María quiere construir una cometa de cuatro colores diferentes: rojo, amarillo, azul y verde. Le gustaría que fuera del mismo tamaño y de los mismos colores que un modelo que ha visto en el escaparate de una tienda. Únicamente tiene anotadas las longitudes de sus diagonales y la de uno de los lados. La diagonal menor mide 48 cm; la diagonal mayor, 77 cm, y el lado pequeño, 25 cm.

a) ¿Cuánto miden los otros lados de la cometa?

b ¿Cuántos metros cuadrados de tela de cada color necesitará?

c) Si quiere incluir un ribete que rodee toda la cometa, ¿cuántos metros tendrá que comprar?

Juan confecciona un segundo boceto en el que mantiene las longitudes de sus diagonales.

d) Si ambas diagonales se cortan en el punto medio, ¿cuánto medirá cada uno de los lados de la cometa?

e) ¿Cuántos metros cuadrados de tela de cada color necesitará?

f) ¿Y cuántos metros de ribete?

2. La NanoSail-D es una pequeña vela solar cuadrada diseñada por la NASA. Fue lanzada por primera vez en 2008 y no pudo alcanzar la órbita. Dos años después, se lanzó una réplica que sí que se desplegó correctamente. El satélite era muy ligero y la vela, una vez desplegada, cubría una superficie de 9 m^2.

a) Determina el lado del cuadrado.

b) Calcula su perímetro.

c) Clasifica los triángulos que forman el cuadrado según la amplitud de sus ángulos y según la longitud de sus lados.

d) Calcula el área de cada uno de los triángulos que forman el cuadrado.

3. Imagina que te has propuesto pintar una habitación de 4 m de ancho por 5 m de largo y una altura de 2,5 m. En ella hay una ventana de 1 m de ancho y 0,8 m de alto y una puerta de 1 m de amplitud y 2 m de alto. No es necesario pintar ni la puerta ni la ventana porque son de madera.

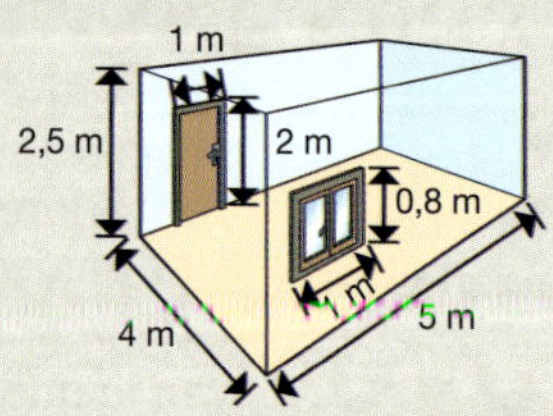

Para pintar las paredes, dispones de botes de 5 L de pintura. Cada bote cuesta 20 € y permite pintar 10 m^2.

Para pintar el techo, dispones de pintura adecuada, en botes de 4 L, cada uno de los cuales cuesta 15 € y contiene cantidad suficiente para 5 m^2.

a) ¿Qué superficie de pared tenemos que pintar?

b) ¿Cuántos metros cuadrados de techo tiene la habitación?

c) ¿Cuántos botes de pintura son necesarios para pintar las paredes?

d) ¿Cuántos botes se requieren para pintar el techo?

e) ¿Cuántos euros costará adquirir la pintura?

f) ¿Sobrará algo de pintura? ¿De qué tipo?

4. Un ebanista quiere construir un armario con la estructura y las dimensiones indicadas en la figura.

Suponiendo que todos los tableros son del mismo grosor, haz un esquema de las dimensiones (de mayor a menor) y de la cantidad de cada una de las piezas que es necesario cortar para fabricar el armario.

Responde:

a) ¿Cuáles son las dimensiones de cada una de las piezas que se necesitan?

b) ¿Cuántas piezas del tipo *B* se precisan?

c) ¿Cuántas del tipo *C*?

d) ¿Cuántas del tipo *D*?

e) ¿Cuántas del tipo *E*?

f) ¿Cuántas de los tipos *A* y *F*?

g) ¿Cuántas piezas componen el armario?

h) ¿Cuánto mide la barra metálica para colgar la ropa?

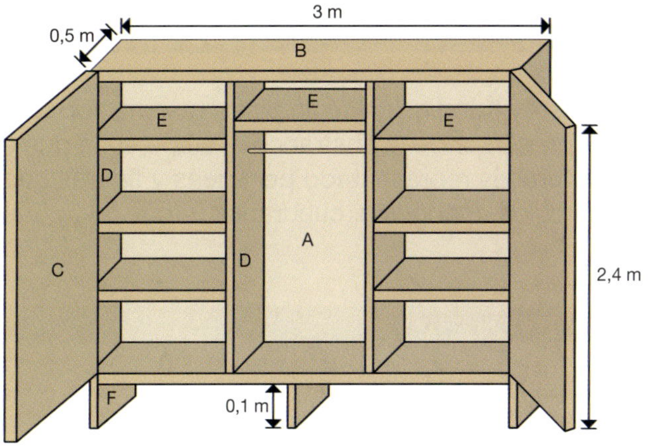

Visión 360º

@ Visita una galería o un museo de arte, o busca por Internet un catálogo de cuadros, por ejemplo el de la página: **http://links.edebe.com/iiry**.

Fíjate en diversos cuadros y observa de qué modo están presentes las figuras geométricas.

Selecciona una de las obras y crea un documento en el que informes de los siguientes aspectos:

— El autor y el título.

— El estilo.

— Una breve descripción del cuadro (paisajes, bodegones...).

— La presencia de las figuras planas en la obra.

Reflexiona

Diario de aprendizaje

— ¿Crees que la vista aérea de Venecia tiene relación con los conceptos tratados en la unidad? ¿Con cuáles?

— Los contenidos estudiados en la unidad, ¿te han servido para ampliar tus conocimientos sobre geometría?

— Durante tu aprendizaje, ¿qué errores has cometido en las actividades y cómo los has resuelto?

GEOMETRÍA

11 Circunferencia y círculo

Wassily Kandinsky fue un pintor ruso nacido en 1866. Fue el precursor de la abstracción, etapa en la que el modelo natural es representado por líneas y figuras geométricas (círculos, triángulos, cuadrados, etc.).

CONTENIDOS

Cre@ctividad
Circunferencias y círculos en la vida cotidiana

Rutina de pensamiento

COLORES - FORMAS - LÍNEAS

Wassily Kandinsky combina diversos círculos en su obra *Círculos* (1926).

Obsérvala y completa esta tabla:

Formas	Colores	Líneas

— Poned en común y comentad la información obtenida.

1. La circunferencia

1.1. Concepto

Si cogemos un compás, lo fijamos en un punto del papel y lo hacemos girar una vuelta completa, obtenemos una línea curva, cerrada y plana, cuyos puntos están a la misma distancia del punto donde fijamos el compás.

Esta línea es una **circunferencia**.

> Una **circunferencia** es una línea curva, cerrada y plana tal que todos sus puntos equidistan de un punto dado llamado **centro**.

Elementos

Veamos cuáles son los elementos de la circunferencia.

ELEMENTOS	DEFINICIÓN	REPRESENTACIÓN
Centro (*O*)	Punto del cual equidistan todos los puntos de la circunferencia.	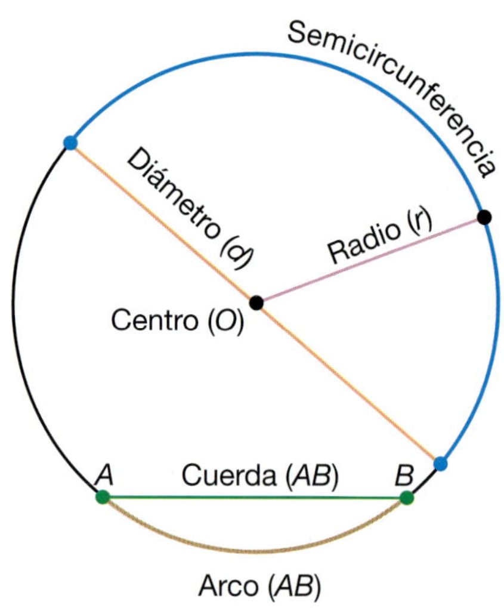
Radio (*r*)	Segmento que une el centro con un punto cualquiera de la circunferencia.	
Cuerda (*AB*)	Segmento que une dos puntos de la circunferencia.	
Diámetro (*d*)	Cuerda que pasa por el centro de la circunferencia. Su longitud es el doble que el radio: $d = 2 \cdot r$	
Arco (*AB*)	Parte de la circunferencia comprendida entre dos puntos de esta. Observa que un diámetro divide la circunferencia en dos arcos iguales. Cada uno de ellos es una **semicircunferencia**.	

Actividades

1. Traza con un compás una circunferencia de 3 cm de radio. Señala el centro, un radio, un arco, un diámetro y una cuerda.
2. Compara los diámetros de una circunferencia de 2,5 cm de radio y de otra de 48 mm de diámetro.

— ¿Cuál de las dos circunferencias es mayor?

3. Dibuja con compás una circunferencia de 6 cm de diámetro y traza una cuerda. ¿Cuántos arcos se han formado?
   — Y si trazas un diámetro, ¿cómo son los arcos obtenidos? ¿Cómo se denominan estos arcos?
4. ¿Cuál es la distancia máxima entre dos puntos de una circunferencia de 2 cm de radio?
5. Halla el valor del radio de cada una de las circunferencias situadas en la siguiente cuadrícula y la distancia entre sus centros:

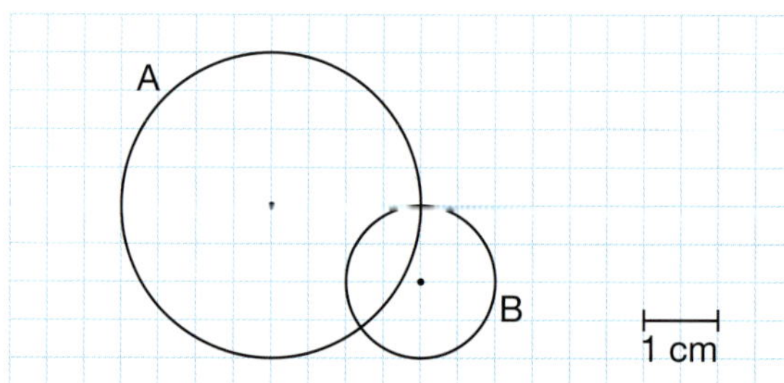

1.2. Posiciones relativas

Un punto, una recta y una circunferencia pueden situarse en distintas posiciones respecto a una circunferencia ya trazada.

Posición relativa de un punto respecto de una circunferencia

Veamos las distintas posiciones de un punto que está situado a una distancia *d* del centro *O* de una circunferencia de radio *r*.

PUNTO INTERIOR	PUNTO PERTENECIENTE	PUNTO EXTERIOR
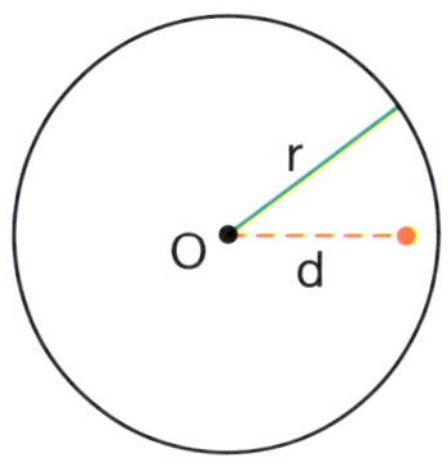	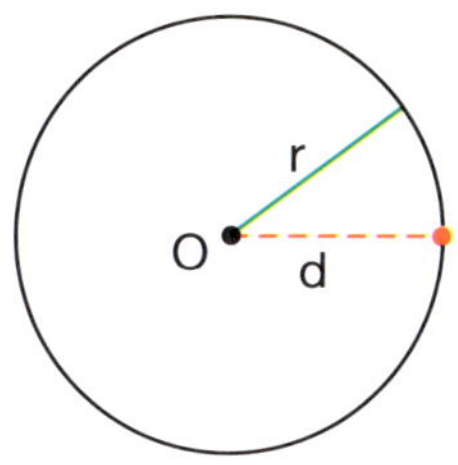	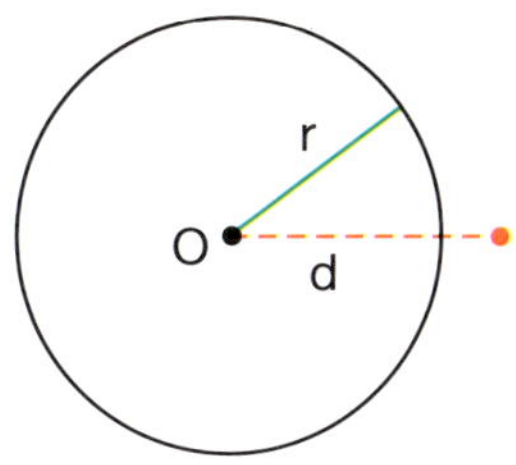
$d < r$	$d = r$	$d > r$

Posición relativa de una recta respecto de una circunferencia

Consideremos las distintas posiciones de una recta que está situada a una distancia *d* del centro *O* de una circunferencia de radio *r*.

RECTA SECANTE	RECTA TANGENTE	RECTA EXTERIOR
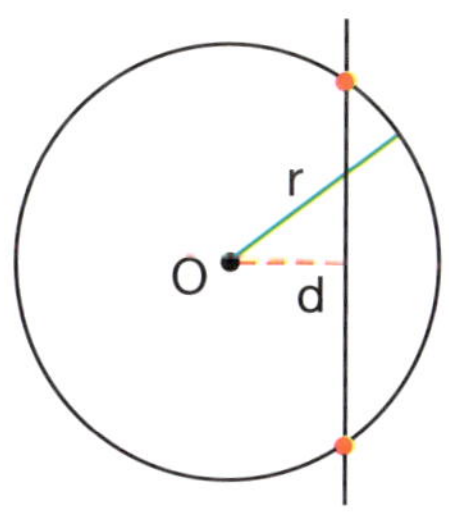	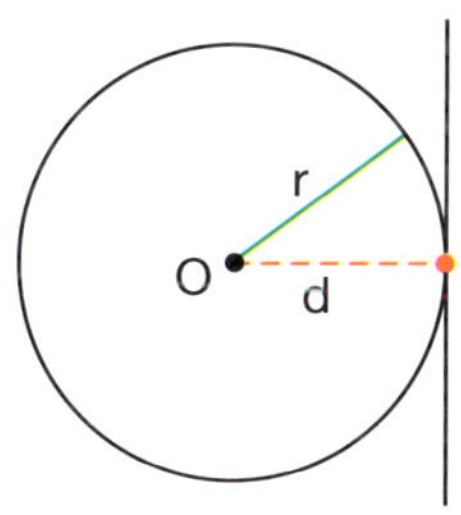	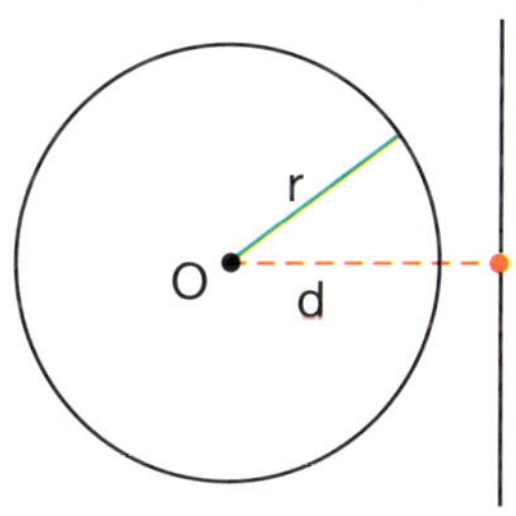
Recta que tiene solamente dos puntos en común con la circunferencia.	Recta que tiene un único punto en común con la circunferencia.	Recta que no tiene ningún punto en común con la circunferencia.
$d < r$	$d = r$	$d > r$

Trazado de una recta tangente a una circunferencia

Toda recta tangente a una circunferencia es perpendicular al radio que pasa por el punto en común con la circunferencia.

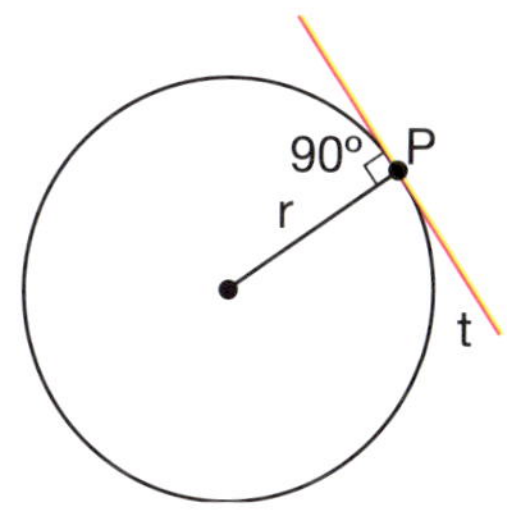

Esta propiedad nos proporciona un método para trazar la recta tangente a una circunferencia en un punto dado.

— Dibujamos el radio con extremo en este punto.

— Trazamos la recta que pasa por este punto y es perpendicular al radio.

Actividades

6. Clasifica los puntos *A*, *B* y *C*, y las rectas *r*, *s* y *t*, según sus posiciones relativas respecto a la circunferencia.

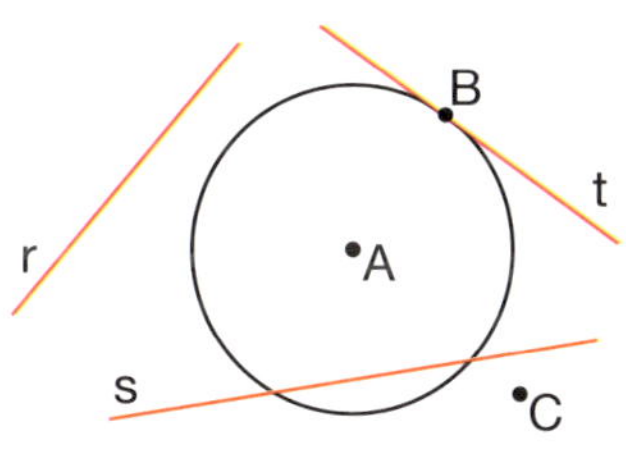

7. ¿Cuál es la posición relativa de cada uno de los puntos de un arco de circunferencia respecto a la circunferencia?

8. Dibuja una circunferencia y traza un diámetro. A continuación, traza las rectas tangentes a la circunferencia en los extremos del diámetro y razona cómo son estas rectas entre sí.

Si accedes a la página **http://links.edebe.com/h6k**, podrás comprobar, mediante una aplicación interactiva, las posiciones relativas de dos circunferencias.

— ¿Cómo son las dos circunferencias si $d < R - r$? ¿Y si $d = R + r$? ¿Y si $R - r < d < R + r$? ¿Y si $d > R + r$?

Posición relativa de dos circunferencias

Conozcamos las posiciones relativas de dos circunferencias de radios R y r cuyos centros, O y O', están situados a una distancia d.

CIRCUNFERENCIAS SIN PUNTOS COMUNES

EXTERIORES	INTERIORES	
Todos los puntos de cada una de las dos circunferencias son exteriores a la otra.	Todos los puntos de una de las dos circunferencias son interiores a la otra circunferencia. Un caso particular son las circunferencias **concéntricas**, que son las que tienen el mismo centro.	
	No concéntricas	Concéntricas
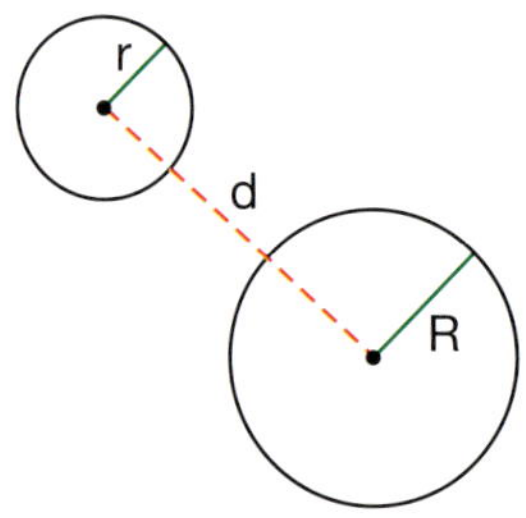	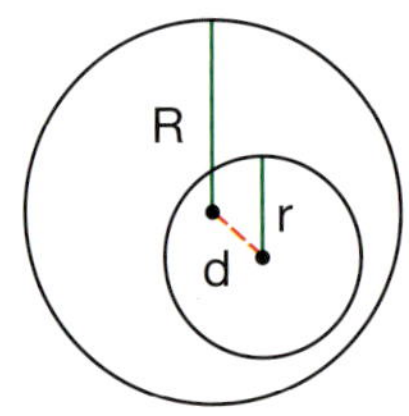	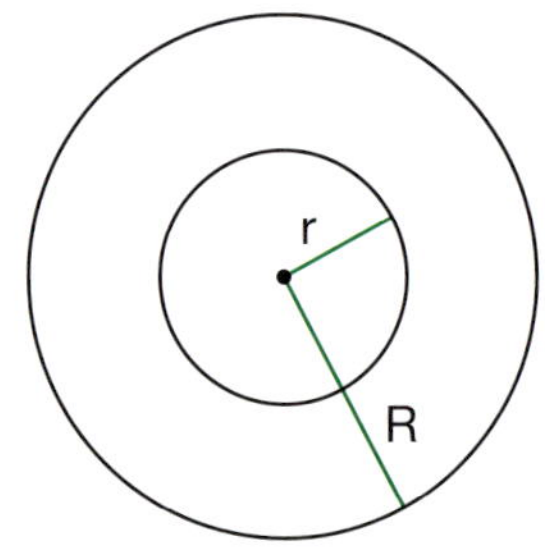
$d > R + r$	$d > R - r$	$d > 0$

CIRCUNFERENCIAS CON ALGÚN PUNTO EN COMÚN

SECANTES	TANGENTES	
Tienen únicamente dos puntos en común.	Tienen un único punto en común.	
	Tangentes interiores	Tangentes exteriores
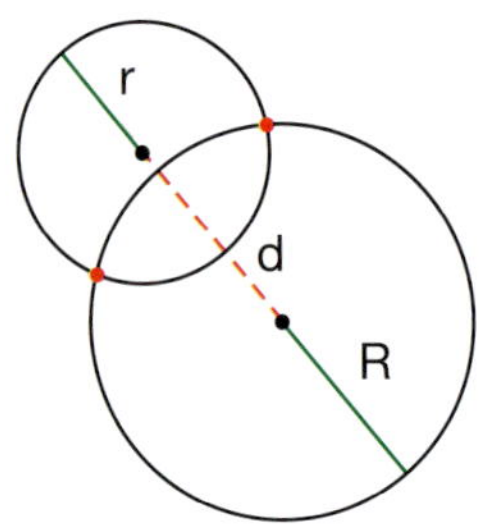	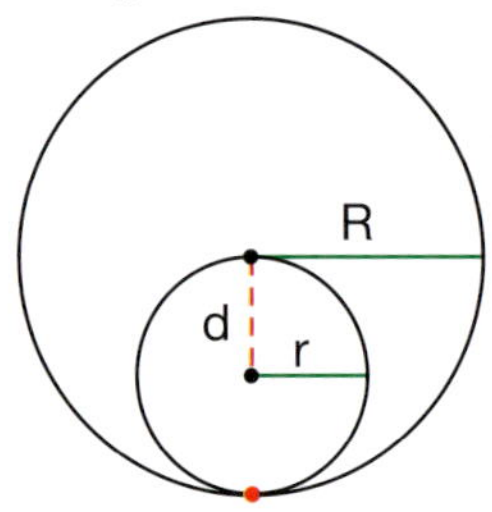	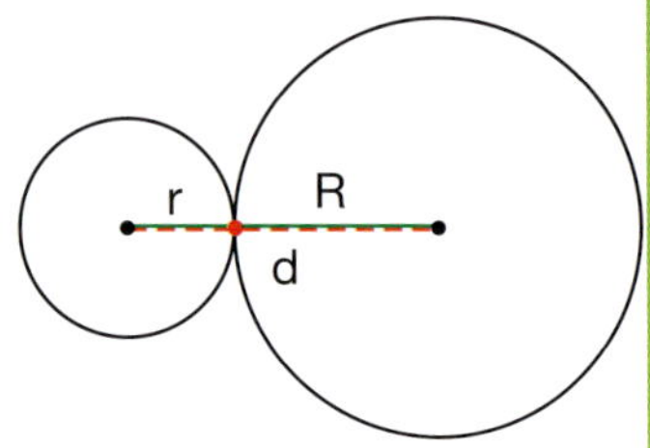
$R + r > d > R - r$	$d = R - r$	$d = R + r$

Actividades

9. Dibuja dos circunferencias de 3 cm y 5 cm de radio que sean:

a) Concéntricas.

b) Tangentes exteriores.

c) Secantes.

d) Exteriores.

— Halla la distancia entre los centros de las dos circunferencias que has dibujado en cada uno de los apartados.

10. Dibuja dos circunferencias concéntricas tales que el diámetro de la menor coincida con el radio de la mayor.

11. Describe en qué posición se encuentran las circunferencias indicadas en cada apartado.

a) A y B

b) C y D

c) A, D y E

— ¿Puedes descubrir otras relaciones entre las circunferencias? ¿Cuáles?

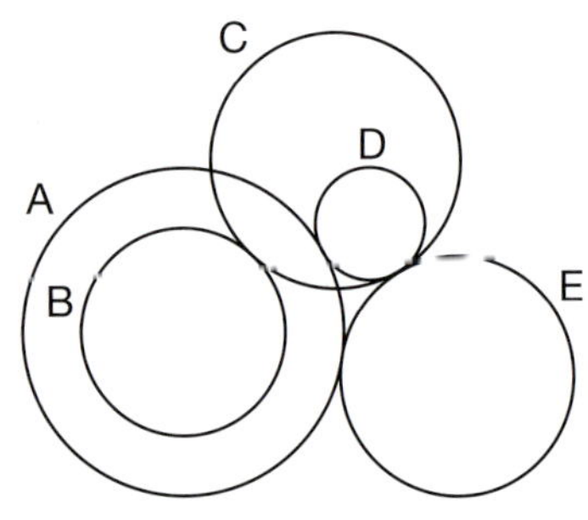

1.3. Ángulos en la circunferencia

Las vallas colocadas en el parque circular forman distintos tipos de ángulos.

A continuación, veremos los diferentes tipos de ángulos que pueden dibujarse en una circunferencia: central, inscrito, interior y exterior.

Ángulo central

Observa que en el centro de la rotonda concurren tres calles.

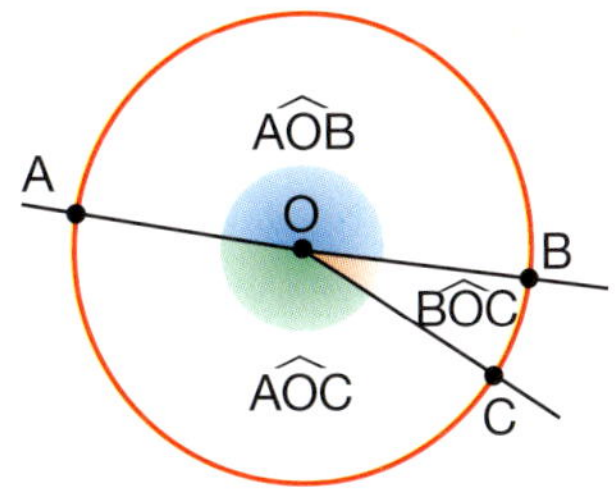

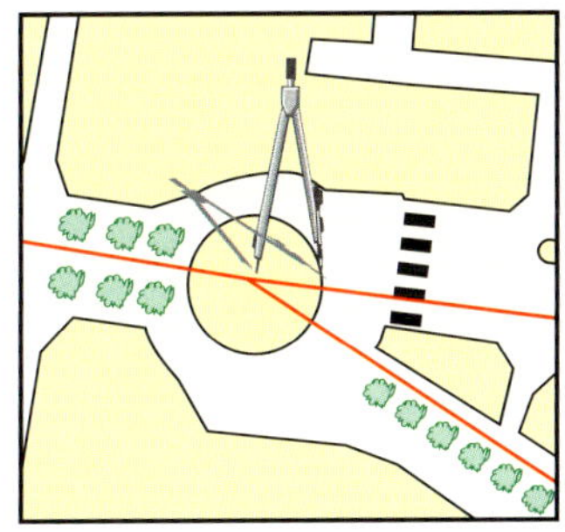

Al representarlas en el plano mediante circunferencias y rectas, se forman tres ángulos con vértice en el centro de la circunferencia, denominados **ángulos centrales**.

> Un **ángulo central** es un ángulo que tiene su vértice en el **centro** de la circunferencia.

Fíjate:

- Los lados de un ángulo central contienen radios de la circunferencia.
- A todo ángulo central le corresponde un arco de circunferencia y, recíprocamente, a todo arco de circunferencia le corresponde un ángulo central.

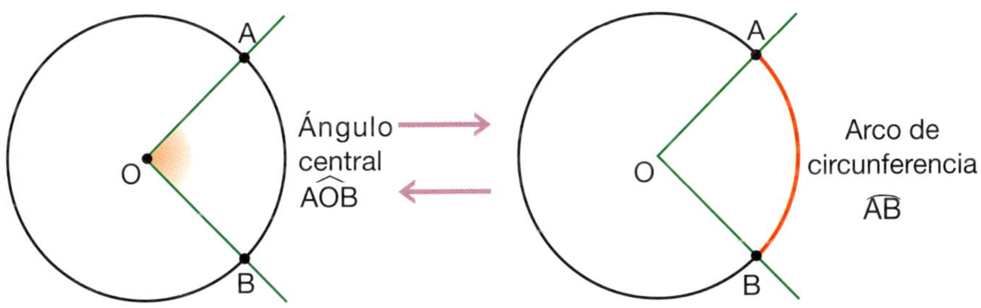

Llamamos **amplitud del arco** a la medida del ángulo central correspondiente a dicho arco.

Si *A* y *B* son los extremos del arco, representamos por $\widehat{AOB}$ su amplitud y por $\overset{\frown}{AB}$ su longitud.

Fíjate

Debemos distinguir entre amplitud y longitud de un arco. Así, un ángulo central de 45° abarca un arco cuya amplitud es 45°, pero su longitud dependerá del radio de la circunferencia considerada.

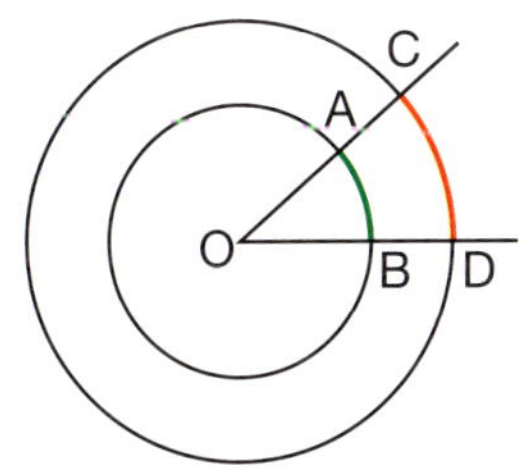

$\overset{\frown}{AOB} < \overset{\frown}{COD}$

Actividades

12. Dibuja una circunferencia de 4 cm de diámetro y con ayuda de un transportador señala un ángulo central de 45°. Este ángulo es convexo. ¿Qué valor tiene el ángulo central cóncavo correspondiente?

13. Dibuja una circunferencia de 2,5 cm de radio y traza dos diámetros perpendiculares entre sí. ¿Cuál es la amplitud de los cuatro arcos formados?

Ángulo inscrito, ángulo interior y ángulo exterior

Además del ángulo central, en la circunferencia también podemos considerar otros tipos de ángulos.

ÁNGULO INSCRITO	ÁNGULO INTERIOR	ÁNGULO EXTERIOR
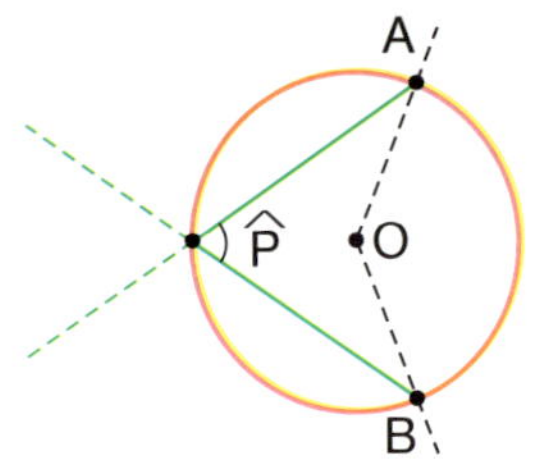	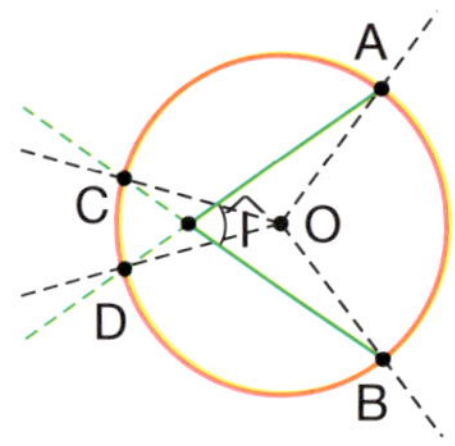	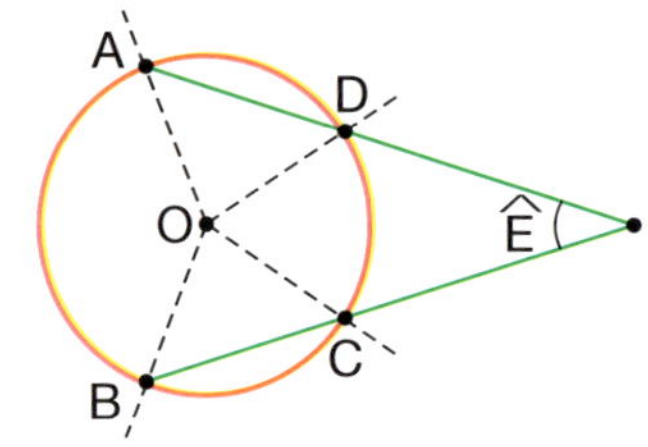
Ángulo que tiene su **vértice** en la **circunferencia** y sus **lados** son **secantes** a esta. El ángulo inscrito $\widehat{P}$ tiene como correspondiente el ángulo central $\overset{\frown}{AOB}$.	Ángulo que tiene su **vértice** en un punto interior de la **circunferencia** y sus lados son **secantes** a esta. El ángulo interior $\widehat{I}$ tiene como correspondientes los ángulos centrales $\overset{\frown}{AOB}$ y $\overset{\frown}{COD}$.	Ángulo que tiene su **vértice** en un punto exterior a la **circunferencia** y sus lados son **secantes** a esta. El ángulo exterior $\widehat{E}$ tiene como correspondientes los ángulos centrales $\overset{\frown}{AOB}$ y $\overset{\frown}{COD}$.

Ángulo exterior de un triángulo

Es el ángulo que está formado por la prolongación de un lado y el lado contiguo.

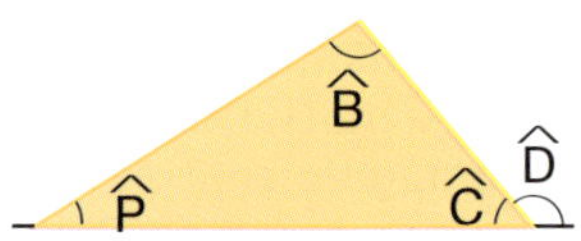

Se cumple que:

$$\widehat{C}+\widehat{D}=180°$$
$$\widehat{C}+\widehat{B}+\widehat{P}=180°$$

Por tanto:

$$\widehat{D}=\widehat{B}+\widehat{P}$$

Medida del ángulo inscrito

Veamos la relación entre el valor de un ángulo inscrito y el ángulo central correspondiente, en caso de que un lado del ángulo inscrito pase por el centro de la circunferencia.

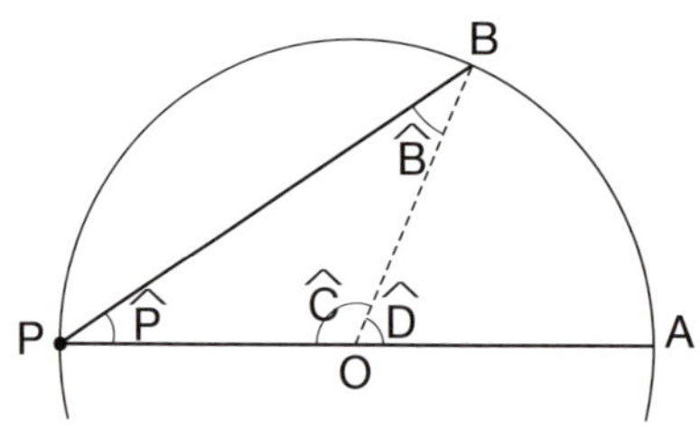

Al trazar el radio *OB* se cumple:

- $\widehat{P}=\widehat{B}$ ya que el triángulo *POB* es isósceles, al ser *PO* y *OB* radios de la circunferencia.
- $\widehat{D}=\widehat{B}+\widehat{P}$ ya que $\widehat{D}$ es un ángulo exterior del triángulo *POB*.

Por tanto, $\widehat{D}=2\,\widehat{P} \Rightarrow \widehat{P}=\dfrac{\widehat{D}}{2}=\dfrac{\overset{\frown}{AOB}}{2}$

Sepamos qué sucede en el caso de que los lados del ángulo inscrito no pasen por el centro de la circunferencia.

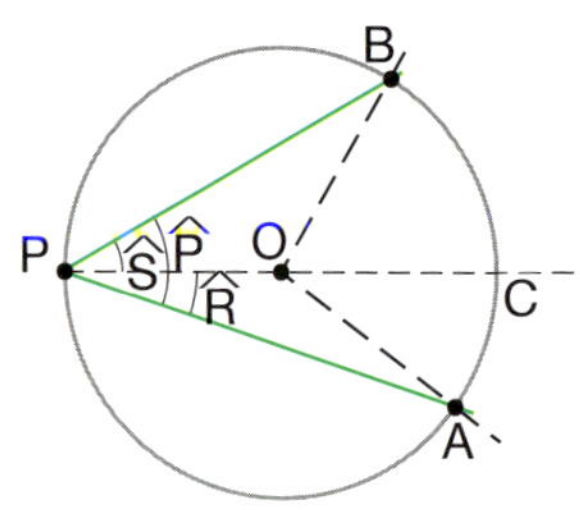

$$\widehat{P}=\widehat{R}+\widehat{S}=\frac{\overset{\frown}{AOC}}{2}+\frac{\overset{\frown}{COB}}{2}=\frac{\overset{\frown}{AOB}}{2}$$

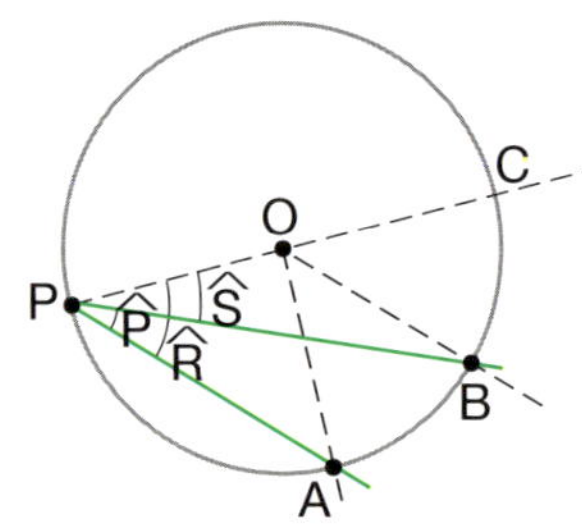

$$\widehat{P}=\widehat{R}+\widehat{S}=\frac{\overset{\frown}{AOC}}{2}+\frac{\overset{\frown}{BOC}}{2}=\frac{\overset{\frown}{AOB}}{2}$$

> La medida de un **ángulo inscrito** en una circunferencia es igual a la **mitad** del **ángulo central** correspondiente.

@ Si accedes a la página **http://links.edebe.com/jtd**, podrás comprobar, mediante una aplicación interactiva, la relación entre el ángulo central y un ángulo inscrito de una circunferencia.

— ¿Cuál es la relación entre el ángulo inscrito y el exinscrito? ¿Cuál es el ángulo formado entre la tangente y el radio *AE* de la circunferencia?

Medida del ángulo interior y del ángulo exterior

Observa cómo calculamos el valor de un ángulo interior y el de un ángulo exterior a partir de los ángulos centrales correspondientes.

ÁNGULO INTERIOR

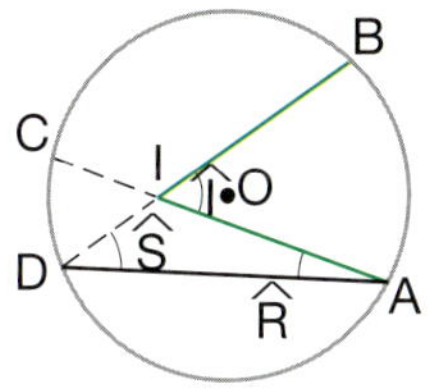

Prolongamos los lados del ángulo interior $\widehat{I}$ hasta cortar la circunferencia en *C* y en *D*, y unimos *D* con *A*.

> La medida de un **ángulo interior** a una circunferencia es igual a la **semisuma** de los **ángulos centrales** que define.

Observa que $\widehat{I}$ es un ángulo exterior del triángulo *DAI*.

$$\widehat{I} = \widehat{S} + \widehat{R}$$

Como $\widehat{S}$ y $\widehat{R}$ son ángulos inscritos, se cumple:

$$\widehat{S} = \frac{\overset{\frown}{AOB}}{2}\ ;\ \widehat{R} = \frac{\overset{\frown}{COD}}{2}$$

Entonces:

$$\widehat{I} = \frac{\overset{\frown}{AOB}}{2} + \frac{\overset{\frown}{COD}}{2}$$

ÁNGULO EXTERIOR

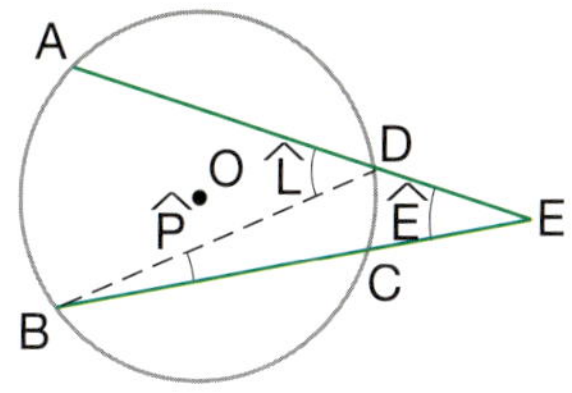

Observa en la figura el ángulo exterior $\widehat{E}$.

Si unimos *B* con *D*, se forma $\widehat{L}$ que es un ángulo exterior del triángulo *BED*.

> La medida de un **ángulo exterior** a una circunferencia es igual a la **semidiferencia** de los **ángulos centrales** que define.

Se cumple:

$$\widehat{L} = \widehat{P} + \widehat{E} \rightarrow \widehat{E} = \widehat{L} - \widehat{P}$$

Como $\widehat{L}$ y $\widehat{P}$ son ángulos inscritos, se cumple:

$$\widehat{L} = \frac{\overset{\frown}{AOB}}{2}\ ;\ \widehat{P} = \frac{\overset{\frown}{COD}}{2}$$

Entonces:

$$\widehat{E} = \frac{\overset{\frown}{AOB}}{2} - \frac{\overset{\frown}{COD}}{2}$$

Actividades

14. Clasifica en ángulo central, inscrito, interior o exterior los siguientes ángulos representados:

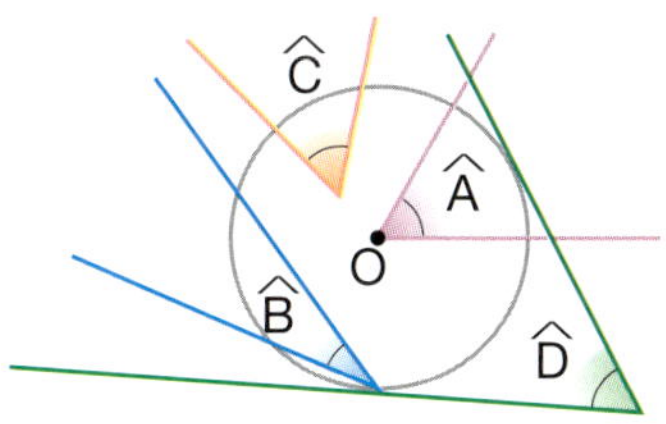

15. El ángulo inscrito $\widehat{A}$ de la figura de la derecha mide 48°. ¿Cuánto miden $\widehat{B}$ y $\widehat{C}$?

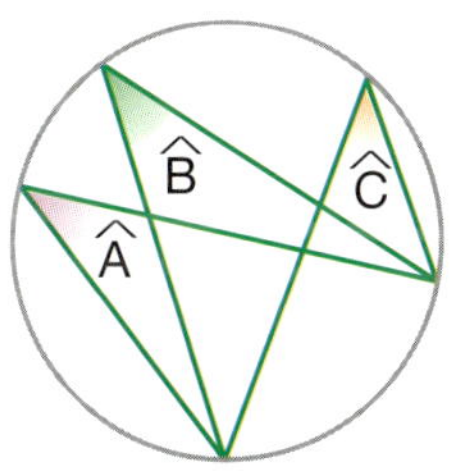

16. ¿Cuánto mide un ángulo inscrito que abarca un arco cuya amplitud es de 50°?

17. Dibuja en una circunferencia un ángulo inscrito de 80°. ¿Cuál es la posición relativa de los lados y del vértice del ángulo respecto de dicha circunferencia?

18. Un ángulo interior define dos ángulos centrales de 75° y 35°. Calcula su medida. Y si fuera exterior, ¿cuánto mediría? Dibújalos.

19. ➕ Determina la medida de estos ángulos a partir del valor de los ángulos centrales:

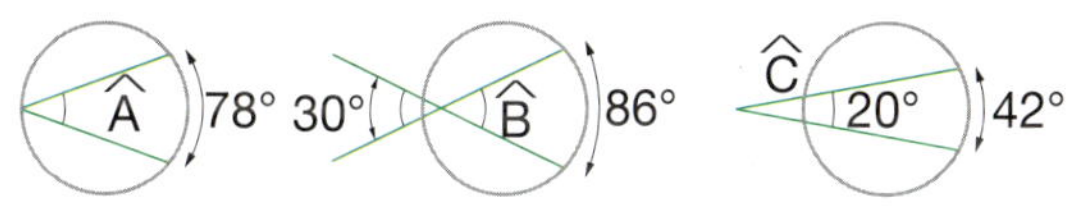

2. Los polígonos y la circunferencia

2.1. Polígonos inscritos y polígonos circunscritos

Los polígonos y la circunferencia se relacionan de acuerdo a la posición que ocupan los polígonos con respecto a la circunferencia.

De esta manera, tenemos dos situaciones particulares: polígonos inscritos y polígonos circunscritos.

Polígonos inscritos

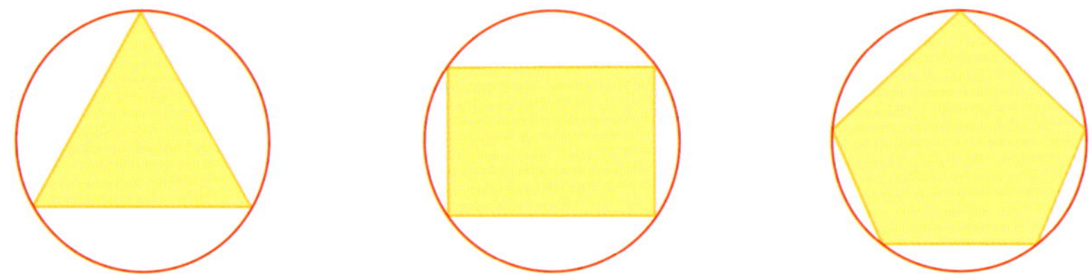

Todos sus vértices son puntos de una circunferencia.

> Un polígono está **inscrito** en una circunferencia si todos sus vértices son puntos de dicha circunferencia.

Polígonos circunscritos

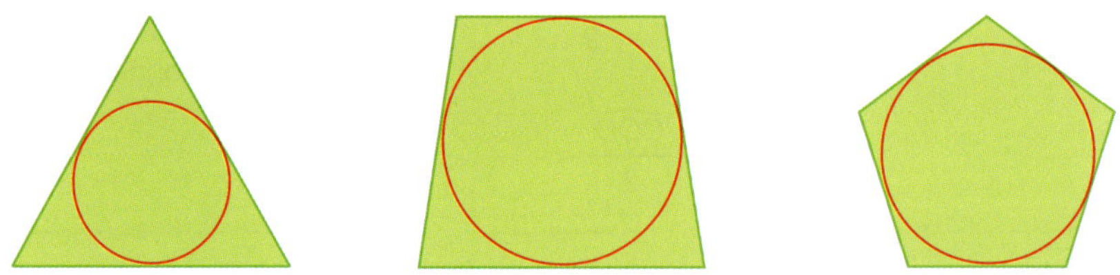

Todos sus lados son tangentes a una circunferencia.

> Un polígono está **circunscrito** a una circunferencia si todos sus lados son tangentes a dicha circunferencia.

Fíjate en que si un polígono está inscrito en una circunferencia, la circunferencia cirscunscribe al polígono. Y, recíprocamente, si un polígono circunscribe a una circunferencia, la circunferencia está inscrita en el polígono.

@ Si accedes a la página **http://links.edebe.com/qehea**, podrás ampliar tus conocimientos sobre los polígonos inscritos y circunscritos.

Calcula:

— El lado de un triángulo equilátero inscrito en una circunferencia de 6 cm de radio.

— El lado de un cuadrado inscrito en una circunferencia de 4 cm de radio.

— La apotema de un hexágono inscrito en una circunferencia de 5 cm de radio.

Ayúdate de la calculadora en los cálculos que sea necesario.

Fíjate

Todo polígono regular tiene circunferencia inscrita y circunferencia circunscrita.

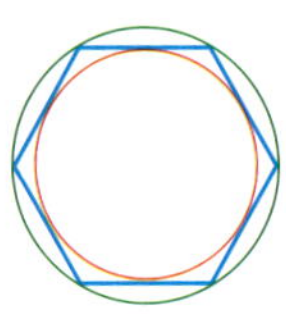

Actividades

20. Calcula la amplitud de cada uno de los arcos determinados por los ángulos centrales de un pentágono regular inscrito en una circunferencia.

21. Dibuja un cuadrado circunscrito a una circunferencia de 2,5 cm de radio y determina su perímetro y su área.

22. Tres calles de una ciudad están separadas mediante una zona triangular. Se desea construir dentro del triángulo un parterre circular con césped que ocupe el mayor espacio posible.

Dibuja el trazado del parterre.

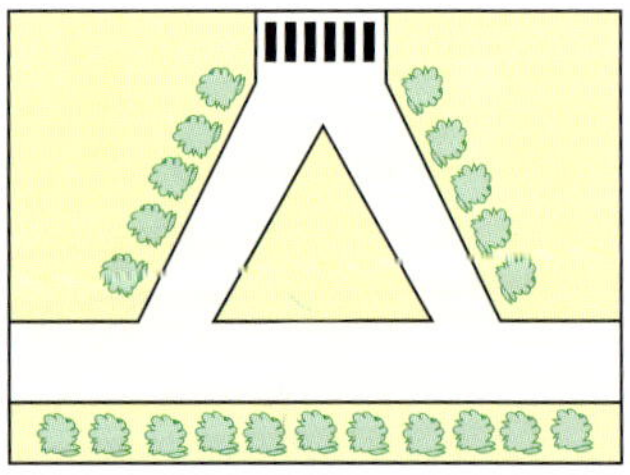

2.2. Construcción de polígonos regulares inscritos

Para inscribir un polígono regular basta con trazar una circunferencia y dividirla en tantos arcos iguales como lados tenga el polígono. La amplitud de estos arcos corresponde al ángulo central del polígono regular.

A continuación, mostramos una serie de procedimientos particulares para construir diferentes polígonos regulares.

HEXÁGONO REGULAR

1. Dibujamos una circunferencia con el compás.
2. A partir de un punto cualquiera de esta, trazamos arcos, uno a continuación del otro, tomando como abertura del compás el valor del radio.
3. Unimos mediante cuerdas los puntos obtenidos en la circunferencia, tal como se muestra en la figura.

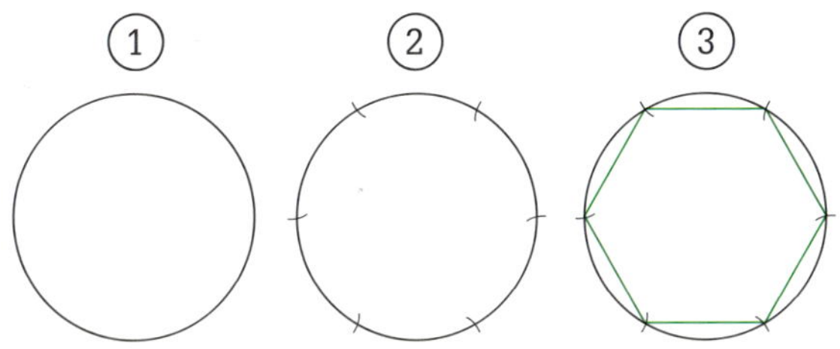

TRIÁNGULO EQUILÁTERO

1. Procedemos como en los puntos 1 y 2 para dibujar un hexágono regular.
2. Unimos mediante cuerdas tres de los puntos alternos obtenidos, tal como se indica en la figura.

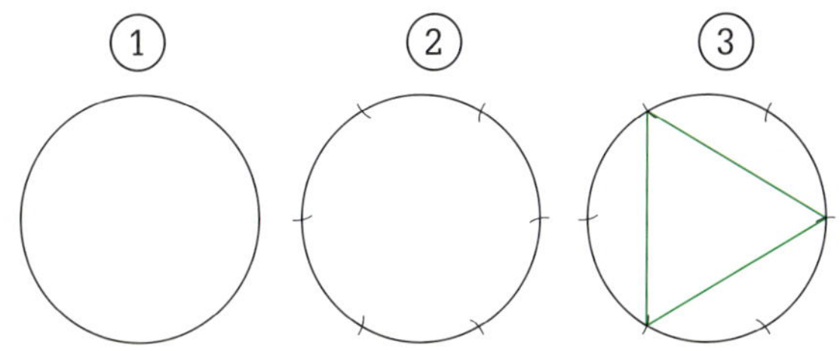

CUADRADO

1. Dibujamos una circunferencia con el compás.
2. Trazamos dos diámetros perpendiculares.
3. Unimos mediante cuerdas los puntos obtenidos en la circunferencia, tal como se indica en la figura.

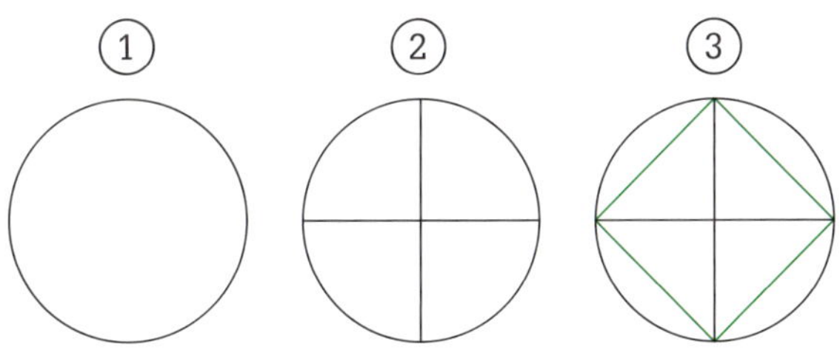

OCTÁGONO REGULAR

1. Procedemos como en los puntos 1 y 2 para dibujar un cuadrado.
2. Trazamos las bisectrices de los cuatro ángulos rectos que determinan los diámetros.
3. Unimos mediante cuerdas los puntos obtenidos en la circunferencia, tal como se indica en la figura.

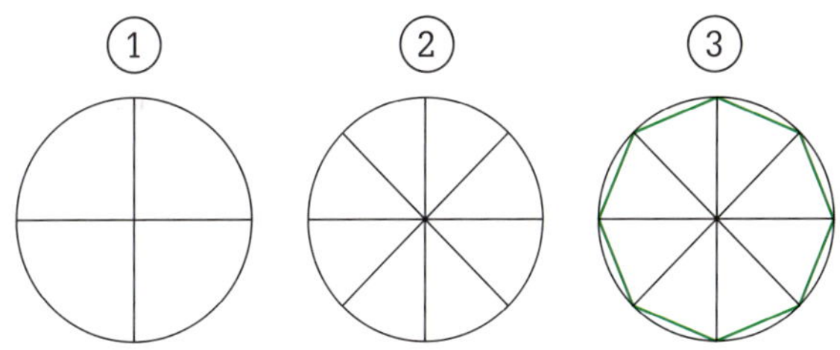

Actividades

23. Dibuja con ayuda del compás los siguientes polígonos inscritos:

a) Un hexágono regular de 3 cm de lado.

b) Un cuadrado cuyas diagonales midan 4 cm.

c) Un triángulo equilátero y un octágono regular inscritos en una circunferencia de 2,5 cm de radio.

> Para facilitar los cálculos, a lo largo de la unidad, aproximaremos el número *pi* a 3,14.

3. Longitud de la circunferencia

3.1. El número π

Fíjate en cómo podemos establecer una relación entre la longitud de una circunferencia y la de uno de sus diámetros a partir de un determinado objeto.

1. Tenemos un recipiente con forma cilíndrica y medimos con una regla el diámetro de su base.

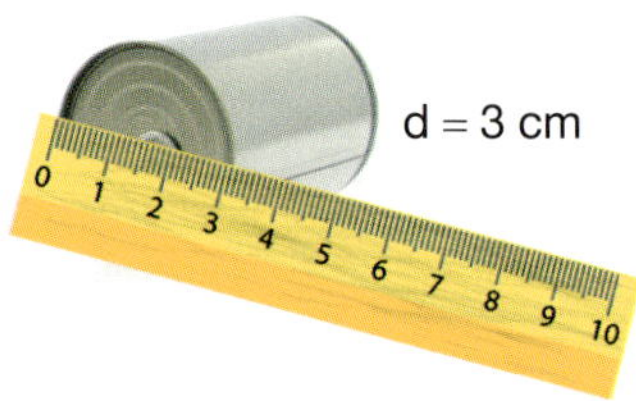

2. Colocamos una cuerda alrededor del cilindro y medimos con una regla la longitud tomada.

3. Comprobaremos que el diámetro está contenido **tres veces y un poco más** en la longitud de la circunferencia.

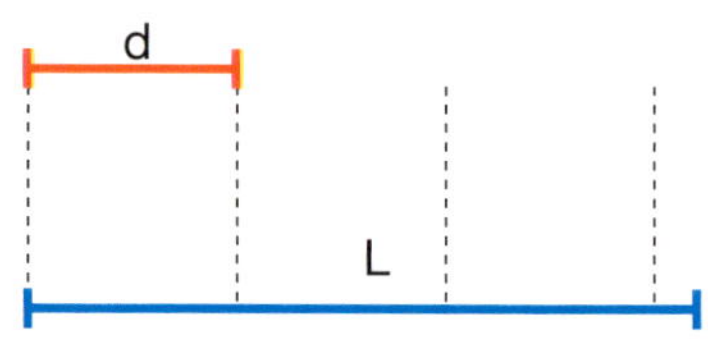

$L : d = 3{,}1667$

> Los geómetras de la Grecia clásica ya conocían que la relación entre la longitud de una circunferencia y su diámetro era el número que actualmente se denomina *pi* (π).
>
> Arquímedes en el siglo III a.C. utilizó un método para determinar el valor del número *pi*. El método consistía en circunscribir e inscribir polígonos regulares. Comenzó con el hexágono regular y, doblando el número de lados, llegó hasta un polígono de 96 lados. Calculaba la relación entre la longitud de una circunferencia y su diámetro, y aproximaba el valor obtenido por defecto y por exceso.
>
> — Busca en Internet diferentes apoximaciones del número *pi* y realiza una presentación del método escogido al resto de tus compañeros y compañeras.

Para distintos objetos, el cociente entre la longitud de la circunferencia (L) y su diámetro (d) también da un valor similar.

OBJETO	LONGITUD CIRCUNFERENCIA (L)	DIÁMETRO (d)	$L : d$
Moneda (1 €)	7,2 cm	2,3 cm	3,1304
CD	37,7 cm	12 cm	3,1416

Si pudiésemos tomar medidas exactas, obtendríamos siempre el mismo valor. Este valor es un número que representamos con la letra griega π, y se lee *pi*.

$$\pi = 3{,}14159265...$$

Puesto que el cociente entre la longitud y el diámetro de una circunferencia es π, la longitud de cualquier circunferencia contiene siempre π veces la longitud de su diámetro.

> La longitud de una circunferencia se calcula multiplicando su diámetro por π.
>
> $$L = d \cdot \pi$$
>
> Puesto que $d = 2 \cdot r$, también podemos escribir:
>
> $$L = (2 \cdot r) \cdot \pi$$
>
> $$\mathbf{L = 2 \cdot \pi \cdot r}$$

Actividades

24. Calcula en metros la longitud de una circunferencia de 25 cm de radio.

25. Calcula el diámetro y el radio de una circunferencia de 40 cm de longitud.

26. Un ciclista ha dado 13 vueltas a una pista circular de 45 m de radio. ¿Qué distancia ha recorrido?

27. Dibuja dos circunferencias concéntricas de 10 cm y 15 cm de longitud.

3.2. Longitud de un arco

Veamos cómo calcular la longitud de un arco a partir del radio de la circunferencia y el ángulo central que le corresponde.

	ÁNGULO CENTRAL	LONGITUD DEL ARCO
A un ángulo completo, 360°, le corresponde un arco cuya longitud es la de la circunferencia.	360°	$L = 2 \cdot \pi \cdot r$ 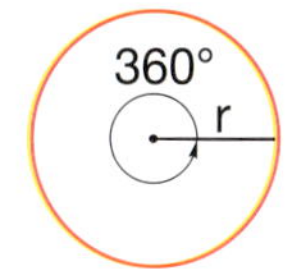
A un ángulo de 1° le corresponderá un arco cuya longitud, l, será la longitud de la circunferencia dividida por 360.	1°	$l = \frac{2 \cdot \pi \cdot r}{360} = \frac{\pi \cdot r}{180}$ 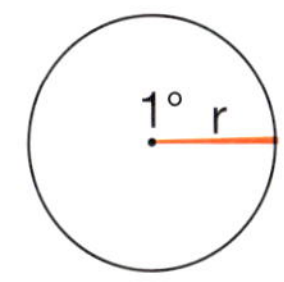
A un ángulo central de n grados le corresponderá un arco cuya longitud, l, será la longitud del arco correspondiente a 1° multiplicada por n.	n°	$l = \frac{\pi \cdot r}{180} \cdot n$ 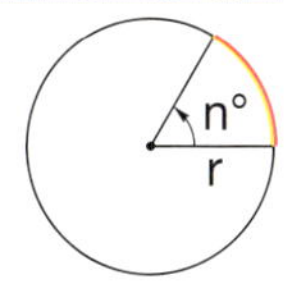

Ejemplo 1

El cesto de una noria de 12 m de diámetro se ha desplazado 45° respecto de su posición anterior. Calcula la distancia que ha recorrido el cesto.

COMPRENSIÓN:

Para calcular la distancia que ha recorrido el cesto necesitamos calcular la longitud del arco que corresponde a un ángulo central de 45°.

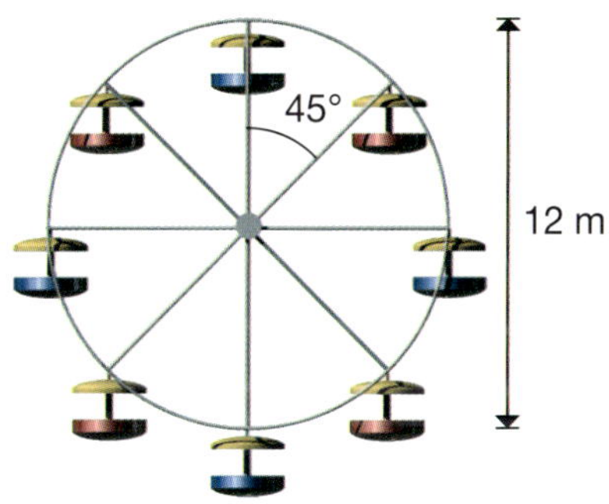

RESOLUCIÓN:

Sustituimos los datos del enunciado en la expresión que determina la longitud l, que corresponde a un ángulo central de n grados:

$$l = \frac{\pi \cdot r}{180} \cdot n = \frac{3{,}14 \cdot 6}{180} \cdot 45 = 4{,}71$$

La longitud del arco es 4,71 m. Por tanto, el cesto ha recorrido 4,71 m.

Calculadora

En las calculadoras científicas encontramos una tecla específica para indicar el número *pi* (π).

SHIFT EXP

Observa cómo efectuamos esta operación:

$\pi \cdot 6 \cdot 45 : 180 =$

SHIFT EXP x 6 x 4 5 ÷ 1 8 0 EXE

Actividades

28. Halla las longitudes de estas circunferencias:

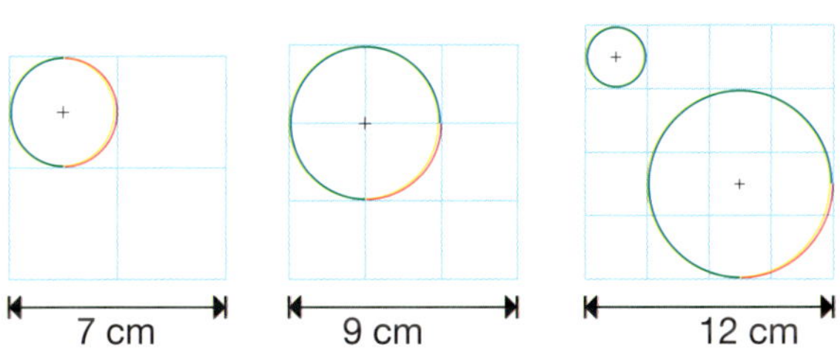

— Halla la longitud de los arcos señalados.

29. Calcula en cada caso la longitud de los arcos trazados en una circunferencia de 5 cm de radio:

a) 30° b) 60° c) 150° d) 180°

30. Calcula el diámetro de una circunferencia sabiendo que la longitud de arco de un ángulo central de 25° es 40 cm.

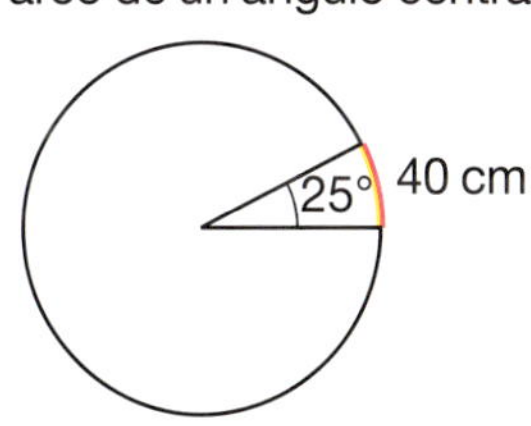

▪ Dirección prohibida.

4. El círculo

La superficie que delimita esta señal de tráfico es un **círculo**:

Círculo es la región del plano limitada por una circunferencia.

4.1. Área del círculo

El área del círculo puede calcularse a partir del área de polígonos regulares inscritos en su circunferencia.

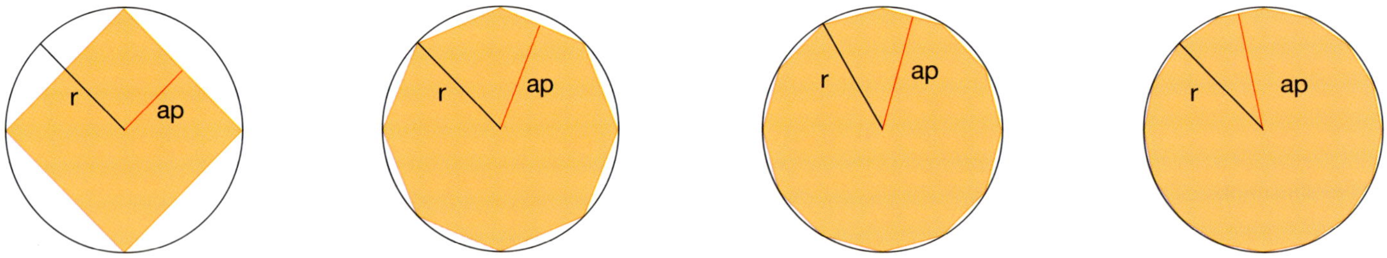

Al aumentar el número de lados del polígono regular inscrito, se cumple que:

- El valor de las áreas de los polígonos regulares se va aproximando cada vez más al valor del área del círculo.
- El valor de los perímetros se va aproximando cada vez más a la longitud de la circunferencia.
- El valor de las apotemas se va aproximando cada vez más al radio del círculo.

Así, el área del círculo de radio *r* puede considerarse equivalente a la de un polígono regular de muchos lados cuyo perímetro sea la longitud de la circunferencia y cuya apotema coincida con el radio.

$$A = \frac{P \cdot ap}{2} = \frac{L \cdot r}{2} = \frac{\not{2} \cdot \pi \cdot r \cdot r}{\not{2}} = \pi \cdot r^2$$

El **área** de un **círculo** se calcula multiplicando π por el radio al cuadrado.

$$A = \pi \cdot r^2$$

Ágora

En matemáticas y en la vida cotidiana se utiliza el término *infinito* para indicar una cantidad de elementos que no se pueden contar.

— Justifica esta afirmación con ejemplos.

Actividades

31. Calcula las áreas de los siguientes círculos y ordénalos de menor a mayor:

a) $r = 3{,}2$ cm b) $d = 90$ mm c) $r = 0{,}3$ dm

— Si solo quisiéramos ordenarlos de menor a mayor, ¿sería necesario calcular el área?

32. ¿Qué área ocupa una piscina circular que tiene un diámetro de 15 m?

33. + ¿Cuántos círculos de 0,25 m de radio puedo dibujar como máximo en un rectángulo de 5 m de largo por 4 m de ancho de manera que estén alineados en filas y columnas?

4.2. Figuras circulares

Observa las siguientes figuras circulares que pueden obtenerse de un círculo:

Semicírculo: superficie delimitada por la mitad de un círculo.

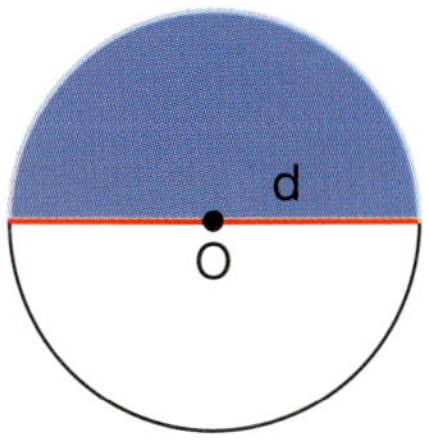

Segmento circular: superficie comprendida entre una cuerda y el arco de un círculo.

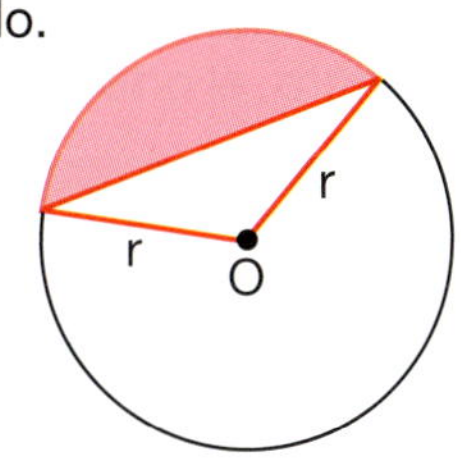

Sector circular: superficie comprendida entre dos radios de un círculo.

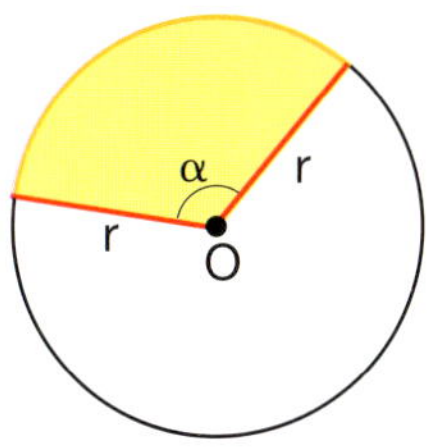

Corona circular: superficie comprendida entre dos círculos concéntricos.

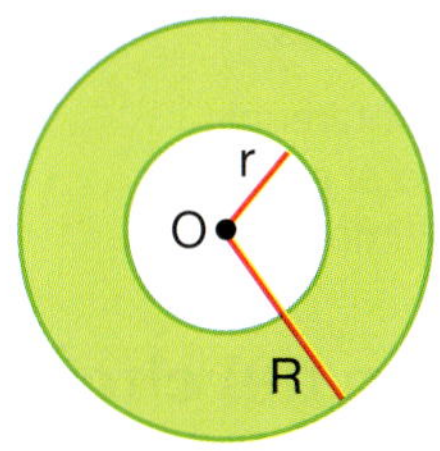

Área de un sector circular:

$$A = \frac{\pi \cdot r^2 \cdot \alpha}{360^\circ}$$

Área de una corona circular:

$$A = \pi\,(R^2 - r^2)$$

Ejemplo 2

Calcula el área de un sector circular de 50° de amplitud y radio 4,1 cm.

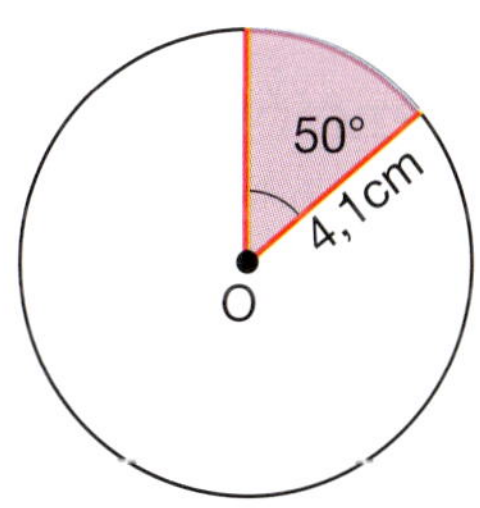

COMPRENSIÓN:

Podemos determinar el área del sector circular mediante una sencilla regla de tres.

RESOLUCIÓN:

$$\left.\begin{array}{lcl} \pi \cdot r^2 & \rightarrow & 360^\circ \\ A & \rightarrow & 50^\circ \end{array}\right\} A = \frac{3{,}14 \cdot 4{,}1^2 \cdot 50}{360^\circ} = 7{,}33 \text{ cm}^2$$

COMPROBACIÓN: Observa que obtenemos el mismo resultado si aplicamos la expresión que permite calcular directamente el área del sector circular:

$$A = \frac{\pi \cdot r^2 \cdot \alpha}{360^\circ} = \frac{3{,}14 \cdot 4{,}1^2 \cdot 50^\circ}{360^\circ} = 7{,}33 \text{ cm}^2$$

@ Si accedes a la página **http://links.edebe.com/b7h**, podrás comprobar la resolución gráfica del ejemplo anterior mediante una aplicación interactiva.

— Calcula el área de un sector circular de 56° de amplitud y radio 2,1 cm y comprueba el resultado con la aplicación interactiva anterior.

Actividades

34. Una fuente circular de 4 m de radio se encuentra situada en el centro de un parque también circular de 300 m de radio. Calcula el área de la zona de paseo.

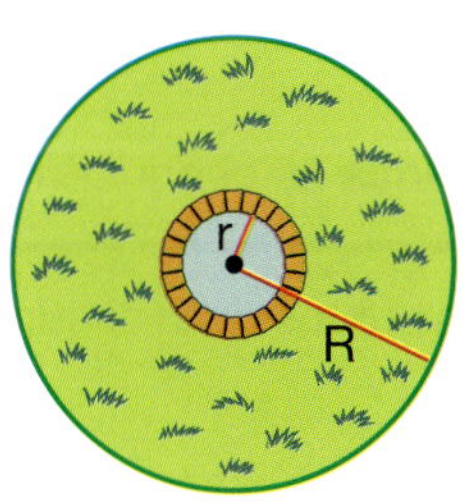

35. + Calcula el área del sector circular cuya cuerda es el lado del cuadrado inscrito en una circunferencia de 3 cm de radio.

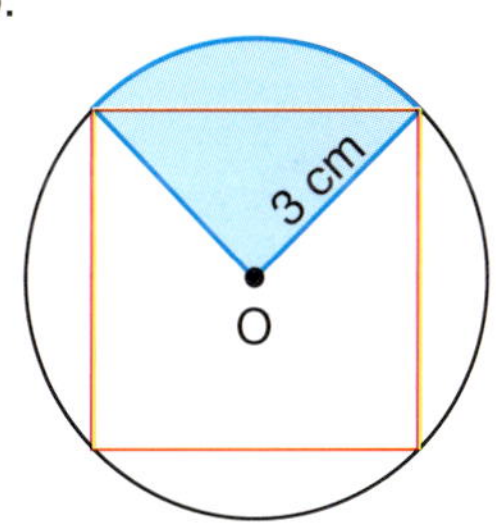

5. Construcciones geométricas con ordenador

5.1. Obtención de puntos notables

Las siguientes herramientas nos permitirán repasar los puntos notables: el circuncentro, el incentro, el ortocentro y el baricentro.

HERRAMIENTA SECCIÓN CÓNICA	HERRAMIENTA PUNTO
Se utiliza para generar circunferencias. • Herramienta «Circunferencia dados su Centro y uno de sus Puntos». Al seleccionar un punto como centro de la circunferencia y un segundo punto como punto de la circunferencia se crea una circunferencia cuyo radio es la distancia entre los dos puntos. • Herramienta «Compás». Esta herramienta crea una circunferencia cuyo radio queda especificado al marcar dos puntos o al seleccionar un segmento, y cuyo centro se marca con un último clic.	Se utiliza para generar puntos. • Herramienta «Punto Medio o Centro». El punto medio de dos puntos o un segmento se obtiene haciendo clic sobre los dos puntos o el segmento. El punto centro de una circunferencia se obtiene haciendo clic sobre ella.

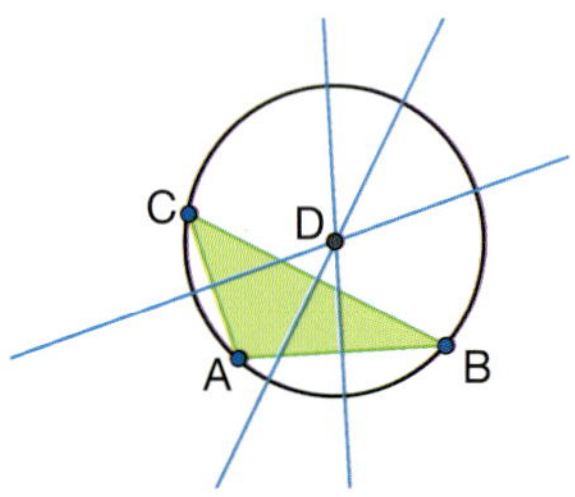

Obtención del circuncentro

— Con la herramienta «Mediatriz» trazamos las tres mediatrices de cada lado del triángulo.

— El punto donde se cortan las tres mediatrices del triángulo es el cincuncentro.

— Comprobamos con la herramienta «Compás» que el circuncentro es el centro de la circunferencia que pasa por todos los vértices.

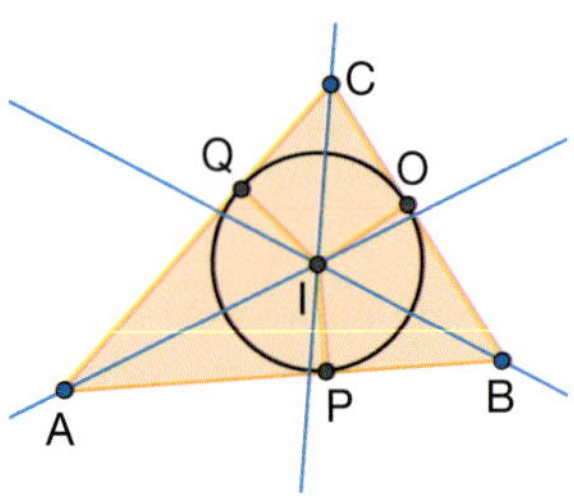

Obtención del incentro

— Con la herramienta «Bisectriz» trazamos las tres bisectrices de cada ángulo del triángulo.

— El punto donde se cortan las tres bisectrices del triángulo es el incentro.

— Comprobamos con la herramienta «Circunferencia dados su Centro y uno de sus Puntos» que el incentro es el centro de la circunferencia inscrita que es equidistante y tangente a los tres lados.

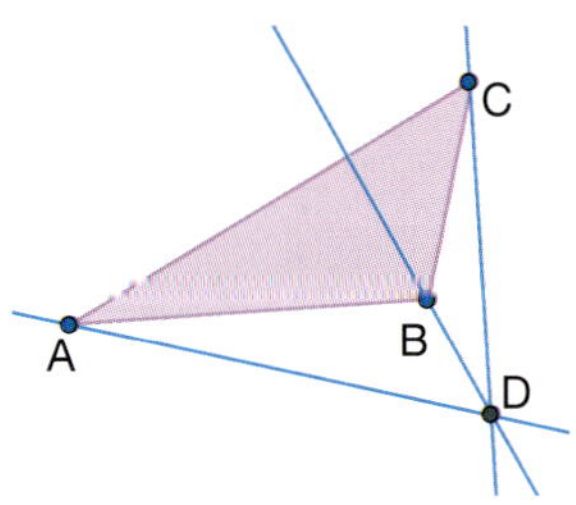

Obtención del ortocentro

— Con la herramienta «Recta Perpendicular» trazamos las rectas que contienen las tres altruras del triángulo.

— El punto donde se cortan las tres alturas del triángulo es el ortocentro.

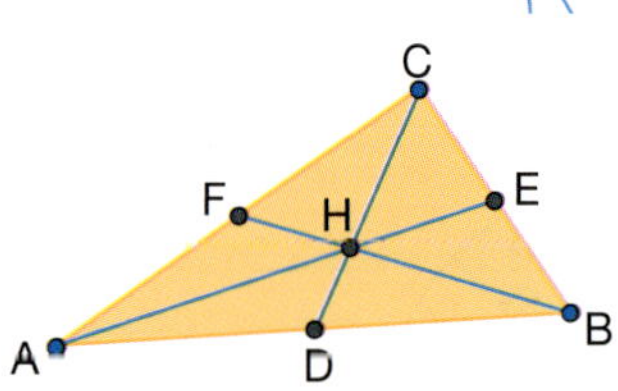

Obtención del baricentro

— Con la herramienta «Punto Medio o Centro» y «Segmento entre Dos Puntos» trazamos las tres medianas del triángulo.

El punto donde se cortan las tres medianas es el baricentro.

Actividades

36. Al dibujar la circunferencia inscrita del triángulo, ¿cómo has calculado uno de los puntos de la circunferencia? Explícalo paso a paso.

5.2. Construcción de polígonos regulares inscritos

A partir de las herramientas que hemos visto a lo largo de estas tres unidades, vamos a construir polígonos regulares inscritos en una circunferencia.

HEXÁGONO REGULAR

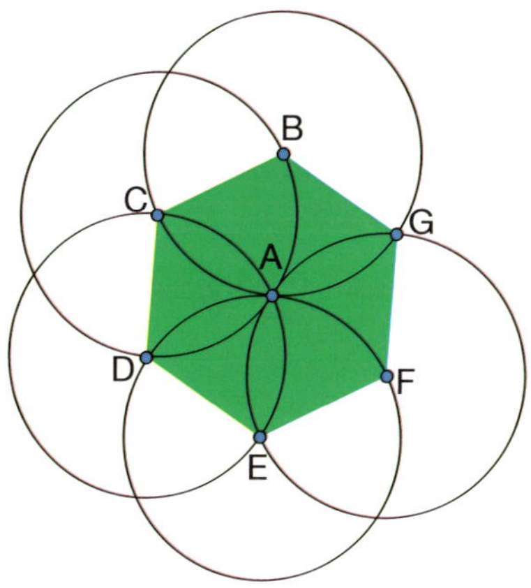

— Utiliza la herramienta «Compás» para obtener los vértices del hexágono regular.

— Une con la herramienta «Segmento entre Dos Puntos» los puntos obtenidos en el paso anterior.

TRIÁNGULO EQUILÁTERO

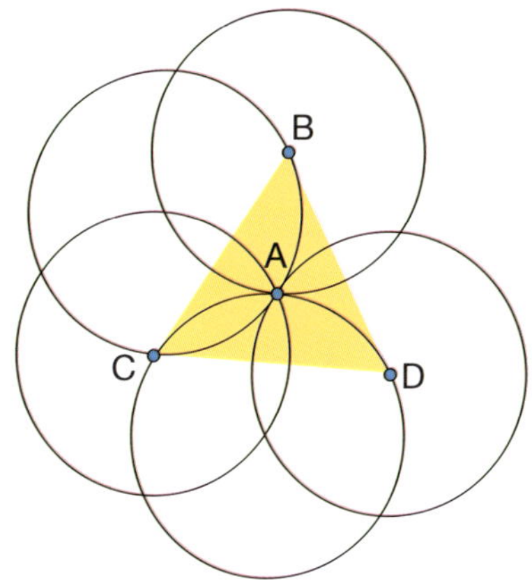

— Escoge tres vértices no consecutivos de los seis vértices del hexágono regular.

— Une con la herramienta «Segmento entre Dos Puntos» los puntos obtenidos en el paso anterior.

CUADRADO

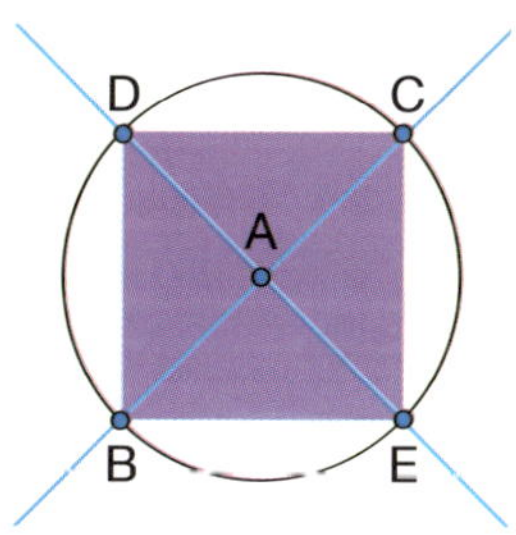

— Utiliza la herramienta «Recta entre Dos Puntos» para obtener un diámetro de la circunferencia.

— Con la herramienta «Recta Perpendicular» traza la recta perpendicular al anterior diámetro que pase por el centro de la circunferencia.

— Une con la herramienta «Segmento entre Dos Puntos» los puntos obtenidos en el paso anterior.

OCTÁGONO REGULAR

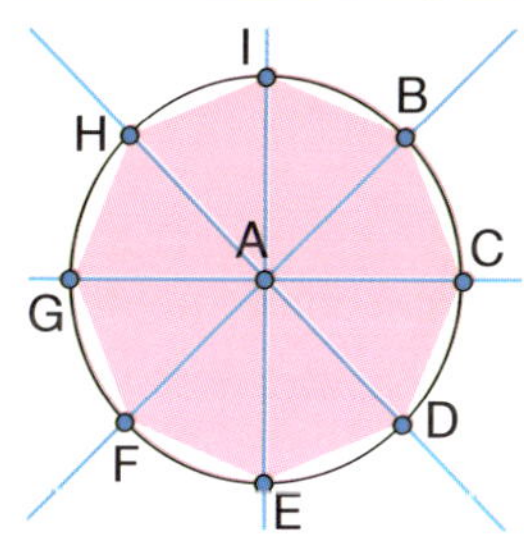

— Con la herramienta «Bisectriz», traza la bisectriz de los cuatro ángulos rectos que determinan el diámetro y la recta perpendicular que pasa por el centro de la circunferencia.

— Une con la herramienta «Segmento entre Dos Puntos» los puntos obtenidos en el paso anterior.

Actividades

37. @ Dibuja, con el programa interactivo de que dispongas, los siguientes polígonos inscritos:

a) Un hexágono regular de 4 cm de lado.

b) Un cuadrado cuyas diagonales midan 6 cm.

c) Un triángulo equilátero y un octágono regular inscritos en una circunferencia de 7 cm de radio.

38. @ Utiliza el programa informático de que dispongas y dibuja:

a) Un pentágono regular.

b) Un decágono regular.

— Ayúdate de los pasos explicados en el siguiente vídeo: **http://links.edebe.com/npzv73**.

ACTIVIDADES RESUELTAS

Modificación del problema

En ocasiones, podemos modificar el problema de manera que obtengamos otro equivalente, pero cuya resolución nos resulta más fácil.

Calcula el área coloreada de la siguiente figura.

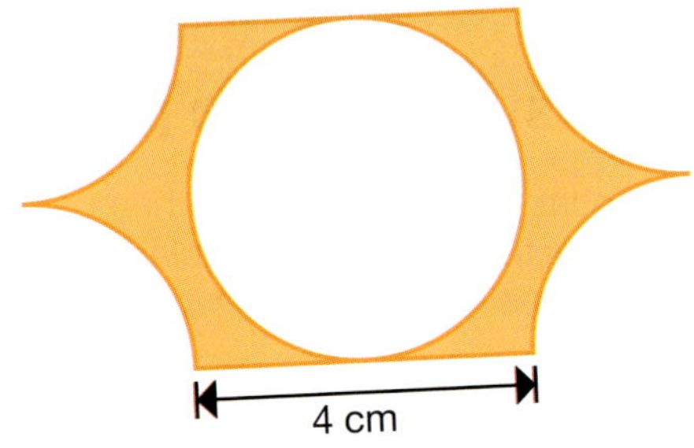

Comprender

— ¿Podrías expresar el enunciado con tus palabras?

— ¿Cuáles son los datos?

Observamos la figura y revisamos las fórmulas útiles para el cálculo de áreas en el problema:

$$A_{cuadrado} = l^2 \text{ y } A_{círculo} = \pi \cdot r^2$$

Planificar

— ¿Puedes utilizar alguna de las estrategias estudiadas?

Podemos descomponer la figura en diferentes figuras conocidas cuya área sí sepamos calcular.

— La figura central corresponde a un cuadrado circunscrito a un círculo de 2 cm de radio.

— Los extremos de la figura podemos dividirlos en cuatro cuadrados y redistribuirlos como en la figura **a**.

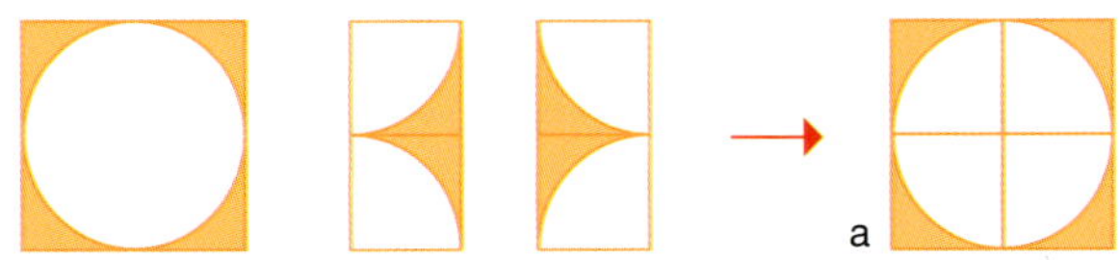

El problema se ha simplificado y ahora consiste en hallar el doble del área de la zona coloreada de la figura **a**.

Ejecutar el plan

El área de la zona coloreada de la figura **a** se obtiene fácilmente restando al área del cuadrado de lado 4 cm la del círculo de radio 2 cm, y el área de la figura inicial se calcula multiplicando por 2 el área de la figura **a**.

— Calculamos el área del cuadrado de lado 4 cm.

$A_{cuadrado} = 42 = 16\ cm^2$

— Calculamos el área del círculo de radio 2 cm.

$A_{círculo} = 3{,}14 \cdot 22 = 12{,}56\ cm^2$

— Hallamos la diferencia entre ambas áreas.

$A_{cuadrado} - A_{círculo} = 16 - 12{,}56 = 3{,}44\ cm^2$

— Calculamos el área de la figura inicial.

$A_{figura\ inicial} = 2 \cdot (A_{cuadrado} - A_{círculo}) = 2 \cdot 3{,}44 = 6{,}88\ cm^2$

Así, el área de la figura mide 6,88 cm^2.

Revisar

Revisamos todos los cálculos realizados.

Actividades

Utiliza la estrategia anterior para resolver el siguiente problema:

39. Calcula las áreas de estas figuras:

a)

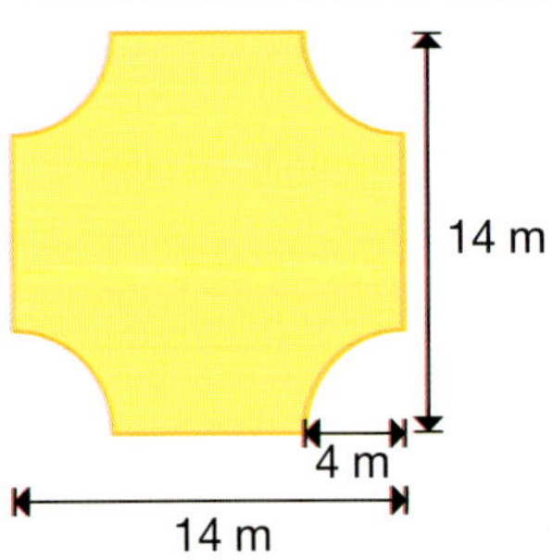

b)

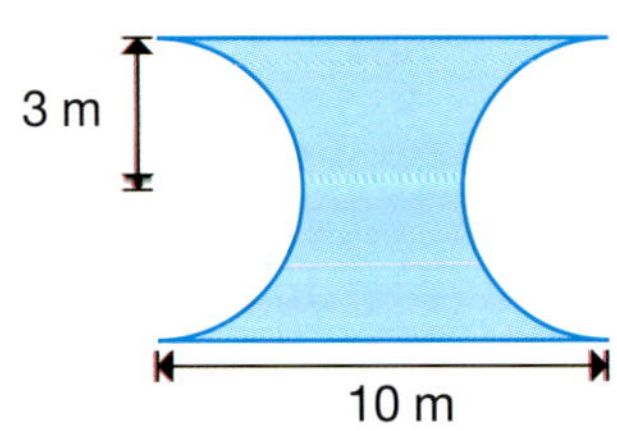

c)

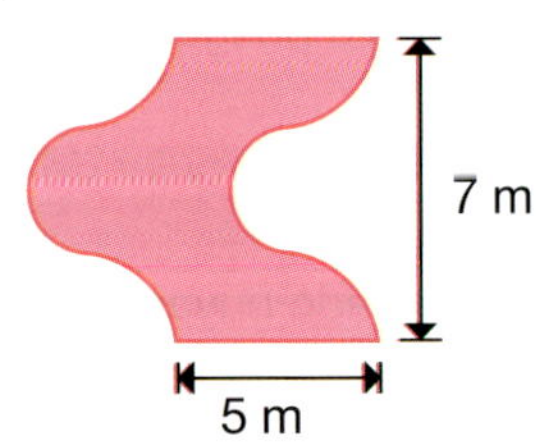

SÍNTESIS

CIRCUNFERENCIA — sus elementos son:
- Centro
- Radio
- Cuerda
- Diámetro
- Arco

Longitud de la circunferencia → $L = d \cdot \pi = 2 \cdot \pi \cdot r$

CÍRCULO — sus figuras circulares son:
- Semicírculo
- Segmento circular
- Sector circular
- Corona circular

Área del círculo → $A = \pi \cdot r^2$

Actividades finales

La circunferencia

40. ★☆☆ Define estos elementos de la circunferencia: centro, radio, cuerda y diámetro.

41. ★☆☆ Dibuja una circunferencia de 4 cm de radio y traza estos elementos: un radio, un diámetro, una cuerda y un arco.

42. ★☆☆ Indica las posiciones relativas respecto de la circunferencia de las rectas y los puntos señalados en la siguiente figura:

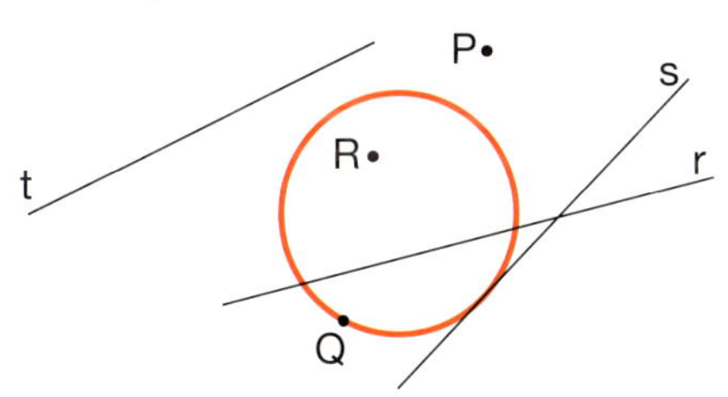

43. ★☆☆ Dibuja una circunferencia de 5 cm de radio. Señala un punto perteneciente a ella y traza la recta tangente a la circunferencia en ese punto.

44. ★☆☆ Define circunferencias concéntricas.

45. ★☆☆ Clasifica los ángulos del polígono de la figura en inscritos, exteriores e interiores respecto a la circunferencia dibujada.

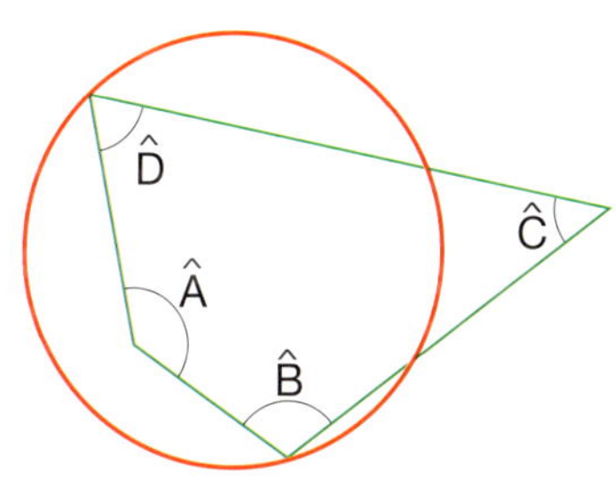

Actividades finales

46. ★★☆ Dibuja dos circunferencias tangentes exteriores de radios 4 cm y 5 cm, e indica cuál es la distancia que separa sus centros.

47. ★★☆ A un ángulo inscrito le corresponde un ángulo central de 36°. Calcula el valor de dicho ángulo.

48. ★★☆ Al trazar un ángulo interior a una circunferencia, sus lados determinan dos ángulos centrales de 50° y 150°. Calcula el valor de dicho ángulo interior.

49. ★★★ En la siguiente página encontrarás un *applet* con el que trabajar las posiciones relativas de dos circunferencias:

@

http://links.edebe.com/h6k

Construye dos circunferencias cuyos radios midan 2 cm y 3 cm e indica la distancia entre los centros de las circunferencias para que sean:

a) Concéntricas

b) Secantes

c) Interiores no concéntricas

d) Tangentes exteriores

e) Tangentes interiores

— Dibújalas, agrupa los resultados en una tabla y lleva a cabo una presentación en clase exponiendo los resultados al resto de tus compañeros y compañeras.

50. ★★★ Halla la medida del ángulo $\widehat{E}$ que se muestra en la siguiente figura:

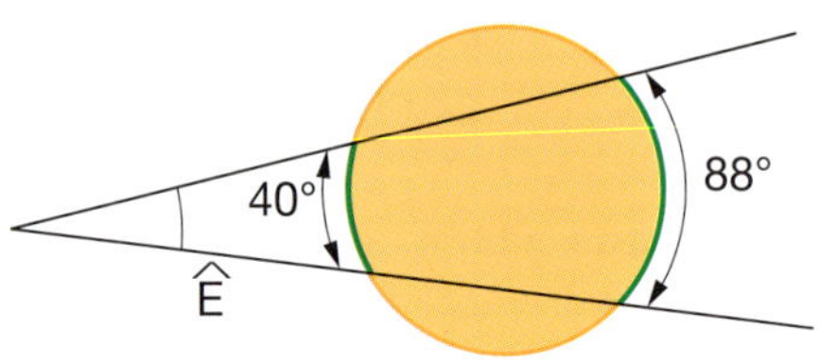

Los polígonos y la circunferencia

51. ★☆☆ Dibuja un hexágono regular inscrito en una circunferencia cuyo radio mide 6 cm.

52. ★★☆ Obtén la medida del ángulo representado en cada una de las siguientes figuras:

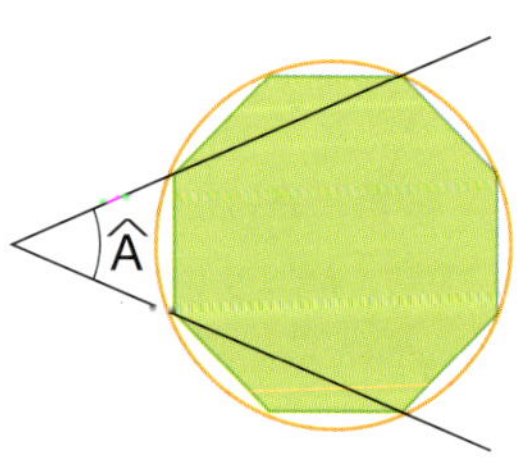

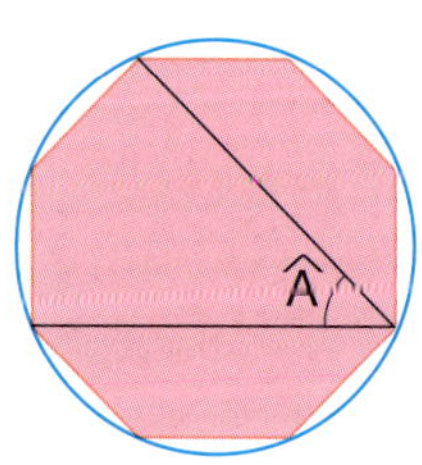

53. ★★★ En una circunferencia de radio 3,5 cm tenemos inscrito un rectángulo *ABCD*. ¿Cuál es el perímetro del cuadrilátero *IJKL* inscrito en el rectángulo *ABCD*?

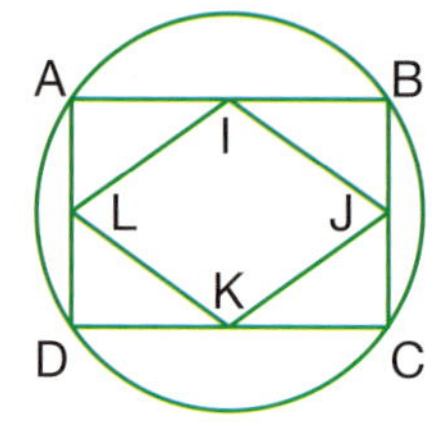

Longitud de una circunferencia

54. ★☆☆ Calcula la longitud de una circunferencia de 38 cm de radio.

55. ★☆☆ Calcula el diámetro y el radio de una circunferencia de 18,84 cm de longitud.

56. ★☆☆ Determina la longitud de una circunferencia de 12 cm de diámetro y calcula la longitud del arco abarcado por un ángulo central de 60°.

57. ★☆☆ En una circunferencia, un ángulo central de 25° abarca un arco que mide 2,64 cm. Calcula el radio de dicha circunferencia.

58. ★★☆ Di qué espacio recorre una rueda de 35 cm de radio al dar una vuelta.

59. ★★☆ El radio de las ruedas de una bicicleta mide 36 cm. ¿Cuántas vueltas dará cada rueda si el ciclista recorre 3 528 m?

60. ★★☆ El radio de la Tierra mide 6 371 km. ¿Cuál es la longitud del ecuador terrestre?

61. ★★☆ Calcula el perímetro de esta figura:

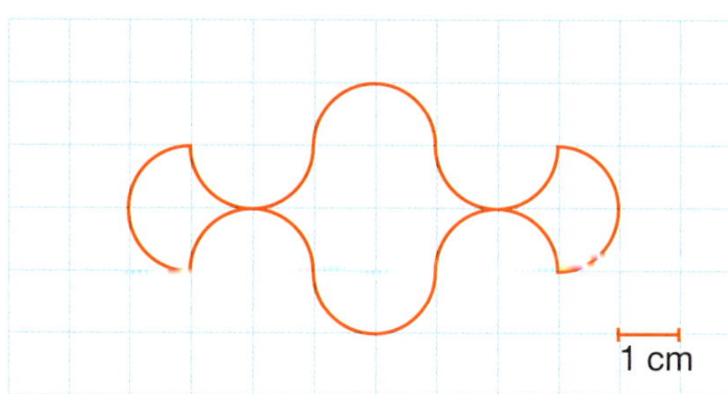

62. ★★☆ Observa, paso a paso, el trazado de una espiral y, a continuación, halla su longitud.

63. ★★★ Halla la longitud de la circunferencia inscrita en un cuadrado cuya área mide 9 m^2.

64. ★★★ ¿Qué longitud recorre el extremo de la manecilla grande de un reloj que mide 25 cm, desde que el reloj marca las 11:05 h hasta que marca las 12:25 h de ese mismo día?

65. ★★★ La aguja horaria de un reloj mide 3 cm y la aguja minutera, 4 cm.

a) ¿Qué longitud de arco de circunferencia describe la aguja horaria en 1 hora?

b) ¿Qué longitud de arco describe la aguja minutera en 20 minutos?

66. ★★★ Observa la siguiente figura:

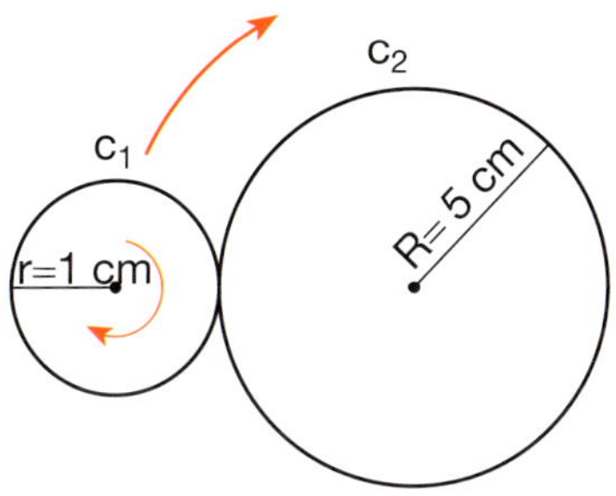

Si hacemos rodar C_1 alrededor de C_2 una vuelta completa y sin resbalar, ¿cuántas vueltas gira C_1 sobre sí misma?

El círculo

67. ★☆☆ Calcula el área de un círculo cuyo radio mide 25 cm.

68. ★☆☆ Determina el área de la superficie que encierra una circunferencia de 138 dam de longitud.

69. ★☆☆ Calcula el área de un semicírculo de 7 cm de radio.

70. ★★☆ Calcula las áreas de las zonas sombreadas de las figuras a) y b).

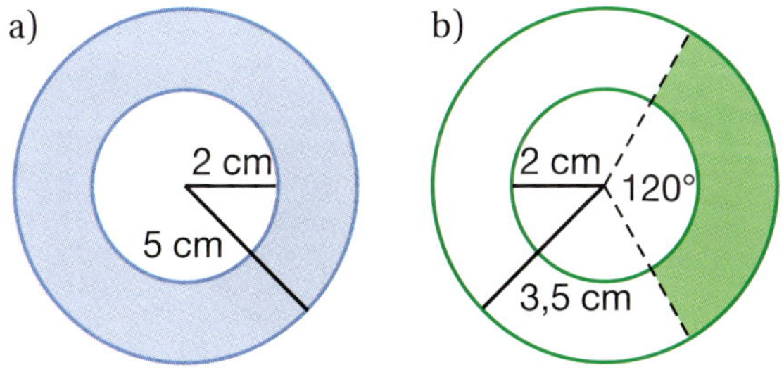

71. ★★☆ Formad grupos de 3, localizad cuatro objetos de vuestro entorno con forma circular y aplicad la **técnica cooperativa** *El rompecabezas*.

— Cada miembro del equipo se encargará de calcular respectivamente: la longitud de la circunferencia, el área del círculo y el volumen de cada objeto.

— A continuación, agrupaos los miembros de cada grupo encargados de la misma tarea y ponedla en común.

— Por último, cada miembro regresa a su grupo y explica a sus compañeros la actividad que ha preparado.

72. ★★☆ Elabora un **mapa mental** sobre las figuras planas.

73. ★★★ Si la longitud de una circunferencia mide 1 cm más que la longitud de otra que limita un círculo de 10 cm^2 de área, ¿cuál es el área del círculo limitado por la primera circunferencia?

Problemas

74. ★☆☆ Indica, sin efectuar ninguna medición, cuál es la medida del ángulo $\widehat{A}$.

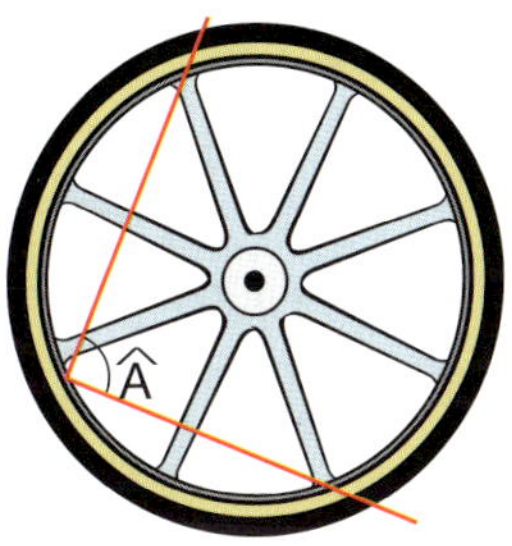

75. ★☆☆ La figura muestra un tipo de *tangram* con forma de huevo.

Calca el *tangram* en una hoja de papel, recorta las 9 piezas que lo forman y reproduce los diferentes diseños de pájaros que a continuación te proponemos:

Actividades finales

76. ★☆☆ ¿Cuántos vasos de 6 cm de diámetro podemos colocar en una bandeja cuyas dimensiones son 36 cm × 48 cm?

77. ★★☆ Queremos recubrir una hoja de papel de tamaño din A4, cuyas medidas son 21 cm × 29,7 cm, con monedas de 1 €. Una moneda de 1 € tiene un diámetro de 23,25 mm.

a) ¿Cuántas monedas se pueden colocar?

b) ¿Qué superficie recubren?

c) ¿Qué cantidad de superficie queda por recubrir?

— Efectúa este ejercicio de manera práctica y compara los resultados obtenidos con los cálculos realizados.

78. ★★☆ La figura siguiente representa la pista de atletismo y el campo de fútbol de un estadio:

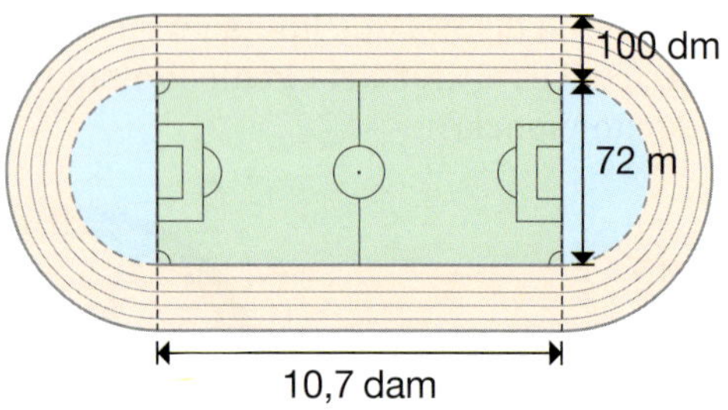

Calcula:

a) El perímetro exterior y el área de la pista.

b) El perímetro y el área del campo de fútbol.

c) Las áreas de las zonas semicirculares que están detrás de las porterías.

79. ★★☆ Tenemos una corona de flores circular. Calcula la superficie de flores si el radio de la circunferencia exterior es de 45 cm y el de la interior, de 30 cm.

— Si colocamos una cinta, perdemos 30º de circunferencia. ¿Qué superficie de flores se pierde?

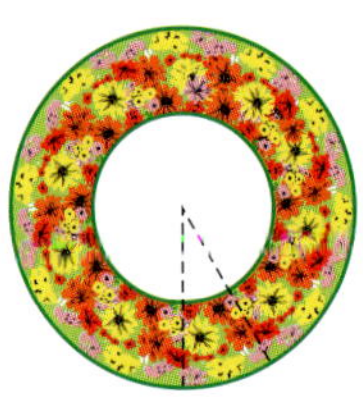

80. ★★★ Observa el siguiente molinete:

a) Calcula el área de las aspas del molinete.

b) Calcula el área de la zona de color amarillo.

c) ¿Cuál es el área que ocupa la zona de color naranja?

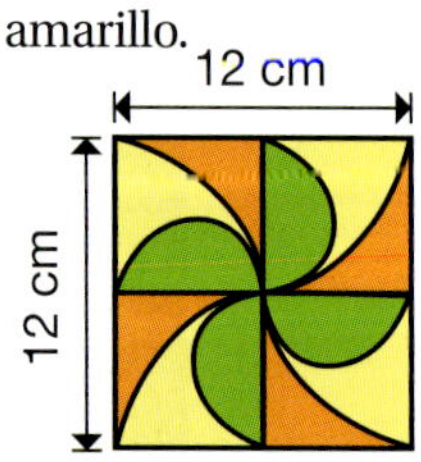

81. ★★★ Calcula las superficies de las siguientes piezas:

a) El lado corto mide 6 cm, el largo, 9 cm y el radio del arco de circunferencia representa un tercio del lado largo.

b) El lado recto mide 16 cm.

c) Los radios de todas las circunferencias miden 3 cm.

d) Los radios de las circunferencias miden 4 cm.

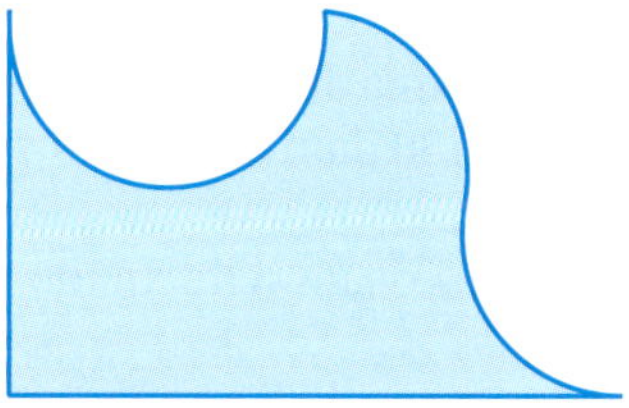

e) El lado largo mide 12 cm y los radios de los arcos de circunferencia miden 3 cm.

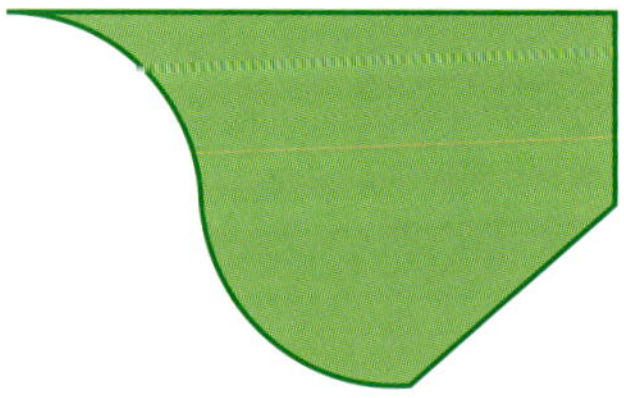

82. ★★★ Calcula las áreas de las siguientes figuras modificando, en cada caso, el problema de manera adecuada:

a)

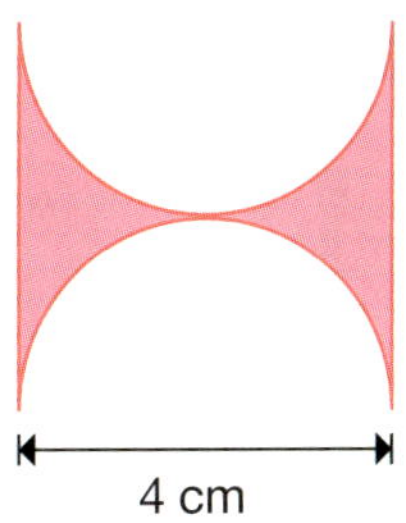

b)

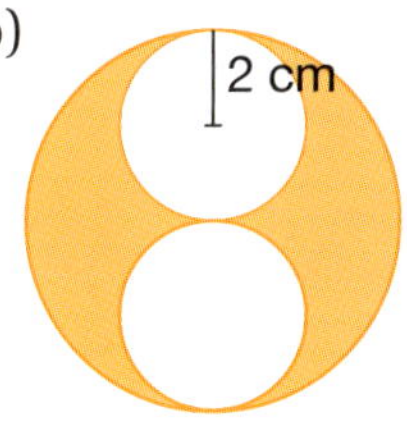

83. ★★★ En la siguiente figura se muestra un esbozo de una de las piezas de un mecanismo:

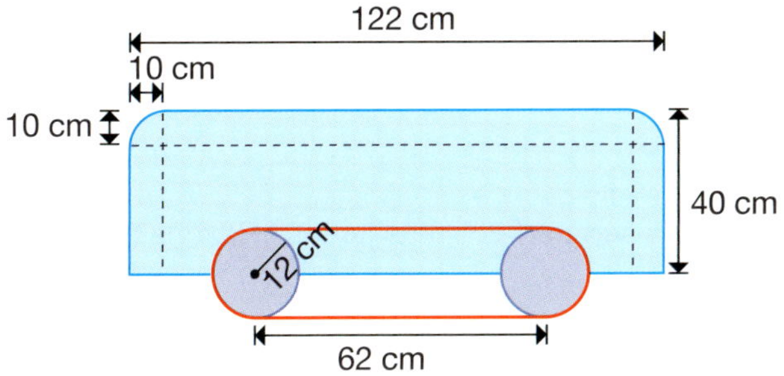

Calcula:

a) La longitud de la correa que une ambos círculos.

b) El área de la pieza.

84. ★★★ Hemos realizado una sección de una antena de forma esférica y hemos obtenido este dibujo:

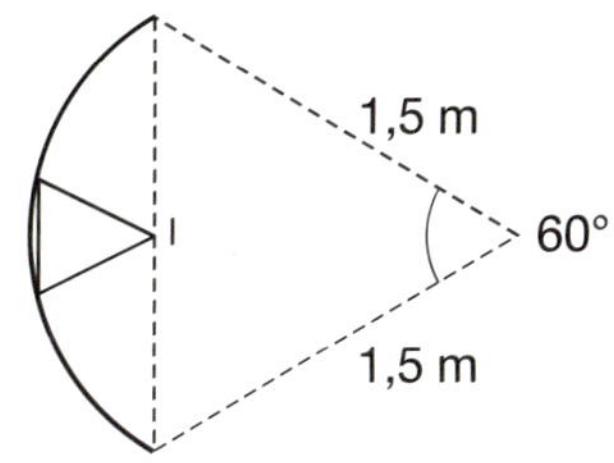

Calcula la longitud del arco de circunferencia de la antena.

— ¿Podemos determinar la longitud *l* del receptor de la antena con los datos de la figura?

85. ★★★ Si el radio de las siguientes circunferencias es cada uno la mitad del otro y el radio de la mayor mide 10 m, ¿cuántas vueltas habrá dado la más pequeña cuando la mediana haya completado una vuelta alrededor de la mayor si giran, sin resbalar, a la misma velocidad?

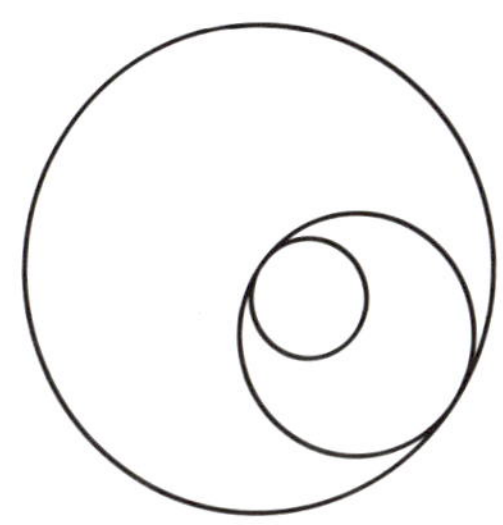

Cre@ctividad: Circunferencias y círculos en la vida cotidiana

Con el programa Scratch se pueden programar actividades interactivas a partir de cambios de imágenes sobre el mismo escenario.

Las imágenes pueden ser insertadas a partir del botón Importar o modificadas a partir del botón Pintar (ambas opciones incluidas en la pestaña **Disfraces**).

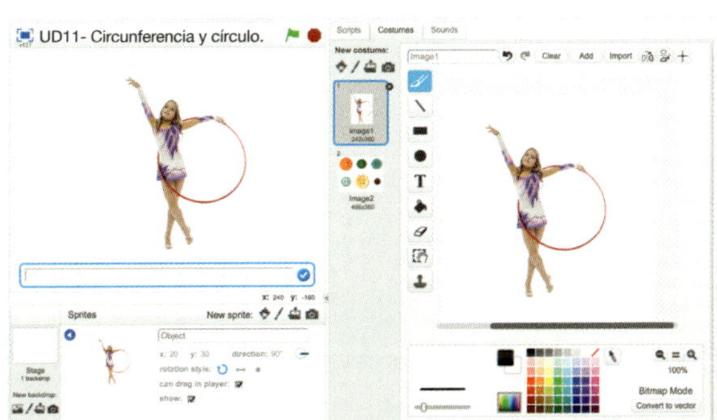

Podemos saltar de una imagen a otra arrastrando al área de programa el comando «cambiar el disfraz» de la categoría **Apariencia**.

A partir de secuencias condicionales, de la categoría **Control**, podemos incluir una pregunta relacionada con la imagen actual y, según la respuesta, mostrar al receptor un mensaje u otro. Los comandos «pregunta» y «respuesta» están incluidos en la categoría **Sensores**.

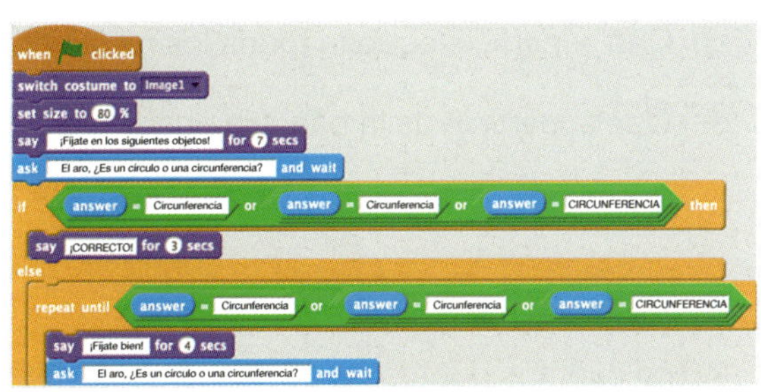

Atrévete

— Crea un test sobre los contenidos de la unidad *Circunferencia y círculo* que incluya preguntas relacionadas con dibujos o imágenes seleccionadas por vosotros.

Pon a prueba tus competencias

1. Hemos buscado información en Internet sobre algunas de las norias más altas del mundo:

	Altura	N.º de cabinas	Radio	Perímetro
Moscú	220 m	48		
Pekín	208 m	48		
Singapur	165 m	28		

a) Copia en tu cuaderno la siguiente tabla y complétala suponiendo que la altura de cada noria coincide con su diámetro.

b) ¿Qué ángulo central le corresponde a cada cabina en cada una de las norias?

c) Calcula el arco de circunferencia de cada una de las cabinas.

d) Si las norias tuvieran un diámetro mayor, ¿las cabinas estarían más separadas o más juntas? Razona tu respuesta.

2. Tu hermano y tú estáis preparándoles el desayuno a tus padres. Os gustaría utilizar dos bandejas con dimensiones 60 cm × 30 cm × 2 cm y no estáis seguros si os cabrán, en cada bandeja, estos alimentos:

— Un plato de 29 cm de diámetro con unas tostadas.

— Un plato de 18 cm de diámetro con jamón.

— Un bol de 10 cm de diámetro con macedonia de frutas.

— Un vaso de zumo de naranja de 7,2 cm de diámetro.

a) ¿Os cabrán todos los alimentos alineados en la bandeja? Justifica tu respuesta.

b) Colócalos de tal forma que quepan todos en la bandeja.

c) ¿Qué superficie ocupan todos los recipientes?

d) ¿Qué superficie de la bandeja queda sin ocupar?

3. Indica cuántos puntos en común tienen:

a) Una circunferencia y una recta tangente a ésta.

b) Un circunferencia y una recta exterior.

c) Dos circunferencias secantes.

d) Dos circunferencias concéntricas

4. En un jardín que tiene forma de semicírculo de 20 m de diámetro, se ha plantado césped. Si se necesitan 50 g de semillas por metro cuadrado, ¿cuántos kilogramos de semillas se han utilizado para plantar el césped?

5. El ecuador de la Tierra, circunferencia máxima cuyo plano es perpendicular al eje de rotación terrestre, tiene un radio de 6371 km. El eje polar o meridiano de Greenwich, circunferencia máxima cuyo plano coincide con el eje de rotación terrestre, tiene un radio de 6357 km.

a) ¿Qué distancia recorrerá un avión que se desplaza entre dos puntos a 9000 m de altura, paralelo al ecuador y de manera que abarca un arco de 30°?

b) Sabiendo que la tierra tarda en dar una vuelta 24 h, ¿qué diferencia horaria existe entre los dos puntos?

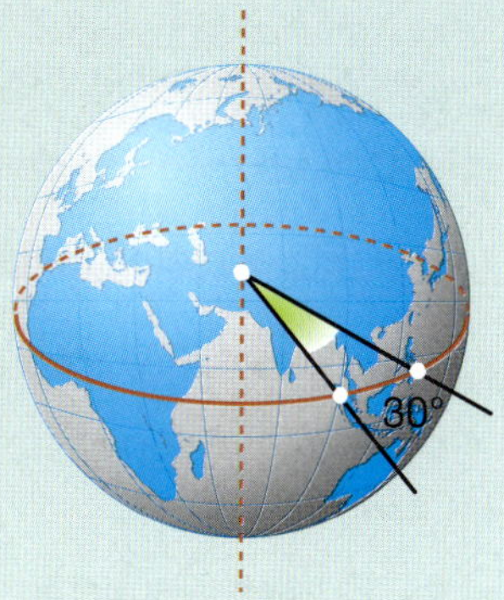

Visión 360°

Habitualmente utilizamos estas expresiones:

El 23 de septiembre de 2014 comenzó a **circular** un nuevo billete de 10 €.

Diversas poblaciones poseen una línea **circular** de metro o de autobús

La sangre **circula** por las arterias y las venas.

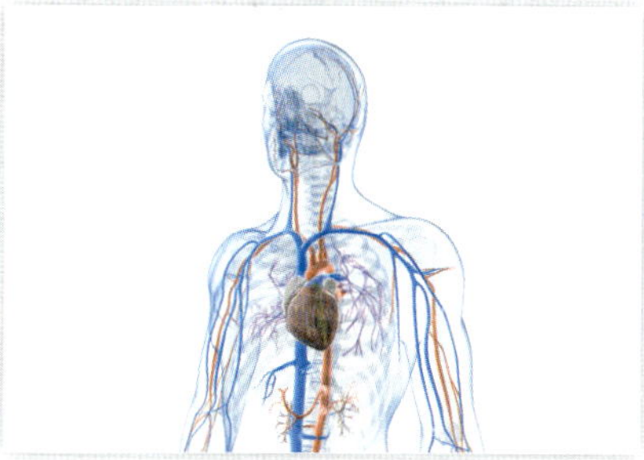

— ¿Qué significan?

— Cita otras frases de la vida cotidiana en las que incluyas este término u otros trabajados en la unidad.

Reflexiona

Diario de aprendizaje

— ¿Crees que el cuadro de Wassily Kandinsky tiene relación con los conceptos tratados en la unidad? ¿Con cuáles?

— Los contenidos tratados en la unidad, ¿te han servido para ampliar tus conocimientos sobre la geometría?

— ¿Qué errores has cometido en la resolución de las actividades y cómo los has resuelto durante tu aprendizaje?

Evaluación de competencias

1. Una pista de atletismo está compuesta por tres zonas.

La zona 1 comprende el césped y la arena. Se dedica a deportes como la jabalina y el lanzamiento de peso.

La zona 2 es la pista de atletismo.

La zona 3 forma la grada de los espectadores.

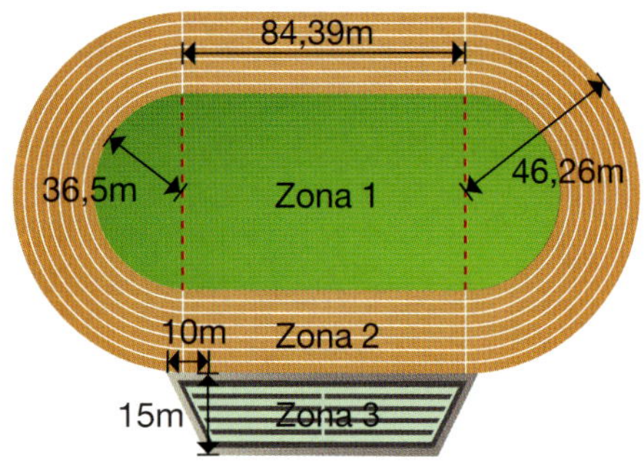

a) Con las medidas del plano, calcula:

— El perímeto interior de la pista.

— El área total de la pista de atletismo.

b) ¿Con qué superficie cuentan los deportes que se practican en la zona 1?

c) ¿Cuál es la superficie de las gradas?

2. Una familia ha comprado un terreno con las medidas indicadas en la figura.

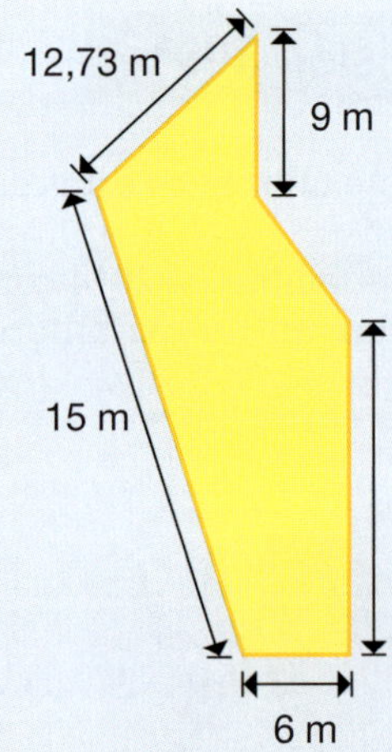

a) ¿Cuál es la superficie del terreno?

b) Se quiere plantar un árbol cada 10 m^2. ¿Cuántos árboles se podrán plantar?

c) ¿Cuál será el índice de árboles plantados en la superficie total del terreno (número de árboles por metro cuadrado)?

d) ¿Cuántos árboles habrá al cabo de un año si el 1 % ha muerto a causa de las dificultades de adaptación a las condiciones climatológicas?

3. Observa esta figura:

Une mediante cuerdas los seis puntos en los que queda dividida una de las circunferencias

a) ¿Qué polígono has obtenido?

b) Calcula el área del polígono indicado en el apartado anterior.

c) Calcula el área del círculo y la longitud de la circunferencia.

d) Calcula el área comprendida entre la circunferencia y el polígono.

Si inscribimos en la circunferencia un polígono de mayor número de lados:

e) ¿La diferencia con el área del círculo será mayor o menor?

f) ¿A qué elemento se va pareciendo cada vez más la apotema?

g) ¿Y a qué valor se va acercando el perímetro del polígono inscrito?

4. En la clase de Educación Plástica se han trazado las siguientes cenefas a tamaño real:

Calcula el área coloreada de cada una de ellas.

a)

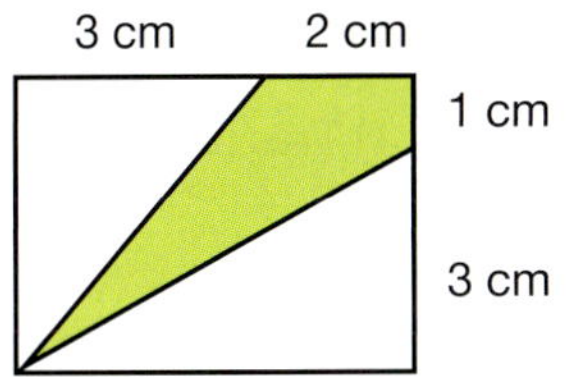

d)

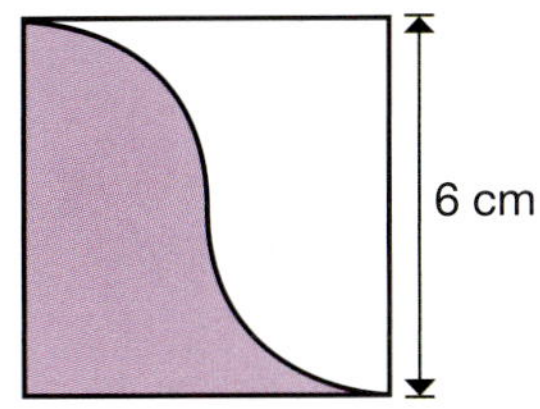

b)

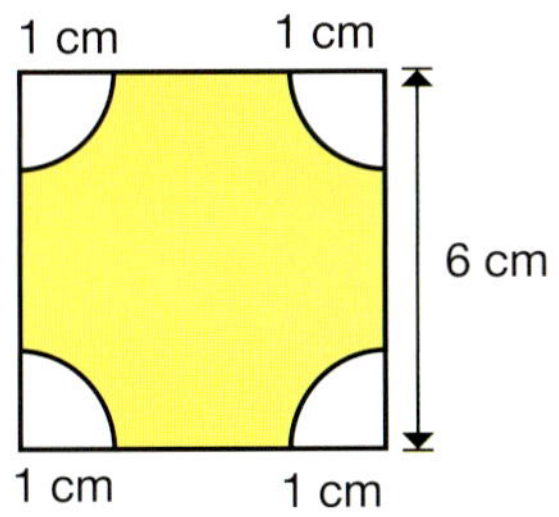

e)

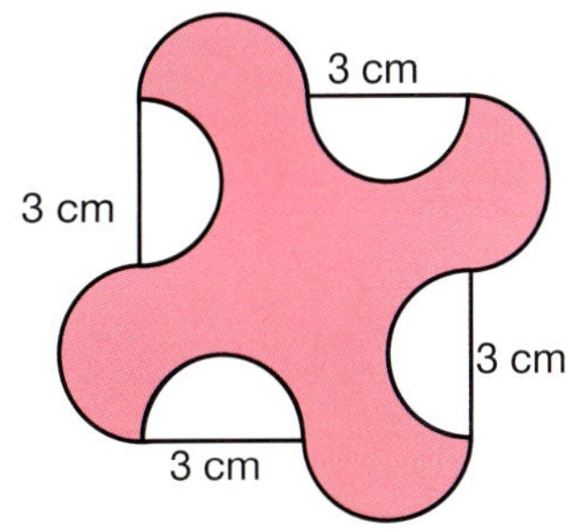

c)

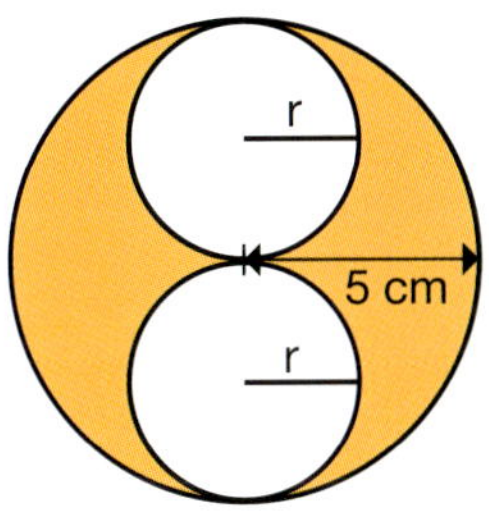

f)

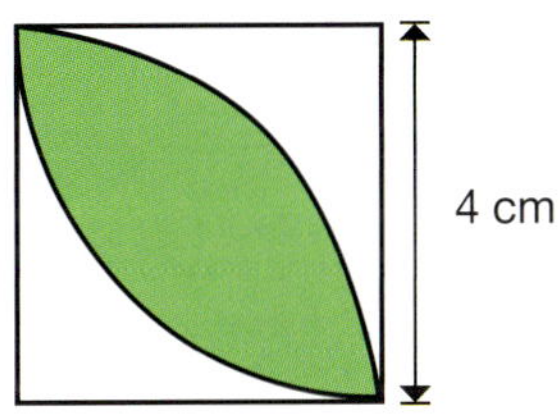

5. Un tractor tiene ruedas delanteras cuyo radio mide 0,25 m y traseras de 0,45 m de radio. Después de recorrer una cierta distancia, las ruedas delanteras han rodado 200 vueltas más que las ruedas traseras. ¿Cuál es la distancia en kilómetros recorrida por el tractor?

— ¿Cuántas vueltas han dado en total las ruedas delanteras?

6. Una fábrica construye dados de 10 cm de lado y los empaqueta en los siguientes modelos de caja:

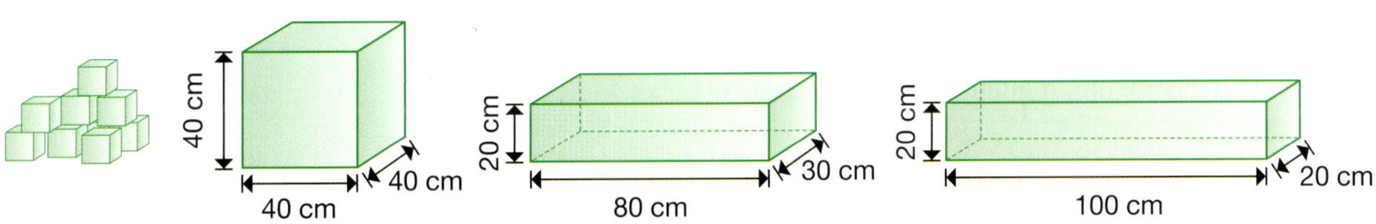

a) ¿Cuántos dados caben en una caja C, de forma cúbica de 40 cm de lado?

b) ¿Cuántos dados caben en una caja R, rectangular de 30 cm × 80 cm × 20 cm?

c) ¿Y en una caja B, rectangular de 20 cm × 20 cm de base y 1 m de altura?

d) Si queremos comprar 121 dados empaquetados en el mismo modelo de caja, ¿cuántas cajas de cada modelo deberíamos comprar? ¿Qué opción es la más razonable?

1. Si el radio de una rueda mide 25 cm y le añadimos 5 cm más, ¿cuánto aumenta la distancia que recorre en un giro?

— ¿Qué tanto por ciento representa ese aumento?

2. Observa los siguientes ángulos e indica:

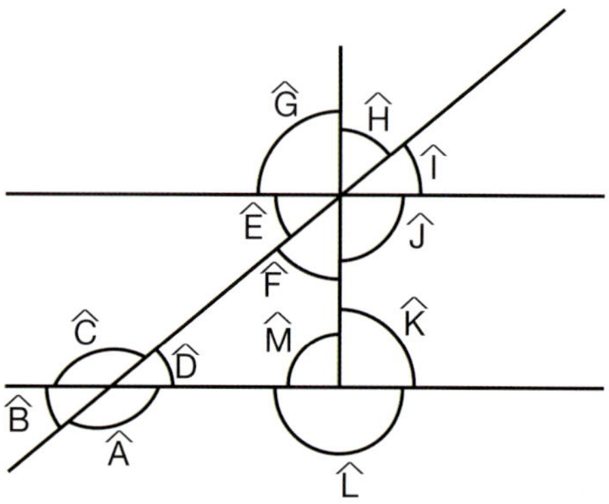

a) Tres ángulos agudos.

b) Dos ángulos obtusos.

c) Un ángulo recto.

d) Un ángulo llano.

e) Dos parejas de ángulos complementarios.

f) Dos parejas de ángulos suplementarios.

g) Dos ángulos iguales que el ángulo $\widehat{B}$.

3. ¿Qué ángulo central abarcan dos de las ocho varillas de un paraguas al abrirlo?

— Si la longitud de las varillas es de 45 cm, ¿cuánto mediría el lado del octágono regular inscrito en el paraguas?

4. Completa la siguiente frase: *Si dibujamos la bisectriz de un ángulo cóncavo, este queda dividido en dos ángulos...*

a) Rectos.

b) Agudos.

c) De entre 90° y 180°.

d) De más de 90°.

5. Indica a qué triángulo nos referimos si se cumple que tiene:

a) Dos lados iguales.

b) Un ángulo recto.

c) Los tres lados iguales.

d) Un ángulo obtuso.

e) Tres ángulos agudos.

f) Tres lados distintos.

6. ¿Qué diámetro tiene la masa de una pizza si para allanarla con un rodillo de 2 cm de radio es necesario girarlo cuatro veces? ¿Qué superficie de masa de pizza se ha estirado?

7. Estudia las diferencias y las similitudes de los siguientes pares de figuras según los siguientes criterios:

— La amplitud de sus ángulos.

— La longitud de sus lados.

— La perpendicularidad o la oblicuidad de sus diagonales.

a)

Cuadrado

b)

Rectángulo

c)

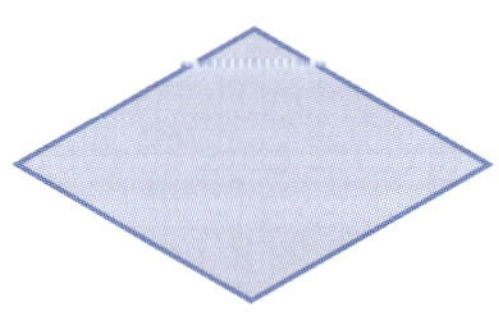

Rombo

d)

Romboide

8. Responde a las siguientes preguntas de forma razonada:

a) Un rectángulo tiene un lado de 4 cm y un perímetro de 12 cm. ¿Cuánto miden sus otros lados?

b) Los trapezoides, ¿cuántos lados opuestos son paralelos?

c) ¿Qué cuadrilátero tiene sus lados y sus ángulos iguales?

d) ¿Qué tipo de cuadriláteros tienen dos pares de lados opuestos paralelos?

9. Queremos enmarcar un cuadro cuyas dimensiones son 70 cm × 95 cm. Si el metro del marco vale 21 €, ¿cuánto nos costará?

10. Considera dos círculos cuyos radios miden 6 cm y 12 cm, y responde las siguientes cuestiones:

a) ¿Es cierto que el círculo de radio 12 cm tiene el doble de área que el de 6 cm? Razona tu respuesta.

b) ¿Cuál es el área de cada uno?

c) ¿Cuántos círculos pequeños se pueden pintar con la pintura que se necesita para el grande?

11. El pirata Barbaverde decide que es hora de sustituir la bandera de su barco. En la tienda le dan dos opciones:

a) Una rectangular de 3,17 m × 1,65 m cuyo metro cuadrado cuesta 34 €.

b) Una con forma de triángulo isósceles de lados iguales 5,1 m y base 3,7 m que cuesta 29 € el metro cuadrado.

— Si se decanta por la más económica, ¿cuál debe elegir?

12. Calcula el área y el perímetro de la siguiente figura irregular:

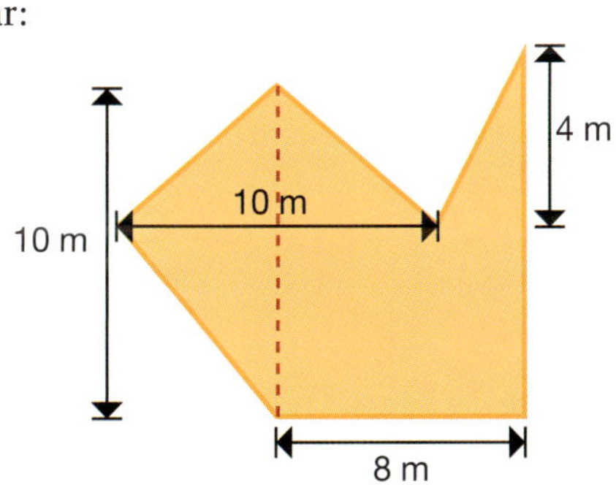

10 m

13. ¿Cuántas vueltas dará un taladro para atornillar un tornillo cuya cabeza tiene un radio de 2 cm que debe recorrer 1,5 metros lineales sabiendo que el tornillo avanza en cada vuelta completa la longitud de su cabeza?

14. Las dimensiones de un patio son 12 m × 3 m. Si lo queremos embaldosar con azulejos de 50 cm de lado, ¿cuántas azulejos de mármol necesitaremos si cada uno es un cuadrado de 50 cm de lado?

15. Representa una circunferencia de 5 cm de radio y, posteriormente, dibuja:

a) Una circunferencia tangente exterior de 3 cm de radio.

b) Una circunferencia interior de 1 cm de radio.

c) Una circunferencia concéntrica de 3 cm de radio.

16. Clasifica en ángulo central, inscrito, interior o exterior los siguientes ángulos representados:

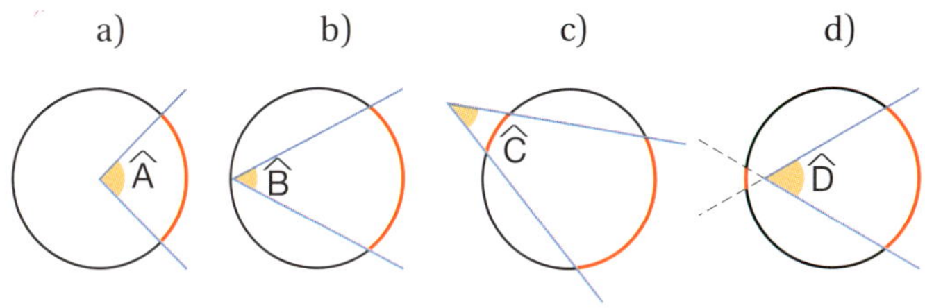

17. Los circuitos de ciclismo en pista tienen la siguiente forma:

a) ¿Qué distancia recorre un ciclista si tiene que dar cincuenta vueltas completas al circuito?

b) ¿Cuál es la superficie de la pista?

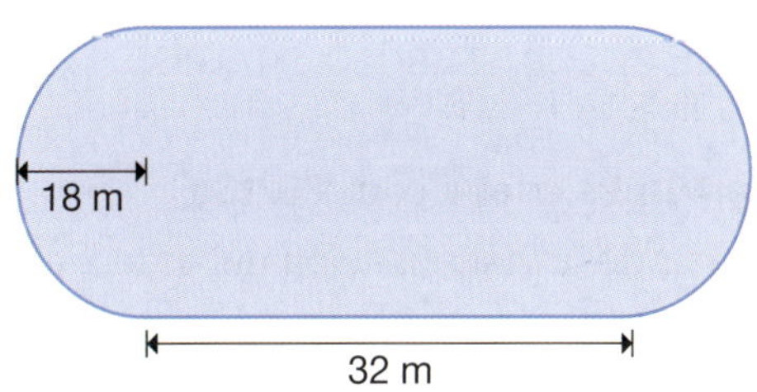

18. ¿Cuál es la superficie de la zona coloreada de amarillo?

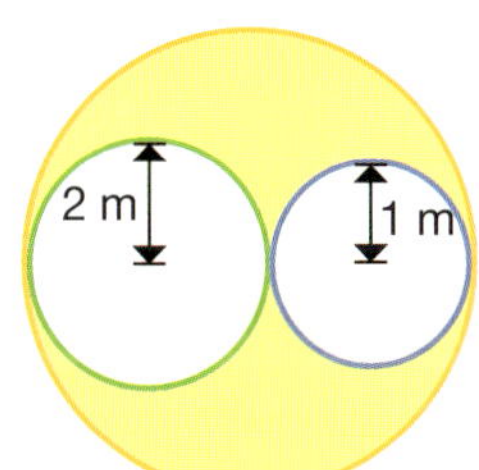

19. Un coche grúa está recogiendo una cadena de 20 m de largo sobre un cilindro. ¿Cuál es el radio del cilindro si necesita ocho vueltas para recoger toda la cadena?

12 Tablas y gráficos

ESTADÍSTICA Y PROBABILIDAD

Desde la Antigüedad, se estableció un sistema para situar puntos sobre la esfera terrestre que consideraba, a partir de un origen, dos medidas: la longitud (E / O) y la latitud (N / S).

Este sistema se conoce como sistema de coordenadas geográficas y resultó indispensable para la navegación.

Actualmente, los GPS utilizan sistemas de coordenadas geográficos para la geoposición.

CONTENIDOS

1. Coordenadas y gráficas cartesianas
2. Trabajo estadístico
3. Presentación de datos
4. Parámetros estadísticos

Cre@ctividad
La estadística y el GeoGebra

Rutina de pensamiento

CSI: COLOR, SÍMBOLO, IMAGEN

http://links.edebe.com/852t6q

A partir de la visualización del vídeo, elige:

— Un color.

— Un símbolo.

— Una imagen.

Deben reflejar la idea que consideres más relevante sobre lo que has visto.

N
W
E
S
-1
0
1
2
3
4
5
6
7

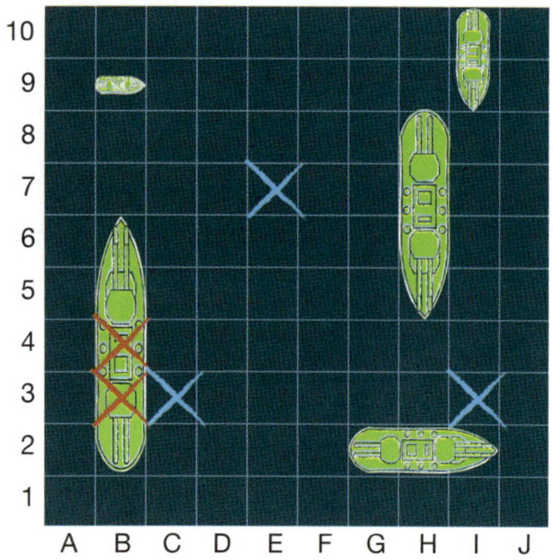

1. Coordenadas y gráficas cartesianas

1.1. Coordenadas cartesianas

En el juego de barcos *Hundir la flota*, cada jugador marca en un tablero unos barcos y el jugador contrario debe intentar localizarlos. Para indicar los puntos se utilizan una letra y un número.

En el tablero de la izquierda se muestran las localizaciones de los barcos de un jugador y los «disparos» del jugador contrario. Este, hasta el momento, ha «disparado» a los siguientes puntos:

(E, 7): *¡agua!*, (I, 3): *¡agua!*, (B, 3): *¡tocado!*, (C, 3): *¡agua!* y (B, 4): *¡tocado!*

Veamos otros posibles *disparos*:

- Los puntos (A, 3) y (B, 1) corresponden a *¡agua!*
- Para hundir el barco que ya está tocado, el jugador debería efectuar tres «disparos» a los puntos (B, 5), (B, 6) y (B, 2).
- Un solo disparo en el punto (B, 9) le permitiría hundir un barco.

En general, a partir de dos rectas perpendiculares, denominadas **ejes de coordenadas**, que se cortan en un punto u **origen de coordenadas (*O*)**, podemos conocer la posición de un punto en el plano mediante un par de números llamados **abscisa (*x*)** y **ordenada (*y*)**, distancias del punto a los ejes.

- El eje horizontal o **eje de abscisas** se gradúa de izquierda a derecha; a la izquierda del origen se sitúan los números negativos y a la derecha, los positivos. Se representa por ***X***.
- El eje vertical o **eje de ordenadas** se gradúa verticalmente; por debajo del origen se sitúan los números negativos y por encima, los positivos. Se representa por ***Y***.

Los dos ejes de coordenadas constituyen un **sistema de coordenadas cartesianas**.

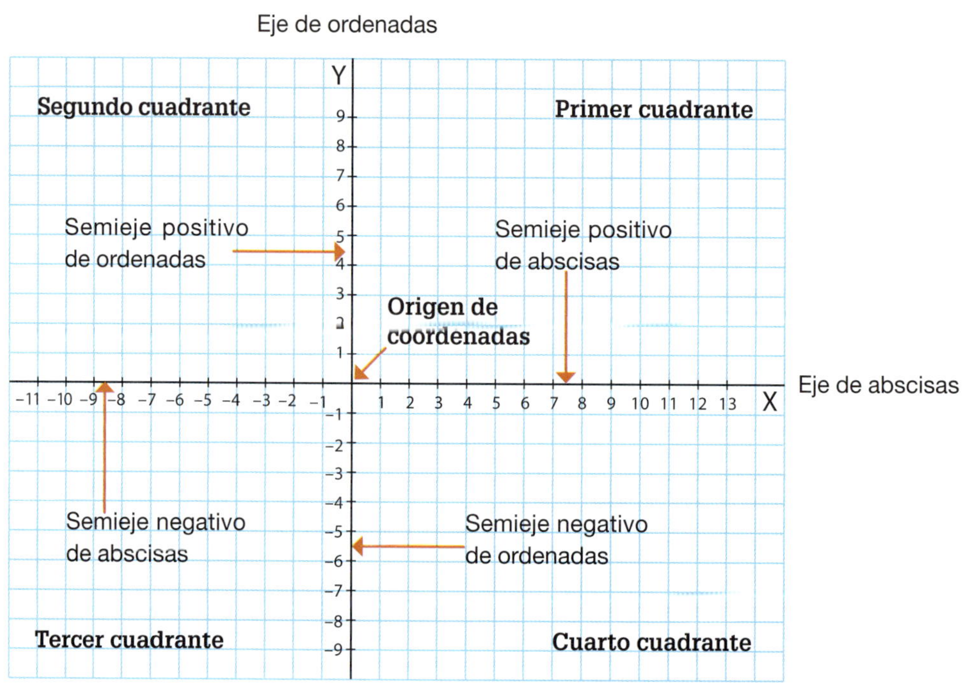

Observa que los ejes de coordenadas dividen el plano en cuatro regiones. Cada una de ellas se denomina **cuadrante**.

Cuadrantes y signos

Observa los signos de las coordenadas de un punto en función del cuadrante donde se encuentra situado.

Cuadrante / Coordenada	1.º	2.º	3.º	4.º
Abscisa	+	–	–	+
Ordenada	+	+	–	–

Determinación de las coordenadas de un punto del plano

Observa cómo se determinan las coordenadas de un punto *P* en un sistema de coordenadas cartesianas:

— Trazamos una recta vertical por el punto *P* que corta al eje de abscisas en el punto *x*.

— Trazamos una recta horizontal por el punto *P*, que corta al eje de ordenadas en el punto *y*.

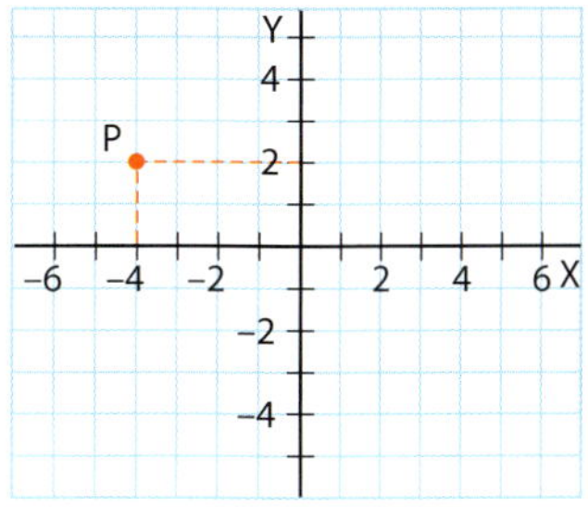

Decimos que *x* e *y* son las **coordenadas** del punto *P*: *x* es la abscisa e *y*, la ordenada.

Notación de un punto

Las coordenadas cartesianas (o simplemente coordenadas) de un punto *P* se denotan:

$$P(x, y)$$

donde *x* es la abscisa e *y*, la ordenada.

Representación de puntos en el plano a partir de sus coordenadas

Observa cómo, recíprocamente, se sitúa el punto de coordenadas (3, −2) en un sistema de coordenadas cartesianas:

— Localizamos el 3 en el eje de abscisas y trazamos una recta vertical por este punto del eje.

— Localizamos el −2 en el eje de ordenadas y trazamos una recta horizontal por este punto del eje.

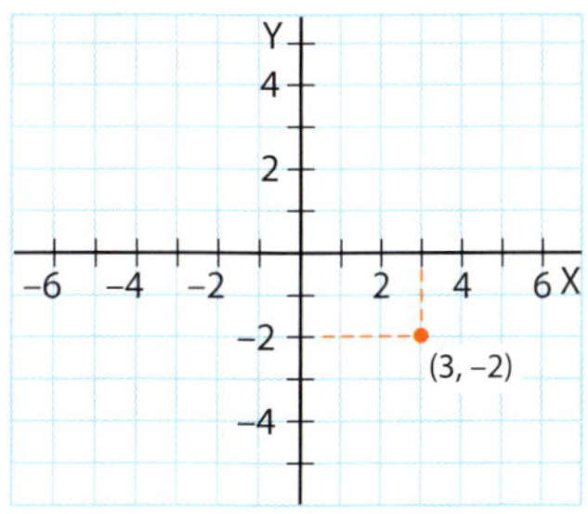

El punto donde se cortan ambas rectas es justamente la representación gráfica del par (3, −2).

Si accedes a la página **http://links.edebe.com/g3nvup**, encontrarás una aplicación interactiva que te permitirá representar puntos en el plano a partir de sus coordenadas.

— Representa los puntos que te indican los diferentes enunciados y compruébalos a través del *applet*.

Ejemplo 1

Determina las coordenadas de los puntos A *y* B *de este sistema de coordenadas cartesianas.*

COMPRENSIÓN:

Las rectas verticales trazadas desde los puntos *A* y *B* cortan al eje de abscisas en los puntos 5 y −4, respectivamente, y las rectas horizontales trazadas desde dichos puntos cortan al eje de ordenadas en los puntos 3 y 2.

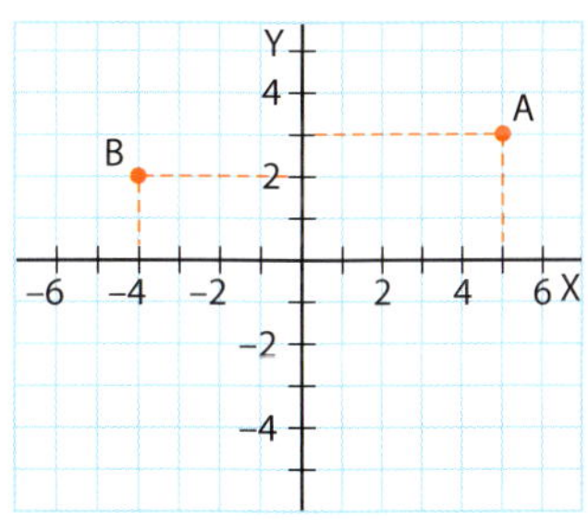

RESOLUCIÓN:

La abscisa de *A* es 5 y su ordenada, 3.

A (5, 3)

La abscisa de *B* es −4 y su ordenada, 2.

B (−4, 2)

Actividades

1. Representa en un sistema de coordenadas cartesianas estos puntos e indica en qué cuadrantes están situados:

A (−2, 5) - *B* (1, −3) - *C* (2, 4) - *D* (−2, −1)

E (0, 5) - *F* (−2, 0) - *G* (−2, 1) - *H* (4, −3)

2. Las coordenadas de tres de los vértices de un rectángulo son (−2, 2), (5, 2) y (5, −3). ¿Cuáles son las coordenadas del cuarto vértice?

3. Indica las coordenadas de los siguientes puntos:

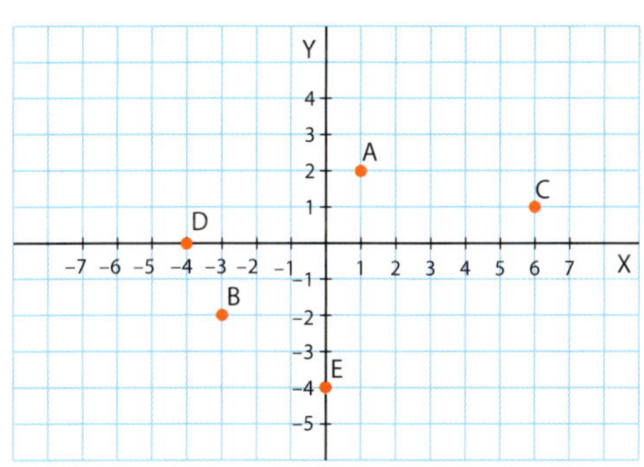

1.2. Gráficas cartesianas

En un sistema de coordenadas cartesianas podemos representar información relativa a muchas situaciones de la vida cotidiana. Para ello, utilizamos las gráficas cartesianas.

> Una **gráfica cartesiana** es un conjunto de puntos representados en un sistema de coordenadas cartesianas.

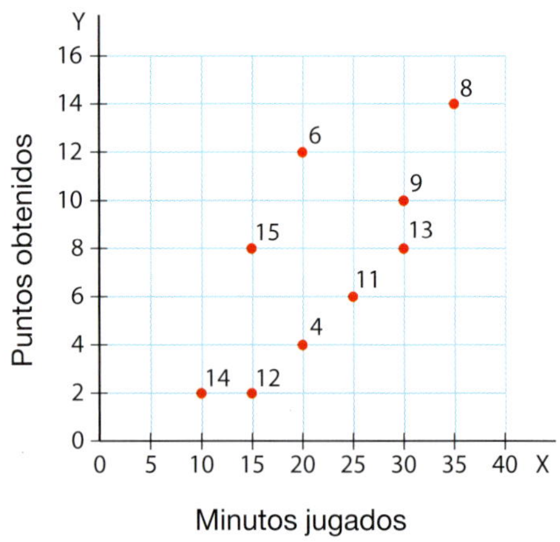

Figura 1.

Gráficas que se representan mediante puntos aislados

La gráfica de la izquierda ofrece información sobre un partido de baloncesto femenino.

Cada punto corresponde a la jugadora cuyo dorsal se indica. Las abscisas nos informan de los minutos jugados y las ordenadas de los puntos que obtuvo.

Cada división del eje de abscisas equivale a 5 minutos, y cada división del eje de ordenadas equivale a 2 puntos.

La observación de la gráfica permite obtener información tanto de una jugadora determinada como del equipo. Por ejemplo, vemos que la jugadora n.º 4 ha jugado durante 20 minutos y ha conseguido 4 puntos.

Gráficas que se representan mediante una línea

En muchas ocasiones, las gráficas están formadas por líneas de diversas formas que permiten ofrecer información sobre infinitos puntos.

En la unidad 6 hemos estudiado la relación de proporcionalidad directa entre dos cantidades, por ejemplo, el número de canciones de las últimas novedades y su precio.

Podemos representar los valores de la siguiente tabla en un sistema de coordenadas cartesianas:

- En el eje de abscisas situamos la cantidad de canciones y en el de ordenadas, sus precios.
- Si unimos entre sí los puntos correspondientes a cada par de valores, obtenemos una **recta** que pasa por el origen de coordenadas.

Canciones (n.º)	Precio (€)
1	0,99
2	1,98
3	2,97
4	3,96

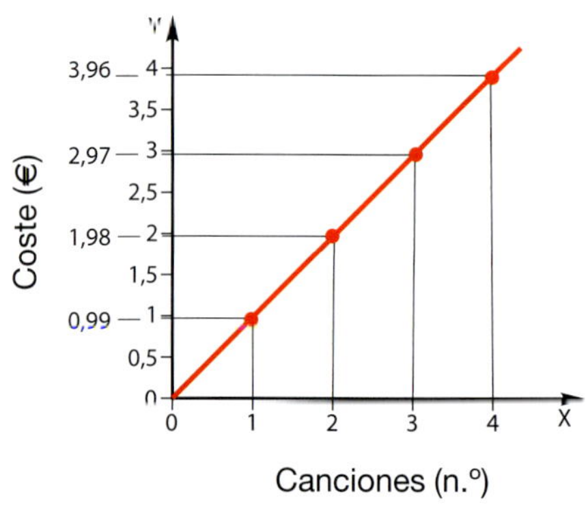

Al representar en un sistema de coordenadas los valores correspondientes a dos **cantidades** o **magnitudes directamente proporcionales**, obtenemos una **recta** que pasa por el **origen de coordenadas**.

En la misma unidad, hemos comprobado que la cantidad y el precio de las canciones de bandas sonoras no eran cantidades directamente proporcionales.

Si, ahora, seguimos el mismo procedimiento para representar pares de valores correspondientes a cantidades que no son directamente proporcionales, obtenemos una gráfica que no es una recta.

Canciones (n.º)	Coste (€)
10	9,10
20	17,90
30	23,70
40	28,80

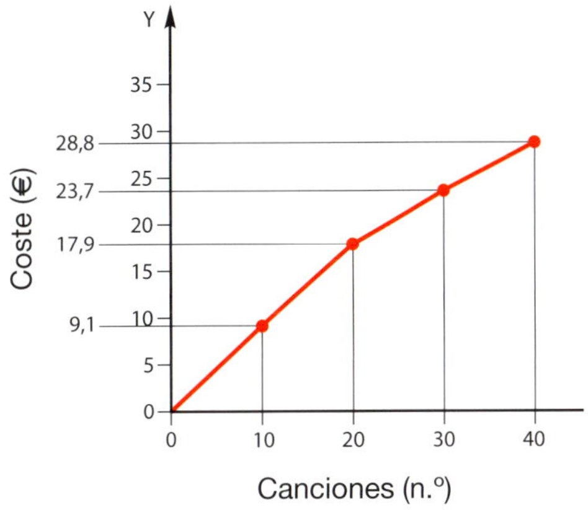

Si accedes a la página **http://links.edebe.com/97b2yr**, encontrarás una aplicación interactiva que te permitirá visualizar las distintas gráficas asociadas al movimento de una motocicleta.

— Estudia los movimientos en los que la aceleración es 0 y construye las tablas e - t, v - t y a - t.

En otros casos, las gráficas están formadas por líneas curvas.

La gráfica del margen muestra la temperatura registrada por un termógrafo, de forma continua, durante un día, en una estación meteorológica.

En el eje de abscisas se han representado las horas del día y cada división corresponde a una hora.

En el eje de ordenadas se han representado las temperaturas y cada división corresponde a 1 grado Celsius.

Al observar la gráfica, podemos conocer la temperatura que hizo a las horas en punto, y también a qué hora se registró una temperatura determinada.

Las gráficas nos proporcionan una visión global de una asociación de valores y su análisis nos permite responder a determinadas cuestiones, así como establecer diversas conclusiones.

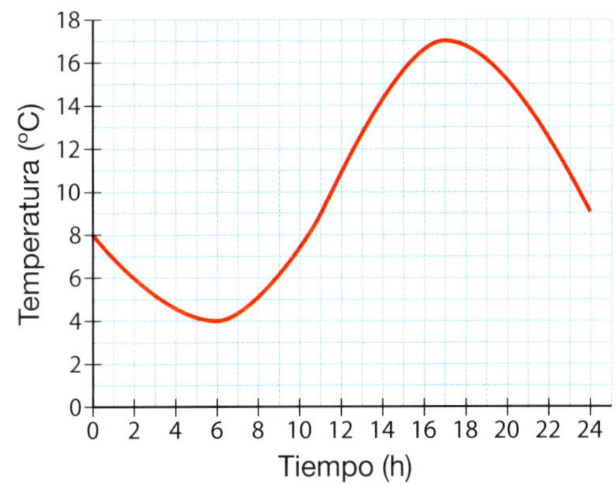

Figura 2.

Actividades

4. A partir de la gráfica de la figura 1, contesta:

a) ¿Cuántas jugadoras participaron en el partido?

b) ¿Qué jugadora obtuvo mayor puntuación?

c) ¿Cuántos puntos obtuvo el equipo?

d) ¿Qué jugadora estuvo menos tiempo en la pista?

5. A partir de la gráfica de la figura 2, contesta:

a) ¿Qué temperatura se registró a las 11 de la mañana? ¿Y a las 6 de la tarde?

b) ¿A qué hora del día se registró la temperatura máxima?

c) ¿Cuál fue la temperatura más baja que se registró?

d) ¿Durante qué horas la temperatura fue en aumento?

6. Esta gráfica representa la variación de la velocidad de un automóvil en función del tiempo para un trayecto entre dos semáforos, en una ciudad.

a) ¿Qué velocidad máxima alcanza el automóvil?

b) ¿Cuál es su velocidad a los 35 s? ¿En qué instante la velocidad es 30 km/h?

c) ¿Durante qué intervalos de tiempo la velocidad aumenta? ¿Durante qué intervalos disminuye? ¿Frenó en algún momento durante el recorrido?

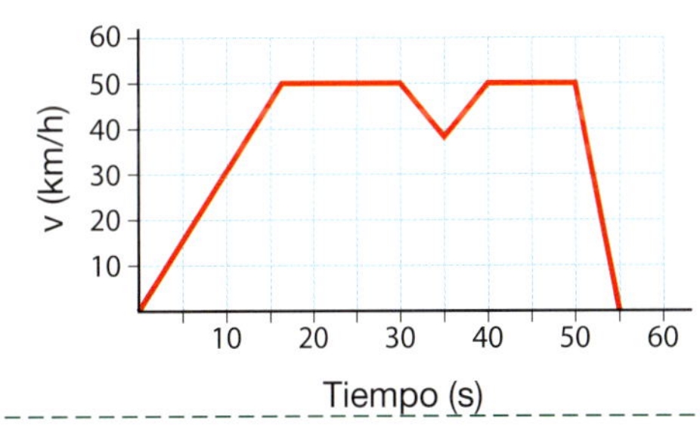

2. Trabajo estadístico

En ocasiones, las noticias que aparecen en los medios de comunicación se muestran a partir de tablas y gráficos procedentes de estudios estadísticos.

La **estadística** es la parte de las matemáticas dedicada al estudio y el análisis de ciertas características o variables de un conjunto de individuos.

2.1. Estudio estadístico

Para conocer algunas de las características o el comportamiento de un colectivo debemos llevar a cabo un estudio estadístico: recoger datos, organizarlos y analizarlos adecuadamente para extraer conclusiones.

En un estudio estadístico se tienen que definir los siguientes conceptos:

Población

Es el conjunto formado por todos los elementos de estudio.
Cada uno de los elementos de la población se denomina **individuo.**

Muestra

Es una parte representativa de la población sobre la que se lleva a cabo el estudio.

Variable estadística

Cualquier característica que pueda estudiarse en los individuos de una población.

Las variables estadísticas se clasifican en cuantitativas y cualitativas.

Cualitativas

Son aquellas que no toman valores numéricos.

Ejemplo: *color de pelo, deporte favorito...*

Cuantitativas

Son las características de la población que se dan en forma numérica.

Continuas	Discretas
Dados dos valores cualesquiera de la variable, siempre se puede obtener un valor que se encuentre entre estos dos. Ejemplo: *estatura, peso...*	No puede tomar valores intermedios entre dos consecutivos. Ejemplo: *número de hermanos, número de provincias de una comunidad autónoma...*

Actividades

7. Indica, en cada caso, si la variable estadística es cuantitativa discreta o continua. Justifica la respuesta.

a) Una variable estadística que únicamente puede tomar los valores 0, 1, 2, 3, 4, 5 y 6.

b) Una variable estadística que puede tomar todos los valores entre 47 y 150.

8. Imagina que tienes que efectuar un estudio estadístico sobre tus compañeros y compañeras de clase. Indica:

a) Tres variables cualitativas.

b) Dos variables cuantitativas continuas.

c) Dos variables cuantitativas discretas.

2.2. Tablas de distribución de frecuencias

Para interpretar los diferentes valores que puede tomar la variable estadística, se ordenan los datos utilizando tablas.

En una tabla estadística se suele mostrar la siguiente información relativa a la variable de estudio:

- **Frecuencia absoluta**: es el número de veces que se repite cada valor de la variable estadística.
- **Frecuencia relativa** de un valor de la variable estadística: es el resultado de dividir la frecuencia absoluta de este valor entre el número total de individuos de la población.

Ejemplo 2

Las notas de matemáticas de los 50 alumnos de las dos clases de 1.° de ESO de un centro escolar han sido:

8 6 5 4 6 6 8 5 7 5 3 5 6 9 6 6 4 7 10 5 4 8 2 6 7

3 9 5 6 7 4 6 5 6 2 7 7 6 7 4 5 4 3 9 8 7 3 4 9 8

— *Ordena los datos en una tabla estadística con las frecuencias absoluta y relativa de cada valor.*

COMPRENSIÓN:

Para contar se sigue la lista y se hacen marcas, que habitualmente se agrupan de cinco en cinco: o bien .

RESOLUCIÓN:

— Para calcular la frecuencia absoluta contamos el número de marcas de cada una de las notas.

— Para calcular la frecuencia relativa de cada nota, dividimos cada frecuencia absoluta entre los 50 alumnos de las dos clases de 1.° de ESO.

— Para calcular la frecuencia relativa como porcentaje, multiplicamos la frecuencia relativa de cada nota por 100.

Nota	2	3	4	5	6	7	8	9	10	Total
Recuento										
Frec. absoluta	2	4	7	8	11	8	5	4	1	50
Frec. relativa	0,04	0,08	0,14	0,16	0,22	0,16	0,10	0,08	0,02	1
Frec. relativa (%)	4 %	8%	14 %	16 %	22 %	16 %	10 %	8 %	2 %	100 %

COMPROBACIÓN:

Observa que:

— La suma de las frecuencias absolutas es igual al número de alumnos de las dos clases de 1°. de ESO o, lo que es lo mismo, al número de individuos de la muestra o, en este caso, de la población.

— La suma de las frecuencias relativas siempre es igual a 1.

Notación de la frecuencia relativa

Las frecuencias relativas se pueden expresar en forma de fracción, como un número decimal o como un porcentaje.

$$\frac{2}{50} \rightarrow 0{,}04 \rightarrow 4\,\%$$

Actividades

9. Estos datos recogen el número de veces que los alumnos de una clase de 1.° de ESO han visitado al dentista en los últimos tres meses:

1 1 6 0 2 6 1 6 1 6 7 6 1 2 1 2

2 3 1 7 1 6 8 1 2 1 1 6 2 1 0 6

— Construye una tabla estadística con las frecuencias absoluta y relativa de cada valor.

3. Presentación de datos

La información relativa a los datos de un estudio estadístico, organizada en una tabla, suele presentarse en gráficos estadísticos, pues de este modo se visualiza con mayor claridad.

Los dos tipos de gráficos más utilizados en la estadística descriptiva son los diagramas de barras y los diagramas de sectores.

3.1. Diagrama de barras

Estos gráficos se construyen trazando unos ejes de coordenadas:

- Sobre el eje de abscisas se representan los valores de la variable estadística y sobre el eje de ordenadas las correspondientes frecuencias.
- Para cada valor de la variable se traza una barra vertical cuyo altura coincide con su frecuencia.

Cada barra representa un valor de la variable estadística y su altura es proporcional a la frecuencia de dicho valor.

Observa el diagrama de barras correspondiente a la tabla de la página anterior que recogía las notas de Matemáticas de los alumnos de 1.° de ESO:

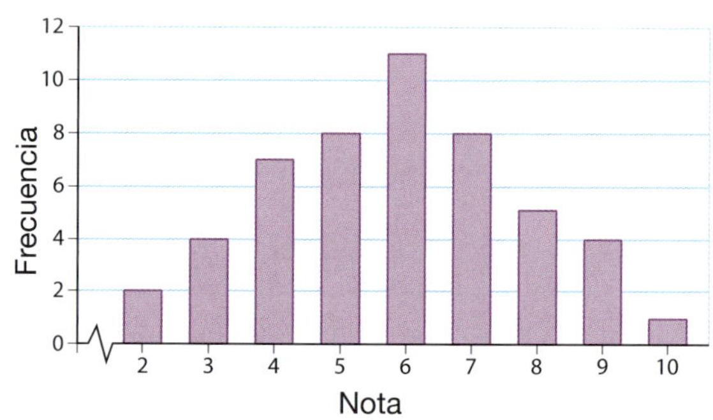

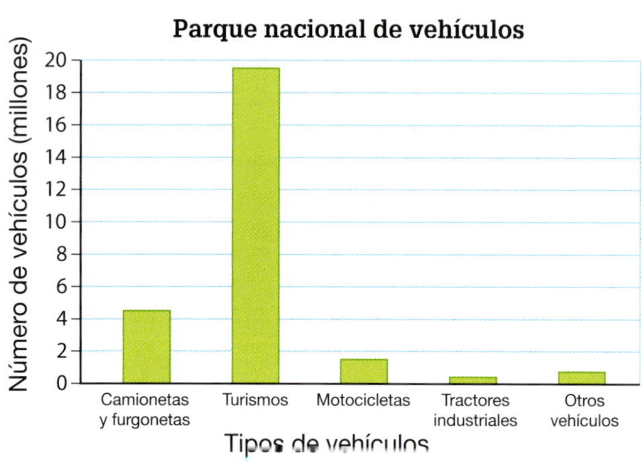

Este diagrama de barras de la izquierda muestra el parque nacional de vehículos en España en el año 2014.

A partir del análisis del gráfico, podemos establecer algunas conclusiones:

- El parque nacional de vehículos está formado fundamentalmente por turismos. Los camiones y las furgonetas ocupan el segundo lugar.
- Los tractores industriales constituyen una parte ínfima del parque nacional.

Actividades

10. Construye una tabla de valores (aproximados) que contenga los datos del parque nacional de vehículos en España en el año 2014. Indica las frecuencias relativas y los totales.

11. Los datos siguientes se refieren al número de hermanos (sin contarse uno mismo) que tienen los alumnos de las dos clases de 1.° de ESO de un centro escolar:

0 1 3 1 0 2 2 0 0 3 1 1 1 1 0 2 0 1 2 1 0 1 2 1 2

1 0 1 1 4 0 1 1 2 1 3 0 1 1 2 6 1 0 1 2 2 1 1 1 2

a) Construye una tabla estadística con la frecuencia absoluta y relativa de cada valor, tomando como valores «0», «1», «2» y «3 o más».

b) Elabora un diagrama de barras con los datos de la tabla.

3.2. Diagrama de barras con el ordenador

Observa en el siguiente ejemplo cómo podemos representar un diagrama de barras utilizando una hoja de cálculo.

Ejemplo 3

Elabora, a partir de los datos de la actividad 9 de la página 279, un diagrama de barras con la hoja de cálculo del OpenOffice.

Efectuamos el recuento de los datos y los organizamos en una tabla. En este caso, en la primera fila introduciremos los valores de la variable estadística: número de hermanos (0, 1, 2, 3, 4 y 6 hermanos) y en la segunda fila, la frecuencia absoluta de cada uno de los valores que toma la variable (número de alumnos de las dos clases de 1.° de ESO).

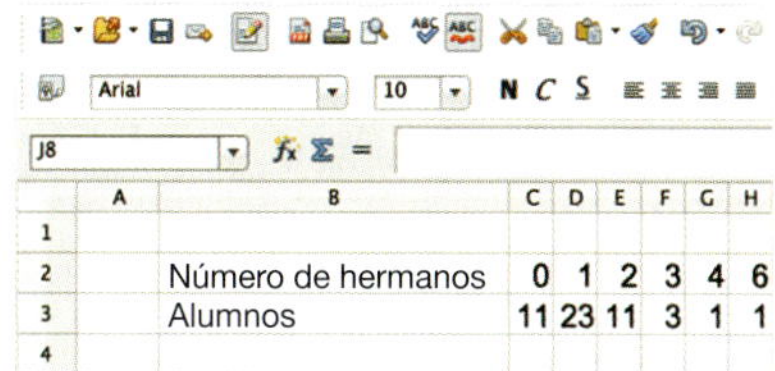

Seleccionamos las celdas que contienen los datos de la tabla. Una vez seleccionados, dibujaremos el gráfico clicando la opción *Insertar -> Gráfico*. A continuación, deberemos definir las características del gráfico que queremos representar.

Tipo de gráfico: señalaremos la opción *Columna* para que el diagrama representado sea un diagrama de barras.

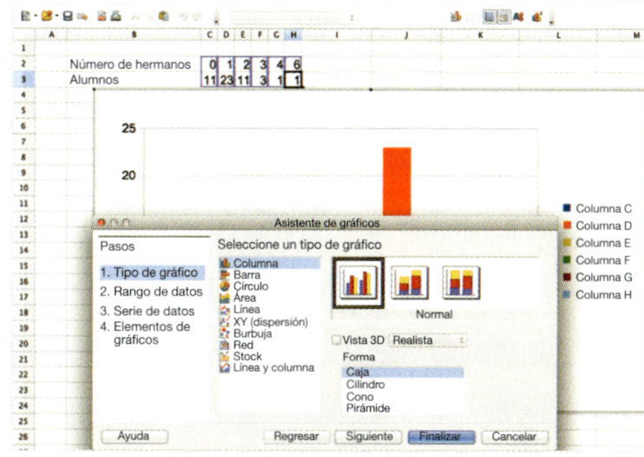

Rango de datos: seleccionaremos la opción *Serie de datos en filas (pues en la tabla, hemos organizado los datos en filas)* y la opción *Primera fila como etiqueta.*

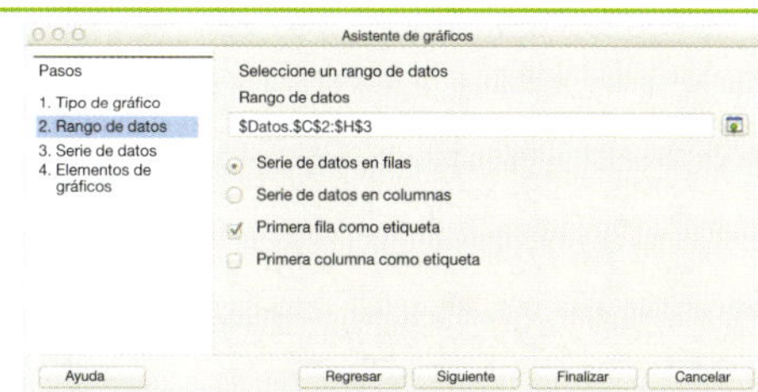

Elementos de gráficos: esta opción nos permitirá incluir un título en el gráfico, así como las leyendas correspondientes a cada uno de los ejes. También en este menú podemos elegir si mostrar o no las cuadrículas de los ejes horizontales y verticales.

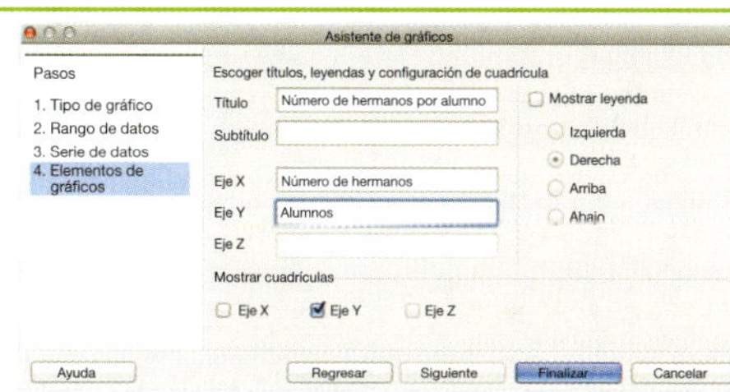

Una vez definidas las características, pulsaremos la opción *Finalizar* para obtener el diagrama de barras de los datos iniciales.

Actividades

12. Elabora un diagrama de barras con las notas obtenidas por los alumnos de una clase de 1.° de ESO en el último examen de Matemáticas:

Nota	3	4	5	6	7	8	9
Número de alumnos	1	2	2	5	9	5	2

13. En un estudio estadístico se ha preguntado a un grupo de 16 alumnos sobre su número de calzado. Estas han sido sus respuestas:

36 36 37 39 40 41 42 43
39 38 37 38 42 41 43 40

— Representa los datos en un diagrama de barras.

Diagramas en semicírculo

En la prensa también se emplean los diagramas en semicírculo, especialmente para visualizar información electoral, ya que un semicírculo imita la forma que suelen tener las salas del parlamento (hemiciclo).

Para determinar la amplitud de cada sector, se multiplica el valor de cada frecuencia relativa por 180° (en lugar de 360°).

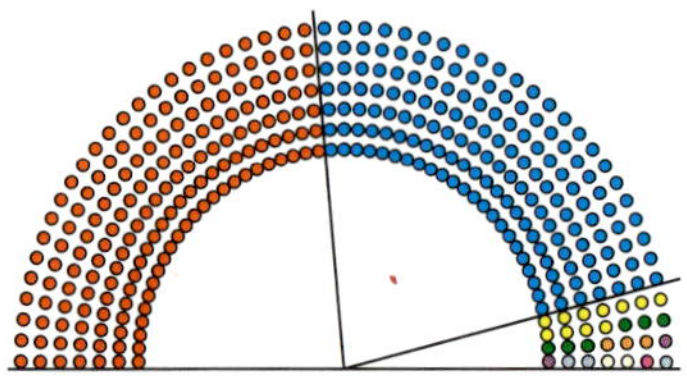

3.3. Diagrama de sectores

Los diagramas de áreas son gráficos basados en la idea de descomponer la superficie de la figura sobre la que se quiere construir el diagrama en áreas proporcionales a los valores de las variables estadísticas. Los más utilizados son los diagramas de sectores.

En los **diagramas de sectores** se descompone un círculo en sectores circulares de amplitud y, por tanto, con área proporcional a los valores de la variable.

Para construir un diagrama de sectores:

- Calculamos la amplitud de cada sector multiplicando por 360° las frecuencias relativas.
- Dibujamos un círculo y, utilizando un transportador de ángulos, lo dividimos en sectores de la amplitud calculada.

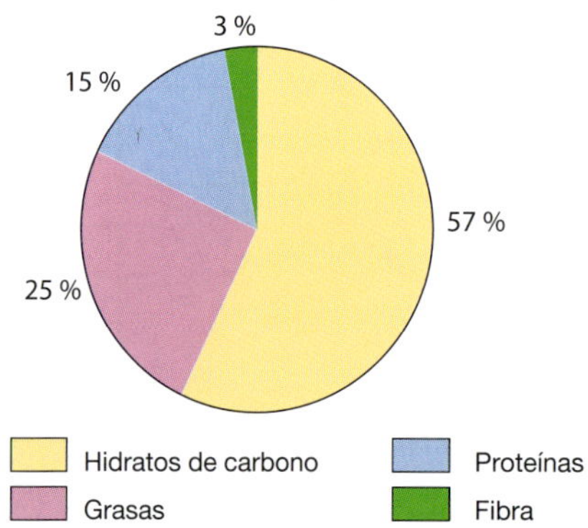

Este diagrama de sectores corresponde a los componentes de una dieta equilibrada. Su análisis nos permite concluir:

- Más de la mitad de una dieta equilibrada debe estar formada por hidratos de carbono. Una cuarta parte debe estar constituida por grasas.
- La proporción de proteínas debe ser cinco veces mayor que la de fibra.

La interpretación de un gráfico puede verse afectada en caso de que este contenga errores de proporción o de cualquier otro tipo.

Por ejemplo, este gráfico intenta reflejar que, según una encuesta, el número de personas que han acudido regularmente a una bibilioteca, en un intervalo de dos años, ha aumentado del 18 % al 36 %.

La altura de la figura de la derecha es el doble que la de la figura de la izquierda. Sin embargo, la impresión visual refleja un incremento mucho mayor, puesto que el área de la figura de la derecha es cuatro veces mayor que la de la izquierda.

Actividades

14. Utiliza los datos de la tabla de la página 279 para construir un diagrama de sectores que muestre cuatro categorías de notas: Sobresaliente (9 o 10), Notable (7 u 8), Aprobado (5 o 6) e Insuficiente (menos de 5).

15. Busca la representación de cada partido político entre los concejales y concejalas de tu municipio, y confecciona un diagrama semicircular que lo represente.

16. En el diagrama de sectores sobre la composición de una bebida, falta un porcentaje.

a) Completa el dato que falta.

b) Indica qué zumos de frutas contiene la bebida y en qué porcentajes.

c) ¿Qué cantidad de zumo de cada una de las frutas se necesita para preparar 3 litros de bebida?

Composición de una bebida

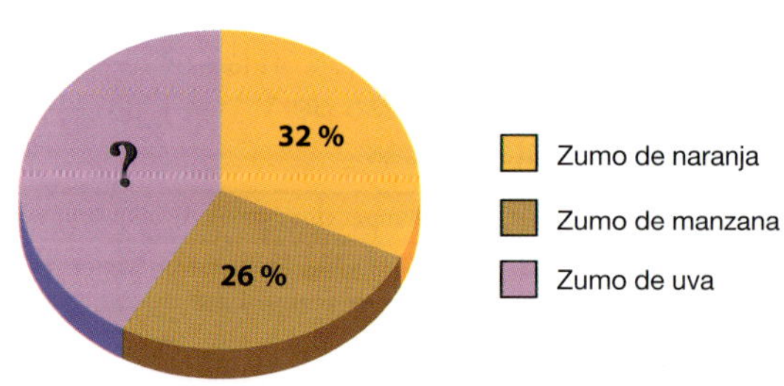

3.4. Diagrama de sectores con el ordenador

Observa, en el siguiente ejemplo, cómo podemos representar un diagrama de sectores utilizando una hoja de cálculo.

Ejemplo 4

Elabora, a partir de los datos de la actividad 9 de la página 279, un diagrama de sectores con la hoja de cálculo del OpenOffice.

Efectuamos el recuento de los datos y los organizamos en una tabla.

En este caso, en la primera fila introduciremos los valores de la variable estadística: número de hermanos (0, 1, 2, 3, 4 y 6 hermanos), y en la segunda fila, la frecuencia absoluta de cada uno de los valores que toma la variable (número de alumnos de las dos clases de 1.° de ESO).

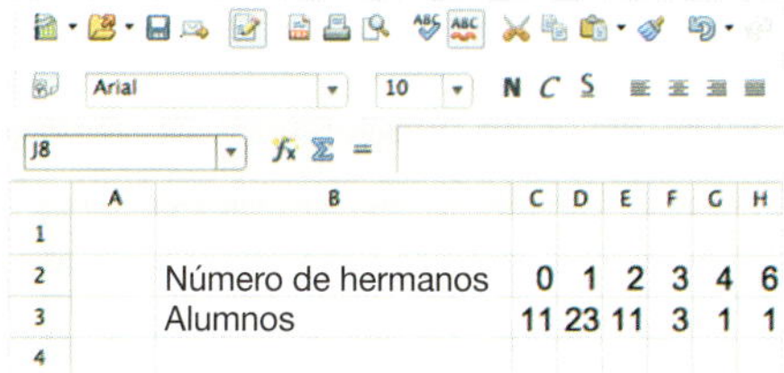

Seleccionamos las celdas que contienen los datos de la tabla. Una vez seleccionados, dibujaremos el gráfico clicando la opción *Insertar -> Gráfico.* A continuación, deberemos definir las características del gráfico que queremos representar.

Tipo de gráfico: señalaremos la opción *Círculo* para que el diagrama representado sea un diagrama de sectores.

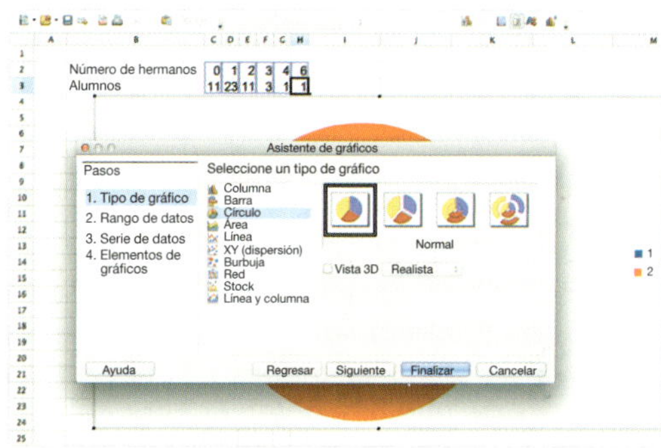

Rango de datos: seleccionaremos la opción *Serie de datos en filas* (pues en la tabla, hemos organizado los datos en filas) y la opción *Primera fila como etiqueta.*

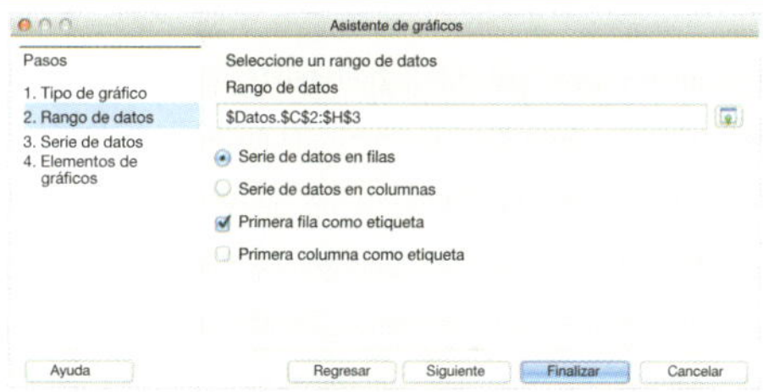

Elementos de gráficos: esta opción nos permitirá incluir un título en el gráfico, así como las leyendas correspondientes.

El diagrama de sectores se obtiene sin los porcentajes de cada sector circular. Para introducirlos, pulsamos sobre el gráfico, seleccionamos la opción *Insertar etiqueta de datos* e incluimos los porcentajes a partir de la opción *Formato de etiquetas de datos.*

Una vez definidas las características, pulsaremos la opción *Finalizar* para obtener el diagrama de sectores referente a los datos iniciales.

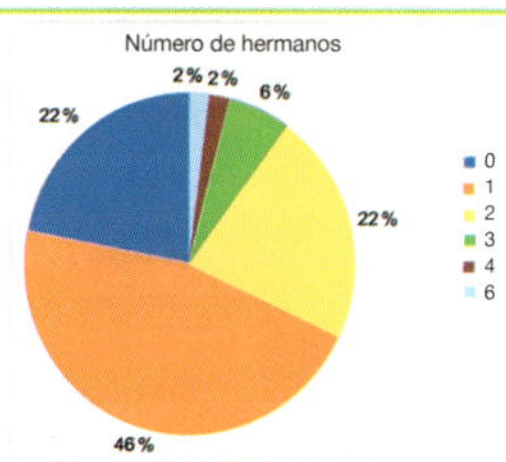

Actividades

17. Confecciona los diagramas de sectores de las actividades 12 y 13.

18. Si no dispones de una hoja de cálculo y tienes los datos agrupados en una tabla de frecuencias absolutas, ¿qué te será más fácil de elaborar: el diagrama de sectores o el diagrama de barras?

— ¿Y si además de las frencuencias absolutas también se incluyen las frecuencias relativas?

3.5. Tablas de doble entrada

A menudo nos encontramos con la necesidad de relacionar datos diversos recogidos en una misma población. Veamos cómo su presentación en una tabla los hace mucho más asequibles.

En la revista de un colegio leemos el siguiente artículo y recogemos la información en una tabla:

En un estudio para relacionar las notas de Matemáticas y de Lengua en una clase de 1.° de ESO se ha constatado que en Lengua hay 4 insuficientes, 12 aprobados, 6 notables y 2 sobresalientes, hecho que casi coincide con las Matemáticas, en las que se han contabilizado 5 insuficientes, 11 aprobados, 5 notables y 3 sobresalientes.

	Ins.	Apr.	Not.	Sob.
Lengua	4	12	6	2
Matemáticas	5	11	5	3

Seguimos leyendo el artículo y recogemos la información de esta segunda parte en una **tabla de doble entrada**.

Para ver si se da o no el caso de que prácticamente todos los alumnos han obtenido la misma nota de las dos asignaturas, se han estudiado las notas comparadas y se ha visto que 2 alumnos han obtenido insuficiente en ambas, 7 aprobado en ambas, 2 notable en ambas y 1 sobresaliente en ambas. Pero hay otros que han obtenido diferente nota de las dos asignaturas: 2 han aprobado Matemáticas pero no Lengua y 3 a la inversa; 2 han obtenido notable en Lengua y aprobado en Matemáticas y, finalmente, 2 han obtenido sobresaliente en Matemáticas y notable en Lengua y 1 a la inversa.

		Matemáticas				
		Ins.	Apr.	Not.	Sob.	Total
Lengua	Ins.	2	2	0	0	4
	Apr.	3	7	2	0	12
	Not.	0	2	2	2	6
	Sob.	0	0	1	1	2
	Total	5	11	5	3	24

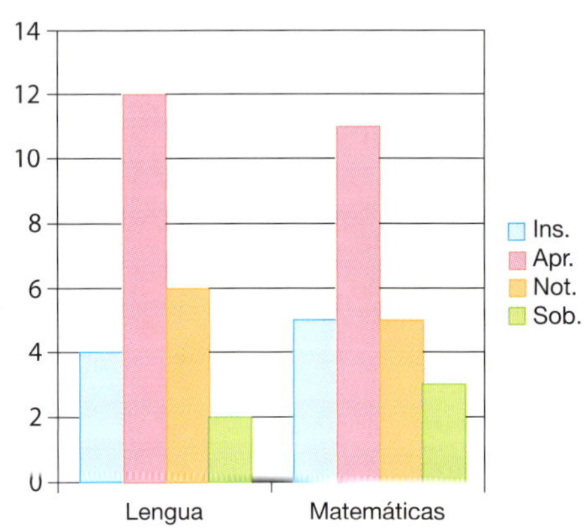

Así, por ejemplo, la celda coloreada en lila indica que hay dos alumnos que han obtenido un Notable tanto en Lengua como en Matemáticas.

En una tabla estadística de doble entrada, se presentan en la fila superior los valores de una variable estadística, en la columna de la izquierda los valores de la otra variable de las dos que queremos relacionar y en las casillas de la tabla las frecuencias observadas para los individuos de la población estadística que manifiestan ambos valores a la vez.

Observa que las filas y las columnas de totales de la tabla de doble entrada coinciden con las frecuencias de las tablas correspondientes a las notas de cada asignatura.

Las frecuencias recogidas en una tabla de doble entrada pueden representarse gráficamente mediante diagramas de barras múltiples, como el de la izquierda.

Actividades

19. La siguiente tabla ofrece información del idioma, el nivel y la edad de los alumnos de un centro de idiomas. Teniendo en cuenta que cada alumno solamente estudia un idioma, contesta a estas preguntas:

a) ¿Cuántos alumnos menores de 20 años están en el nivel 1 de alemán? ¿Y en el nivel 2 de francés?

b) ¿Cuántos alumnos menores de 20 años están matriculados en el centro? ¿Y de 20 años o más?

c) ¿Cuántos alumnos están matriculados en el centro de idiomas?

		Alumnos (N.º)		
		Inglés	Francés	Alemán
Nivel 1	Menos de 20 años	35	24	18
	20 años o más	23	31	15
Nivel 2	Menos de 20 años	24	18	13
	20 años o más	32	25	14

4. Parámetros estadísticos

Los parámetros estadísticos son valores representativos de una serie de datos que se derivan del estudio de una variable estadística.

Existen dos tipos de parámetros estadísticos: de centralización y de dispersión.

Los **parámetros de centralización** (media aritmética, mediana y moda) nos indican el valor central alrededor del cual se distribuyen los datos y los **parámetros de dispersión** (rango o recorrido) nos informan si los datos están agrupados alrededor de los parámetros de centralización.

Cálculo de la media en datos agrupados

Si el valor de los datos se repiten, podemos agruparlos en una tabla de frecuencias y calcular la media aritmética sumando los productos de cada valor que toma la variable por su frecuencia absoluta y dividir el resultdo entre el número total de datos.

4.1. Media aritmética

Un valor representativo cuando trabajamos con variables estadísticas cuantitativas es el que resulta de repartir la suma de todos los valores que toma la variable en partes iguales entre el número total de datos.

La media **aritmética** o **promedio** ($\bar{x}$) de una variable estadística cuantitativa es un valor de centralización que se obtiene sumando todos los valores que toma la variable y dividiendo el resultado entre el número total de estos.

Ejemplo 5

Los libros leídos en el último mes por 20 alumnos son:

0 2 6 3 5 1 4 3 5 1 3 5 6 4 2 5 2 3 5 3

— ¿Cuantos libros, de media, ha leído cada alumno en el último mes?

COMPRENSIÓN:

Deberemos calcular la media aritmética sumando los valores de todos los datos y dividiendo entre el total de datos que tenemos (20). En este caso, podremos sumar los valores, uno a uno, o agruparlos en una tabla de frecuencias y utilizar las frecuencias absolutas para sim plificar la suma.

Libros leídos	Frec. absoluta	Libros × Frec. absoluta
0	1	$0 \times 1 = 0$
1	2	$1 \times 2 = 2$
2	3	$2 \times 3 = 6$
3	**5**	$3 \times 5 = 15$
4	2	$4 \times 2 = 8$
5	5	$5 \times 5 = 25$
6	2	$6 \times 2 = 12$
Total	**20**	**68**

RESOLUCIÓN:

$$\bar{x} = \frac{0+2+6+3+5+1+4+3+5+1+3+5+6+4+2+5+2+3+5+3}{20} = \frac{68}{20} = \frac{17}{5} = 3,4$$

$$\bar{x} = \frac{0\times 1 + 1\times 2 + 2\times 3 + 3\times 5 + 4\times 2 + 5\times 5 + 6\times 2}{20} = \frac{68}{20} = \frac{17}{5} = 3,4$$

Cada alumno ha leído 3,4 libros de media.

Actividades

20. Estas son las notas que han obtenido unos alumnos en el último examen:

1 2 2 3 3 4 4 5 5 5 6 6 6 6 7 7 8 8 9 10

Calcula la media aritmética a partir de:

a) La definición de media aritmética y el conjunto de las notas.

b) La organización en una tabla de los datos.

21. Determina la estatura media (en centímetros) del siguiente grupo de alumnos:

1,60 1,65 1,55 1,49 1,67 1,74 1,80 1,64 1,69 1,73

22. Se ha preguntado a 10 personas cuál es la inicial de su nombre y estos son los resultados obtenidos:

A A B C D D R R R T

a) La variable de estudio, ¿es cuantitativa o cualitativa?

b) ¿Podemos calcular la media aritmética? Justifica tu respuesta.

4.2. Moda y mediana

Otros dos parámetros de centralización son la moda y la mediana.

Distribución multimodal

Cuando existen dos o más valores de la variable con frecuencia absoluta máxima, decimos que la distribución de datos es multimodal.

La **moda (*Mo*)** de una variable estadística cuantitativa o cualitativa es el valor de la variable con mayor frecuencia absoluta; es decir, el que se repite más veces.

La **mediana (*Me*)** de una variable estadística cuantitativa es el valor que ocupa la posición central cuando estos están ordenados de menor a mayor.

Cálculo de la mediana

— Si el número de datos es impar, la mediana es el valor central.

— Si el número de datos es par, la mediana es la media aritmética de los dos valores centrales.

Ejemplo 6

Calcula la moda y la mediana del ejemplo 5.

COMPRENSIÓN:

Para calcular la moda nos fijaremos en el valor de la variable con mayor frecuencia absoluta y para la mediana ordenaremos los datos de menor a mayor con el objetivo de determinar el valor central de estos.

RESOLUCIÓN:

Moda: $Mo = 3$ pues es el número de libros que se repite más veces.

Mediana: 0 1 1 2 2 2 3 3 3 3 3 4 4 5 5 5 5 5 6 6

Al ser el total de datos un número par, la mediana será la media aritmética de los valores centrales: $Me = \frac{3+3}{2} = \frac{6}{2} = 3$

4.3. Recorrido o rango

Un parámetro de dispersión es el recorrido o rango.

El **recorrido** o **rango** es la diferencia entre el valor máximo y el mínimo de todos los valores que toma la variable.

Ejemplo 7

Calcula el rango y la media aritmética de las notas de los últimos exámenes de Ana y Lucía:

Ana: 5 5 4 6 5 4 5 6 5 5 *Lucía: 10 2 5 5 3 5 7 5 6 2*

COMPRENSIÓN:

Calcularemos el rango restando el valor mínimo al valor máximo que toma la variable. Y para hallar la media aritmética sumaremos todos los valores de la variable y dividiremos el resultado entre el número total de datos.

RESOLUCIÓN.

$R\,(\text{Ana}) = 6 - 4 = 2$ $R\,(\text{Lucía}) = 10 - 2 = 8$

$$\bar{x}_{Ana} = \frac{5+5+4+6+5+4+5+6+5+5}{10} = 5 \quad \bar{x}_{Lucía} = \frac{10+2+5+5+3+5+7+5+6+2}{10} = 5$$

La media aritmética de las notas de los últimos exámenes de Ana y Lucía es en ambos casos 5; sin embargo, el valor del rango de las notas de Ana, 2, es inferior al de Lucía, 8. Esto significa que las notas de Ana están más próximas a la media aritmética que las de Lucía.

Actividades

23. Calcula los parámetros estadísticos de centralización y de dispersión de la actividad 11 de la página 280.

24. ¿Podrías calcular la moda, la mediana y el rango o recorrido de la serie de datos de la actividad 22? Justifica, en cada caso, tu respuesta.

4.4. Medidas de centralización con el ordenador

Las hojas de cálculo también nos pueden facilitar los cálculos de las medidas de centralización, sobre todo cuando manejamos gran cantidad de datos.

Ejemplo 8

Calcula de dos formas distintas y, mediante una hoja de cálculo, la media aritmética de los datos de la actividad 11.

- Si agrupamos los datos de un estudio estadístico en una tabla de frecuencias, podemos calcular la media aritmética utilizando sus frecuencias absolutas.

Efectuamos el recuento de los datos y los introducimos en una tabla.

En este caso es más cómodo introducirlos por columnas.

	A	B	C
1			
2		Número de hermanos	Alumnos
3		0	11
4		1	23
5		2	11
6		3	3
7		4	1
8		6	1

Incluimos en una nueva columna (columna D) el resultado de multiplicar el valor de la celda correspondiente al número de hermanos (columna B) por el valor de la celda correspondiente a su frecuencia absoluta (columna C).

	A	B	C	D
1				
2		Número de hermanos	Alumnos	Número de hermanos x alumno
3		0	11	0
4		1	23	23
5		2	11	22
6		3	3	9
7		4	1	4
8		6	1	6

Con la instrucción **=SUMA(C3:C8)** (celda C9), obtendremos el total de datos de la muestra.

REDONDEAR.MENOS ▼ Σ = =SUMA(C3:C8)

	A	B	C	D
1				
2		Número de hermanos	Alumnos	Número de hermanos x alumno
3		0	11	0
4		1	23	23
5		2	11	22
6		3	3	9
7		4	1	4
8		6	1	6
9			**=SUMA(C3:C8)**	

Con la instrucción **=SUMA(D3:D8)** (celda D9), obtendremos la suma de todos los valores que toma la variable de estudio.

REDONDEAR.MENOS ▼ Σ = =SUMA(D3:D8)

	A	B	C	D
1				
2		Número de hermanos	Alumnos	Número de hermanos x alumno
3		0	11	0
4		1	23	23
5		2	11	22
6		3	3	9
7		4	1	4
8		6	1	6
9		TOTAL:	**50**	**=SUMA(D3:D8)**

Con la instrucción **=D9/C9** (celda D10), otendremos la media aritmética de los datos.

D10 ▼ Σ = =D9/C9

	A	B	C	D
1				
2		Número de hermanos	Alumnos	Número de hermanos x alumno
3		0	11	0
4		1	23	23
5		2	11	22
6		3	3	9
7		4	1	4
8		6	1	6
9		TOTAL:	**50**	**64**
10			Media.	1,28

- Otro método para calcular la media es utilizando la función PROMEDIO:

Introducimos los datos en la tabla sin agrupar.

Con la función **=PROMEDIO (C3:AA4)** (celda B8), obtendremos directamente la media aritmética.

B8 ▼ Σ = = PROMEDIO(C3:AA4)

	A	B	C	D	E	F	G	H	I	J	K	L	M	N	O	P	Q	R	S	T	U	V	W	X	Y	Z	AA
1																											
2																											
3			0	1	3	1	0	2	2	0	0	3	1	1	1	1	0	2	0	1	2	1	0	1	2	1	2
4																											
5																											
6	Moda:	1																									
7	Mediana:	1																									
8	Media:	1,28																									

Actividades

25. Las notas de Matemáticas de los 26 alumnos de una clase de 1.º de ESO son las siguientes:

Nota	3	4	5	6	7	8	10
Número de alumnos	1	2	2	5	9	5	2

— Calcula la media aritmética.

26. @ Calcula, a partir de la función PROMEDIO, la media aritmética del número de calzado de 16 alumnos de 1.º de ESO:

36 36 37 39 40 41 42 43
39 38 37 38 42 41 43 40

— Investiga con qué funciones del OpenOffice podrías calcular la moda y la media.

— Calcúlalas para esta serie de datos.

ACTIVIDADES RESUELTAS

Organización de la información

En los estudios con muchos cálculos o en aquellos, como los estudios estadísticos, que manejan gran cantidad de datos, es necesario que tengas organizada la información disponible en una tabla que facilite un mejor planteamiento de las operaciones y que simplifique los procesos.

La energía consumida por una persona es múltiplo de su tasa de metabolismo basal (TMB). En reposo (durmiendo o tendida) consume exactamente su TMB; en actividad muy ligera (sentada o de pie) su TMB multiplicada por 1,5; en actividad ligera (caminar, trabajar en un taller...) su TMB multiplicada por 2,5; en actividad moderada (marchar a 6 km/h, ir en bicicleta a 18 km/h, baile...) su TMB multiplicada por 5; en actividad intensa (correr a 12 km/h, jugar al fútbol,...) su TMB multiplicada por 7 y en actividad muy pesada (subir escaleras a toda velocidad...) su TMB por 15.

Calcula la energía consumida por una persona, cuya TMB es de 66 kcal/h que efectúa las siguientes actividades a lo largo de un día: trabajar en un taller (8 h), estar sentada (2 horas y media), caminar (2 h), leer (1 hora y media), comer (2 h) y dormir (8 h).

Comprender

— ¿Cuáles son los datos disponibles?

— ¿Qué es lo que buscas?

— Leemos de nuevo el enunciado, identificamos los datos y los disponemos en una tabla:

Actividad	Tasa de energía requerida (kcal/h)	Ejemplos de actividades
Reposo	TMB · 1 = 66	Durmiendo o tendida
Muy ligera	TMB · 1,5 = 99	Sentada o de pie
Ligera	TMB · 2,5 = 165	Caminar, trabajar en un taller...
Moderada	TMB · 5 = 330	Marchar a 6 km/h, bicicleta a 18 km/h
Intensa	TMB · 7 = 462	Correr a 12 km/h, jugar al fútbol...
Muy pesada	TMB · 15 = 990	Subir escaleras a toda velocidad

— Debemos calcular la energía consumida por una persona a lo largo de 24 h.

Planificar

— Configura un plan para resolver el problema.

Multiplicaremos la tasa de energía requerida para cada actividad por el número de horas y sumaremos todos los productos para hallar la energía total consumida.

Ejecutar el plan

— Concédete un tiempo razonable para resolverlo.

Efectuamos la operación:

$$8 \cdot 165 + 2{,}5 \cdot 99 + 2 \cdot 165 + 1{,}5 \cdot 99 + 2 \cdot 99 + 8 \cdot 66 = 2\,772$$

La energía consumida por dicha persona durante 24 h según las actividades desarrolladas es de 2 772 kcal.

Revisar

— ¿Podrías resolver el problema de otro modo?

@ Puedes acceder a la página **http://links.edebe.com/3gdup6** para comparar el resultado obtenido con el número de kilocalorías recomendadas diariamente.

Actividades

Utiliza la estrategia anterior para resolver el siguiente problema:

27. En una información recibida de un concesionario de venta de automóviles se lee:

Modelo FFW 1.6i: potencia: 100 CV; cilindrada: 1 596 cm^3; velocidad máxima: 185 km/h, de 0 a 100 km/h en 11,3 s; consumo: 6,9 L cada 100 km; precio: 19 780 €
Modelo OZ 16 valv: potencia: 125 CV; cilindrada: 1 796 cm^3; velocidad máxima: 188 km/h, de 0 a 100 km/h en 11,5 s; consumo: 7, 6 L cada 100 km; precio: 23 180 €
Modelo RS 2.0: potencia: 140 CV; cilindrada: 1 988 cm^3; velocidad máxima: 196 km/h, de 0 a 100 km/h en 10,2 s; consumo: 8,0 L cada 100 km; precio: 21 950 €

a) Organiza los datos en una tabla y analiza qué modelo ofrece mejores prestaciones en velocidad máxima y tiempo de aceleración, contrastando si es más sencillo cuando se lee el texto o cuando se observa la tabla.

b) Representa los precios en un diagrama de barras.

SÍNTESIS

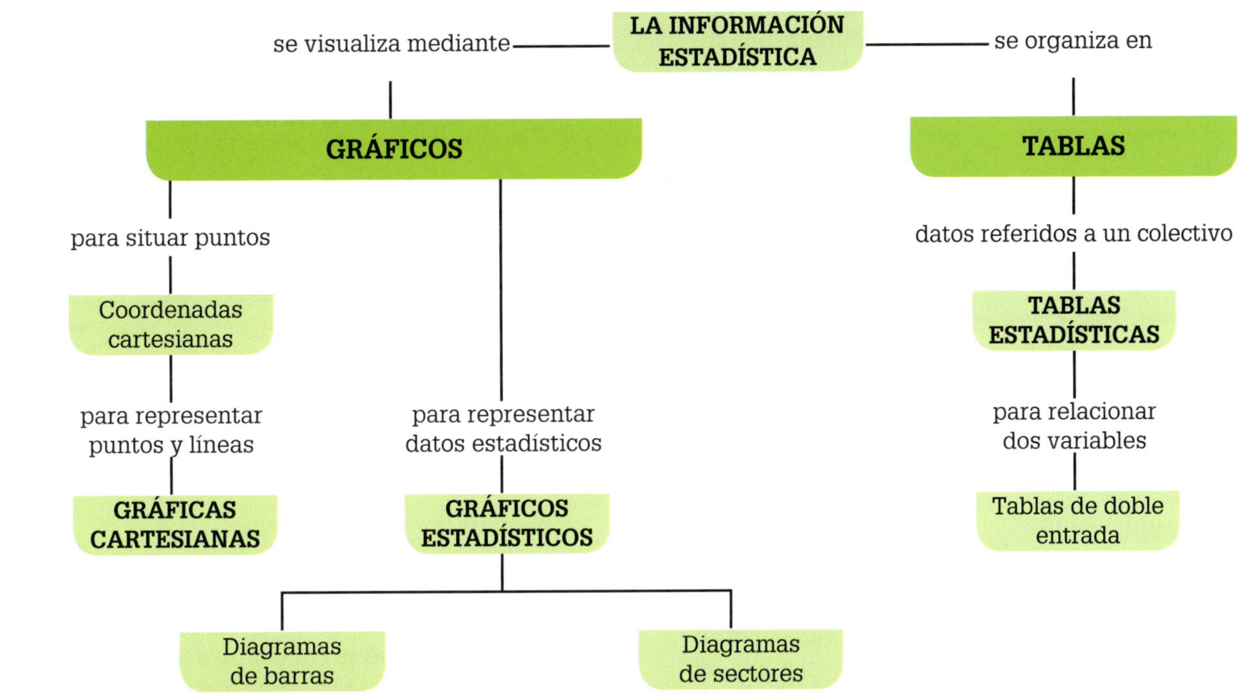

— Completa el esquema utilizando el programa CmapTools.

Actividades finales

Coordenadas y gráficas cartesianas

28. ★☆☆ Representa en un sistema de coordenadas cartesianas los siguientes puntos:

a) El que tiene por abscisa 1 y ordenada 4.

b) El que tiene por abscisa 3,5 y ordenada –4,5.

c) (–5, –1) e) (–2, 2) g) (7, –3)

d) (–3, 0) f) (0, –4) h) (2, 0)

29. ★☆☆ Indica las coordenadas de los puntos representados en este sistema cartesiano:

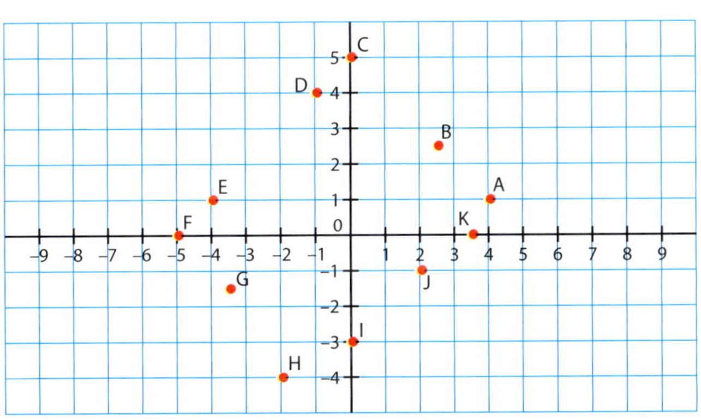

— ¿Qué figura aparece si unes los puntos en orden alfabético?

30. ★★☆ Indica, sin efectuar su representación, el cuadrante al que pertenecen estos puntos:

a) El que tiene por abscisa 4,5 y ordenada –3,5.

b) El que tiene por abscisa –2,8 y ordenada 4.

c) (–3, 5) e) (3, 11)

d) (3, –4) f) (–2, –1)

31. ★★☆ Los puntos de la gráfica representan los kilómetros recorridos y el tiempo empleado por diez atletas en un entrenamiento diversificado.

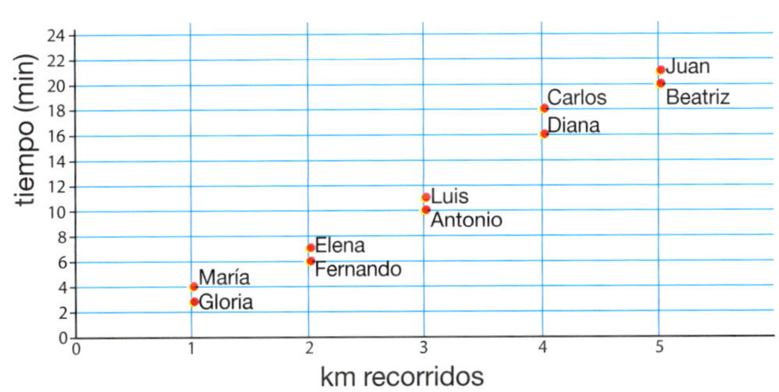

a) ¿Cuántas personas han recorrido 4 km?

b) ¿Cuántos minutos ha corrido Diana? ¿Quién ha corrido durante 10 minutos?

Actividades finales

32. ★★☆ La gráfica muestra el número de ordenadores que se han vendido en un centro comercial durante una semana.

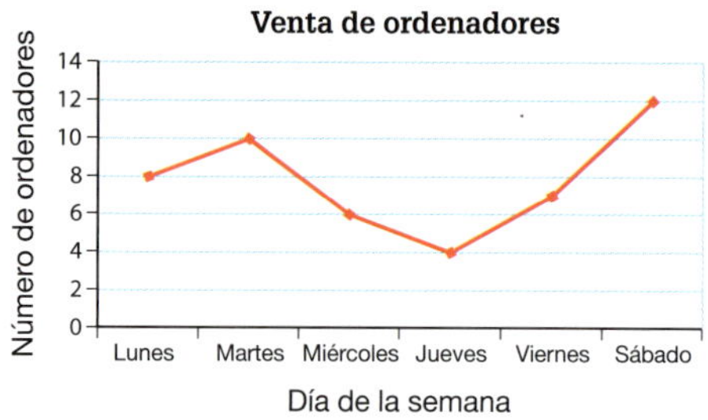

a) ¿Cuál fue el día que se vendieron más ordenadores? ¿Cuántos se vendieron?

b) ¿Qué día se vendieron 10 ordenadores?

c) ¿Cuántos ordenadores se han vendido durante la semana?

33. ★★☆ De un partido de baloncesto se ha anotado la puntuación que tenía cada equipo al final de cada minuto del encuentro. Dichos valores se han representado en un sistema de ejes cartesianos y se han unido mediante una línea para visualizar la evolución del resultado.

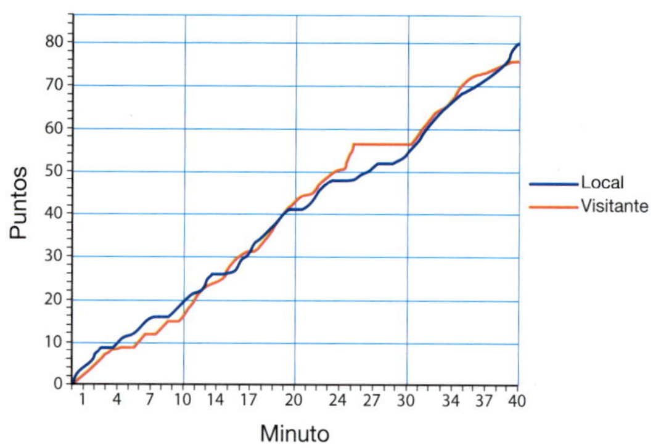

a) ¿Cuál fue el resultado final del encuentro?

b) Escribe los marcadores al final del primer cuarto, del segundo cuarto y del tercer cuarto. Deduce de ello los resultados en cada cuarto del partido.

c) ¿Durante qué períodos del partido fue ganando el equipo local?

d) ¿Cuál fue la mayor diferencia en el marcador en algún momento del partido? ¿Cuál era el resultado en este momento?

34. ★★★ Imagina un partido de fútbol que ha acabado 3-2 y los goles se han marcado como sigue: en el minuto 10 el 1-0; en el 15 el 2-0; en el 50 el 2-1; en el 70 el 2-2 y, finalmente, en el minuto 85, el 3-2.

— Elabora un gráfico que muestre el resultado en cada momento, e indica durante qué períodos el partido estuvo empatado.

35. ★★★ La gráfica siguiente muestra la duración del día, es decir, la cantidad de horas de luz, según los meses del año y para diferentes latitudes.

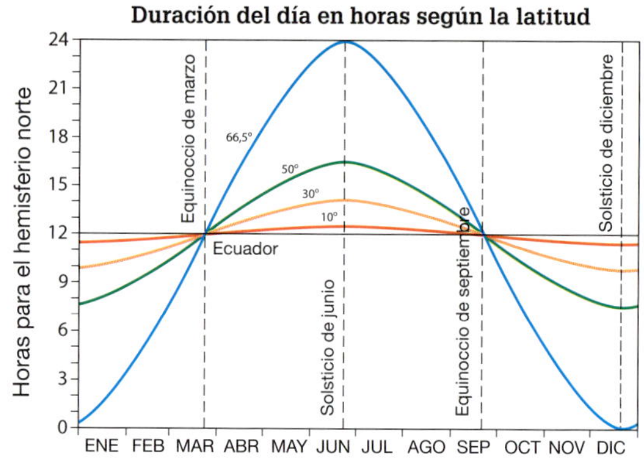

A partir de la gráfica, responde:

a) ¿Cuál es la duración del día al final del mes de mayo en un lugar a 30º de latitud norte?

b) En un lugar que se encuentre a 50º de latitud norte, ¿cuándo tienen 14 horas de luz?

c) ¿Cuál es la duración del día en los equinoccios? ¿Qué día es el más largo y cuál es el más corto?

d) Redacta una explicación sobre la duración del período de luz en el ecuador.

e) Imagina cómo sería la gráfica en un punto de latitud 60º. ¿Y en tu población?

f) ¿Cómo crees que serían las gráficas en el hemisferio sur?

36. ★★★ Dibuja, en un sistema de coordenadas cartesianas, la circunferencia cuyo centro es el origen de coordenadas y su radio 5 unidades. ¿Qué puntos de la circunferencia cumplen la propiedad que sus dos coordenadas son números enteros?

— Repite la actividad con una circunferencia de radio 3 y centro en el punto (3, 2).

37. ★★★ Redacta, en cada caso, una frase que describa la característica que tienen en común las coordenadas de...

a) ... los puntos que pertenecen al eje de abscisas.

b) ... los puntos que pertenecen al semieje positivo de ordenadas.

c) ... los puntos que pertenecen a la bisectriz del primer y el tercer cuadrantes.

38. ★★★ ¿Qué figura delimita el conjunto de puntos que cumplen que su abscisa es una unidad superior a la ordenada y los ejes de coordenadas?

— Ayúdate de su representación gráfica.

Trabajo estadístico

39. ★☆☆ Indica qué conceptos pueden aparecer en una tabla estadística y explica qué significa cada uno de ellos.

40. ★★☆ En la recogida de datos de un trabajo estadístico es fundamental una acertada formulación de la pregunta.

En una clase se han recogido los siguientes datos:

3 2 2 1 1 2 3 4 2 3 1 2 3 1 2

1 3 2 2 1 2 4 1 2 2 1 3 1 1 2

— ¿Cuál crees que ha sido la pregunta que se ha planteado? Contrasta tu respuesta con las del resto de tu clase.

41. ★★☆ Los siguientes valores, en centímetros, representan el conjunto de estaturas del alumnado de una clase:

154 151 156 159 159 161 147 154 159

151 153 149 149 152 152 148 153 154

155 154 154 154 160 155 154 153 162

a) Cita algunos aspectos que deberíamos tener en cuenta al recoger estos datos para que se puedan comparar correctamente.

b) Elabora una tabla de frecuencias con estos datos.

c) En grupos, confeccionad un pequeño informe con las conclusiones que podrían extraerse a partir de estos datos.

42. ★★☆ Completa mentalmente en esta tabla la columna de las frecuencias relativas, expresándolas en tanto por ciento.

Nota	Frec. abs.	Frec. rel.
4	5	
5	10	
6	5	
7	5	
Total	25	

43. ★★☆ Se ha preguntado a los 25 alumnos de una clase cuál es el tipo de programa que ven más a menudo en televisión. Las respuestas han sido:

3 2 1 1 2 5 4 1 1 2 2 1 4

1 3 2 5 3 2 3 2 3 4 5 4

1: Películas / 2: Series / 3: Concursos / 4: Deportes / 5: Otros.

— Organiza estos datos en una tabla estadística con la frecuencia relativa expresada en tanto por uno y en tanto por ciento.

Presentación de datos

44. ★☆☆ La siguiente tabla estadística corresponde a la suma de puntos obtenidos al lanzar dos dados:

Puntos	2	3	4	5	6	7	8	9	10	11	12
N.º veces	1	1	3	4	5	8	4	4	2	3	0

A partir de esta tabla, resuelve estas cuestiones:

a) ¿Cuántas veces hemos lanzado los dos dados?

b) Completa la tabla con las frecuencias relativas expresadas en tanto por uno y en tanto por ciento.

c) ¿Cuál ha sido la puntuación más repetida? ¿Sabes qué nombre recibe este valor en estadística?

d) Construye un diagrama de barras que represente los datos anteriores.

45. ★☆☆ Dibuja el diagrama de sectores de los siguientes datos recogidos sobre el color de pelo de los alumnos de una clase:

Color de pelo	Frec. abs.	Frec. rel.
Rubio	6	0,1875
Castaño	18	0,5625
Moreno	8	0,25

46. ★★☆ Este diagrama de sectores representa la distribución de los internautas en el mundo. Si hay un total de 843 millones, ¿cuántos hay en cada zona?

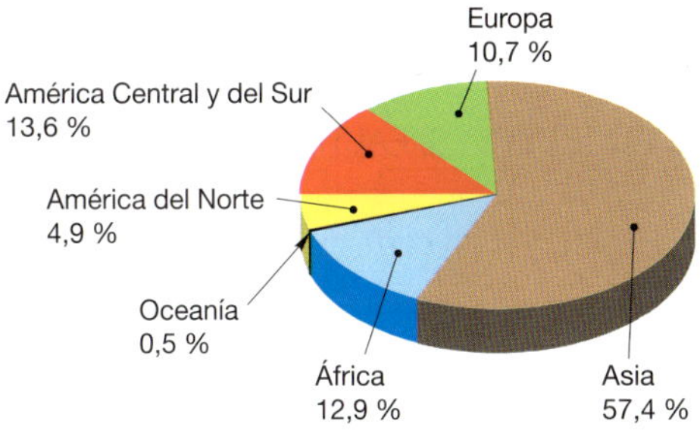

47. ★★☆ @ Accede a la página **http://www.ine.es** del Instituto Nacional de Estadística para recoger información sobre la distribución de la población española por comunidades autónomas.

a) Representa los datos en un diagrama de barras y en un diagrama de sectores.

b) Comenta ventajas e inconvenientes que observes en un diagrama y en el otro.

Actividades finales

48. ★★☆ Este diagrama de sectores muestra el número de libros leídos el último mes por los alumnos de una clase de 1.º de ESO.

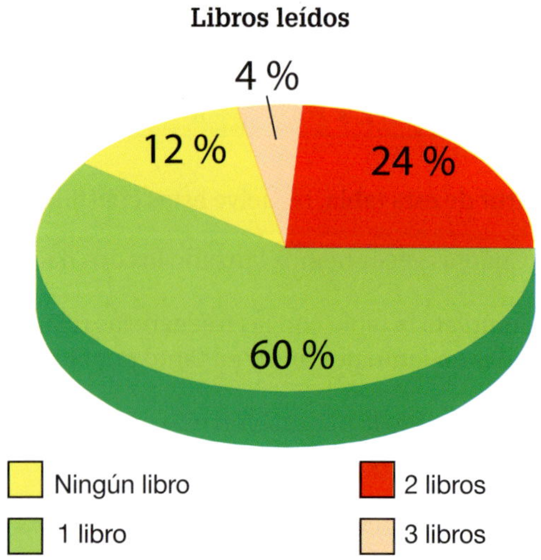

Si en clase hay 25 alumnos, ¿cuántos alumnos no han leído ningún libro, han leído 1 libro, 2 libros o 3 libros?

49. ★★★ Formad grupos de cuatro. Buscad en Internet una noticia en la que aparezca un diagrama de sectores y aplicad la **destreza** *Las partes y el todo* con ayuda del organizador gráfico.

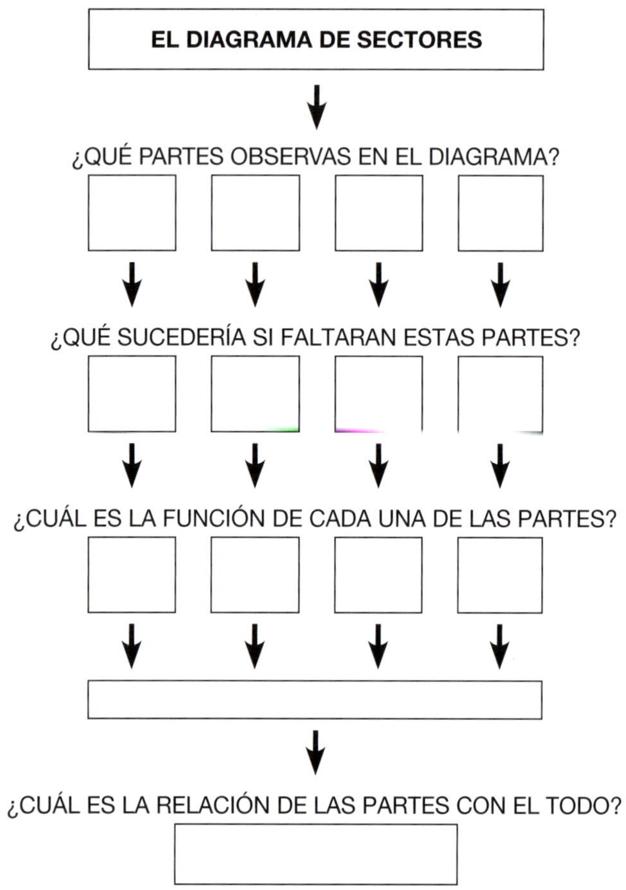

50. ★★★ Esta tabla de doble entrada recoge los datos de una encuesta entre el alumnado de las tres clases de 1.º de ESO para determinar sus preferencias para una actividad extraescolar:

	CINE	TEATRO	MUSEOS	TOTAL
CHICOS	22	8	12	-
CHICAS	16	18	12	-
TOTALES	-	-	-	88

a) ¿Cuál ha sido la opción preferida globalmente? ¿Y entre los chicos? ¿Y entre las chicas?

b) ¿Qué porcentaje de chicos han dicho que querían ir al cine?

c) Entre los alumnos cuya respuesta ha sido *teatro*, ¿qué porcentaje eran chicas?

d) Construye un diagrama de barras múltiples para visualizar los resultados de la encuesta (en abscisas, la categoría *chicos/chicas*, y en ordenadas, la elección *cine/teatro/museo*).

Parámetros estadísticos

51. ★☆☆ Calcula la media aritmética del conjunto de 25 notas de los alumnos y alumnas de una clase:

4 5 6 6 7 6 4 3 7 8 9 5 4 6

7 8 2 8 4 10 9 5 4 5 7

52. ★☆☆ De una muestra de siete datos desconocemos uno de ellos. Si sabemos que los seis datos conocidos son 2, 4, 5, 3, 2 y 0, y la media aritmética de los siete datos es 3, ¿cuál es el valor del dato desconocido?

53. ★★☆ Este diagrama de barras nos muestra el número de veces que Rosa ha visitado a sus abuelos durante los doce meses de un año:

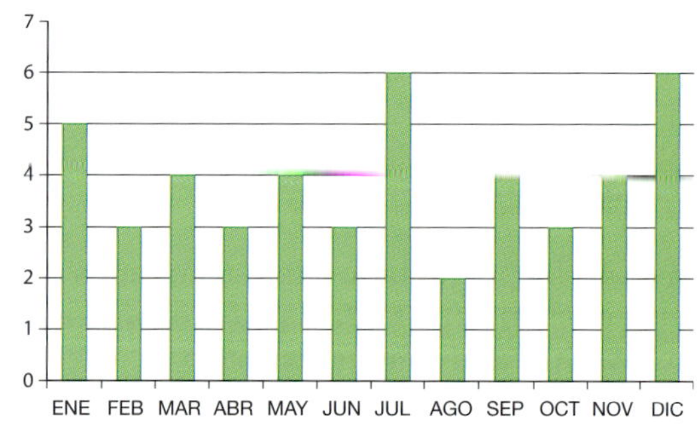

a) Explica, a la vista del gráfico, por qué en este caso se dice que hay dos valores que son la **moda** de este conjunto de datos.

b) Completa una tabla estadística con las frecuencias absolutas, las frecuencias relativas expresadas en tanto por uno y en tanto por ciento.

c) Halla la media de visitas mensuales en un año.

54. ★★☆ Observa la serie de datos sobre el número de calzado de los alumnos y alumnas de una clase de 1.º de ESO:

37 36 38 37 35 36 36 41 38 39

39 38 35 35 33 37 40 41 36 35

a) Calcula la media aritmética, la moda y la mediana.

b) Indica los valores máximo y mínimo.

c) Calcula el recorrido.

55. ★★★ Un alumno ha obtenido un 6,3 de media aritmética entre las dos primeras pruebas de Matemáticas. En la tercera prueba:

a) ¿Qué nota tendrá que obtener para que su calificación global sea un 7?

b) ¿Cuál será la nota mínima que tendrá que obtener para aprobar la asignatura? Supón que una nota inferior a 5 también hace media.

Cre@ctividad: La estadística y el GeoGebra

La hoja de cálculo del GeoGebra, además de ser útil para trabajar la geometría, también nos puede facilitar el estudio de una variable estadística sin necesidad de realizar el recuento y tener que agrupar los datos.

— Cuando abras el GeoGebra desde la barra del menú principal, haz clic en *Vista -> Hoja de Cálculo*.

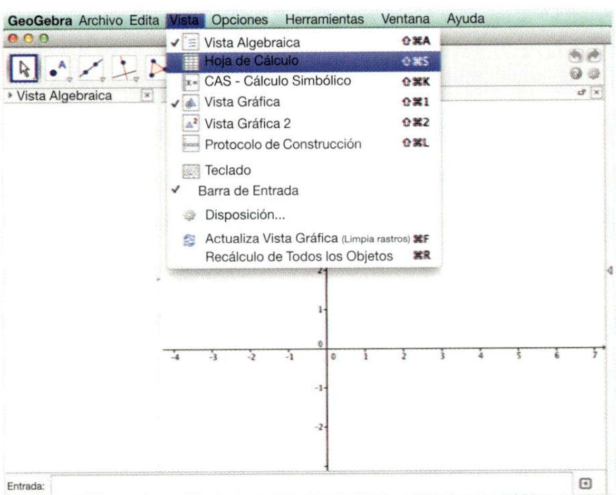

— Introduce en la hoja de cálculo los datos de la muestra de la población sobre la que se realiza el estudio.

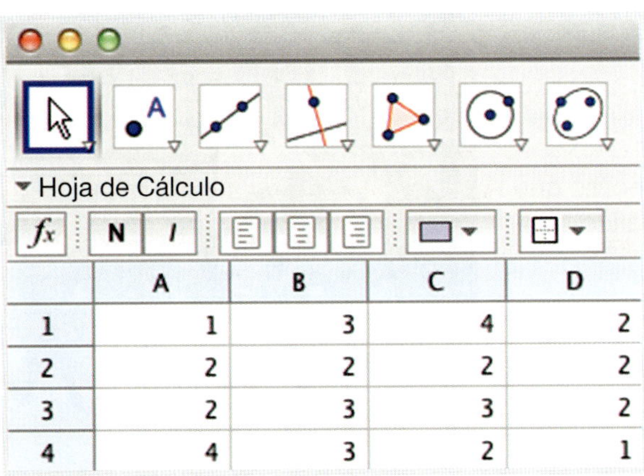

Hoja de Cálculo

	A	B	C	D
1	1	3	4	2
2	2	2	2	2
3	2	3	3	2
4	4	3	2	1

— Una vez seleccionados todos los datos, haz clic en *Análisis de una variable -> Análisis Una Variable -> Analiza*.

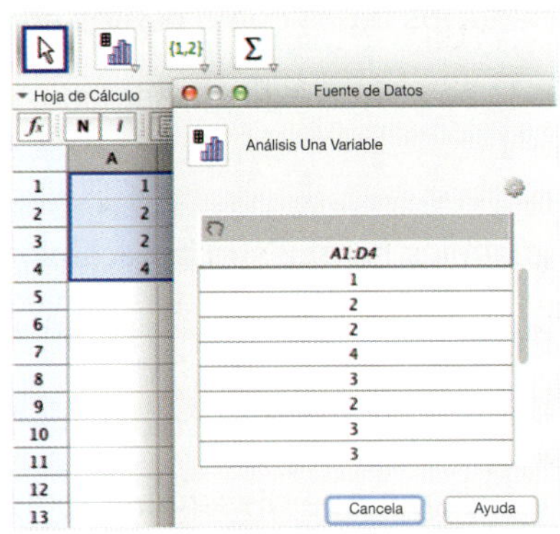

— Para mostrar un diagrama de barras, haz clic en la opción *Gráfico de Barras* del desplegable. También puedes obtener diferentes parámetros estadísticos haciendo clic en *Muestra Estadísticas*.

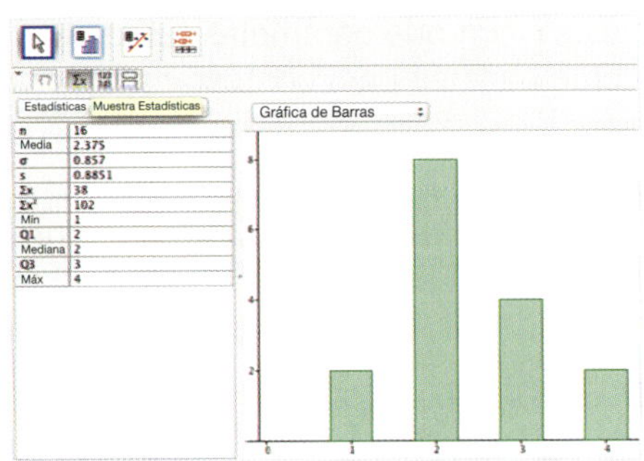

Atrévete

a) Lleva a cabo un estudio estadístico con una muestra de población de 16 personas sobre una variable estadística cuantitativa.

b) Estudia los diferentes parámetros y gráficos estadísticos tratados a lo largo de la unidad.

— ¿Hay algún gráfico o parámetro estadístico que no puedas calcular directamente con el programa? ¿Cuáles?

c) Crea una presentación de los resultados y las conclusiones extraídas.

Pon a prueba tus competencias

1. El siguiente gráfico representa el número de consultas de Urgencias en un hospital:

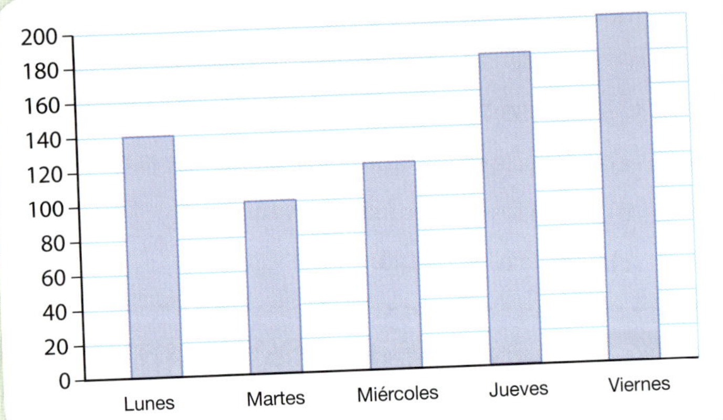

a) Agrupa los datos en una tabla de frecuencias.

b) ¿Cuántas consultas ha habido a lo largo de la semana?

c) ¿Qué porcentaje de consultas se han producido el lunes?

d) Calcula la media de consultas diarias.

e) ¿Qué día de la semana se producen mayor número de consultas? Este parámetro estadístico, ¿qué nombre tiene?

Representa los datos como puntos en un diagrama cartesiano y únelos.

f) Cuando se acerca el fin de semana, el número de consultas, ¿aumenta o disminuye?

2. En esta gráfica se muestra la evolución de las temperaturas (en °C) durante cinco días de verano en un pueblo de la costa:

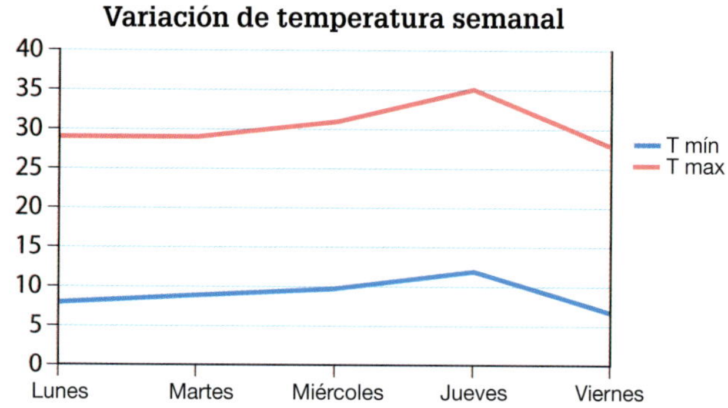

a) Representa los datos en un diagrama de barras.

b) Si te pidieran que dieses una temperatura semanal que represente las temperaturas máximas de toda la semana, ¿qué parámetro estadístico utilizarías? Calcúlalo.

c) ¿Ha habido mucha variación de las temperaturas mínimas? ¿En qué parámetro estadístico es más conveniente basarse para contestar a esta pregunta?

3. En una clase de 1.° de ESO se pregunta por el número de horas que los alumnos dedican a practicar deporte diariamente. Los datos son los siguientes:

N.° de horas deporte	0	1	2	3
N.° de alumnos	11	6	2	1

a) Si queremos conocer el porcentaje de deporte en horas que practican los alumnos diariamente, ¿qué tipo de gráfico usarías? Represéntalo.

b) Calcula la media aritmética, la moda y la mediana del número de horas que los alumnos practican deporte cada día.

c) Calcula el recorrido o rango del número de horas que los alumnos practican deporte.

4. El consumo eléctrico de un hogar a lo largo de un año ha sido el siguiente:

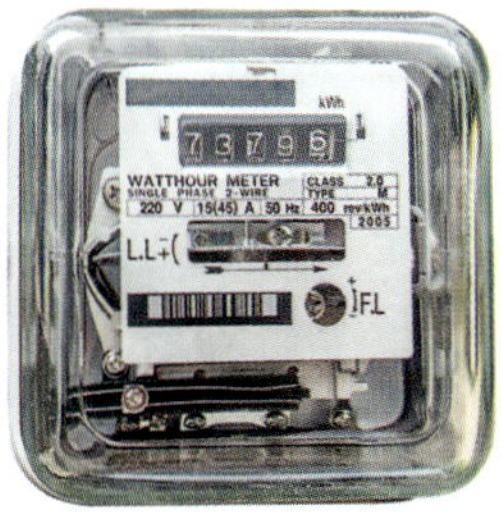

enero: 461 kWh / febrero: 420 kWh / marzo: 390 kWh / abril: 325 kWh

mayo: 270 kWh / junio: 301 kWh / julio: 356 kWh / agosto: 423 kWh

septiembre: 385 kWh / octubre: 305 kWh / noviembre: 312 kWh / diciembre: 407 kWh

a) Agrupa estos datos en una tabla estadística.

b) Representa los datos gráficamente.

c) ¿En qué meses el consumo es superior a la media?

d) Calcula el coste anual de electricidad del hogar si el precio de 1 kWh es de 0,12 €.

e) Sabiendo que un aparato de aire acondicionado consume aproximadamente 1,51 kWh por cada hora de funcionamiento, ¿qué porcentaje del total del consumo del mes de agosto corresponde al aire acondicionado si ha estado funcionando una media de 4 horas al día?

f) Si el lavavajillas consume aproximadamente 0,98 kWh por cada hora de funcionamiento, ¿cuánto cuesta utilizar dos veces diarias un programa, de 75 minutos de duración, en el mes de junio?

Visión 360º

La estadística está presente en los medios de comunicación.

Continuamente, aparecen en los medios estudios estadísticos sobre los hábitos alimentarios, el uso del móvil como dispositivo más utilizado para conectarse a la Red, el índice de pobreza infantil, etc.

En ocasiones, podemos observar artículos periodísticos con gráficos, interpretación de resultados o conceptos erróneos como el de la siguiente imagen (la altura de las columnas no es proporcional a sus frecuencias absolutas).

— Busca otras noticias que desarrollen distintos tratamientos de la información y analiza y valora la exactitud del estudio.

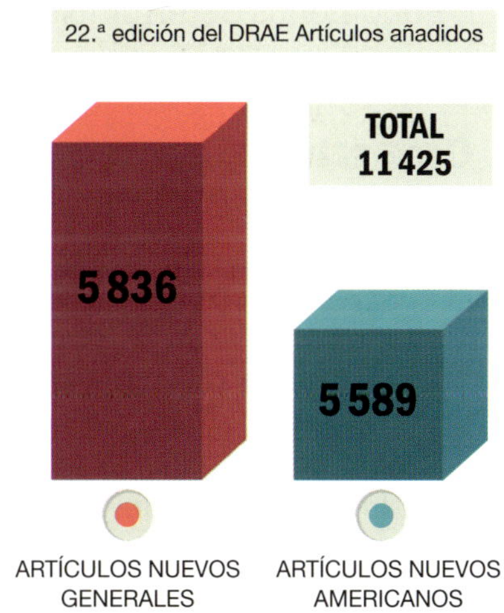

Reflexiona

Diario de aprendizaje

— El vídeo del globo terráqueo de la página 272 tiene relación con los conceptos tratados en la unidad. ¿Con cuáles?

— Algunos conceptos tratados en esta unidad pueden ser aplicables en tu vida cotidiana. ¿Cuáles? ¿Cómo?

— ¿Te facilita la tarea el uso de una hoja de cálculo cuando trabajas con datos estadísticos? Razónalo.

13 Probabilidad

ESTADÍSTICA Y PROBABILIDAD

Desde muy antiguo se tiene constancia de la existencia de los juegos de azar. Los egipcios, por ejemplo, alrededor del siglo XVI a. C., ya utilizaban dados construidos con distintos materiales (huesos, madera, piedra, cerámica).

Estos mismos juegos de azar sirvieron, en el siglo XVII, para formalizar el estudio de la probabilidad. Los matemáticos Blaise Pascal (1623-1662) y Pierre de Fermat (1601-1665) sentaron las bases matemáticas de esta rama de las matemáticas, a raíz de una consulta del Caballero de Méré, que quería conocer la ventaja o la desventaja de dos experimentos: sacar en cuatro tiradas de un dado, al menos un seis o, con dos dados, un seis doble.

CONTENIDOS

1. Fenómenos deterministas o fenómenos aleatorios
2. Cálculo de la probabilidad

Cre@ctividad
La Aguja de Buffon

Rutina de pensamiento

PALABRA - IDEA - FRASE

A partir de la lectura del texto, completa la tabla:

Palabra	Idea	Frase
¿Qué palabra te ha llamado la atención?	¿Qué idea es significativa para ti?	¿Qué frase te ha ayudado a entender el texto?

— Poned en común vuestras respuestas.

1. Fenómenos deterministas o fenómenos aleatorios

A nuestro alrededor, se producen multitud de fenómenos que podemos clasificar como deterministas o aleatorios, según sepamos de antemano cuál va a ser el resultado o no.

Así, sabemos que una manzana al desprenderse del árbol caerá al suelo. Estamos frente a un fenómeno determinista. Sin embargo, sin recurrir a tecnologías de diagnóstico prenatal, no podemos conocer el sexo de un bebé hasta el momento de nacer. Esto constituye un fenómeno aleatorio.

Para estudiar los fenómenos solemos realizar experimentos que los reproduzcan, con lo que hablamos de experimentos deterministas o aleatorios.

> Los **experimentos deterministas** son aquellos en los que es posible predecir los resultados antes de realizarlos.
>
> Los **experimentos aleatorios** son aquellos en los que no es posible predecir los resultados antes de realizarlos.

Ejemplo 1

Indica cuáles de los siguientes experimentos son deterministas o aleatorios:

a) La predicción del tiempo del próximo mes.

b) El tiempo que tarda en llegar al suelo una piedra que cae desde la terraza de un primer piso.

c) La elección por sorteo de 5 alumnos de una clase.

d) El lanzamiento de una chincheta y observar si queda de lado o con la punta hacia arriba.

a) Aleatorio. Los ordenadores han ayudado a interpretar cada vez más los múltiples factores que intervienen, pero no es posible acertar completamente, y sobre todo más alla de 3 o 4 días vista.

b) Determinista. Es posible calcular el tiempo que tardará en recorrer la distancia que separa la terraza del suelo.

c) Aleatorio. En un sorteo, que salga un número u otro depende del azar.

d) Aleatorio. Aunque posiblemente en la mayoría de ocasiones la chincheta quedará tumbada, no es posible saberlo a priori.

Actividades

1. Describe cuatro acciones que creas que dan lugar a experimentos deterministas y otras cuatro que den lugar a experimentos aleatorios. Razona tus propuestas y contrástalas con las de tus compañeros y compañeras.

2. Cuatro personas que juegan al parchís han hecho el recuento de 500 tiradas. A partir de la tabla que han confeccionado, resuelve:

a) ¿Crees que estos resultados es posible que se den realmente al tirar 500 veces los dados? O bien, como a veces parece que sucede jugando al parchís, ¿crees que están trucados para que el 5 salga menos?

b) Completa la columna de las frecuencias relativas.

c) Calcula la media aritmética de las puntuaciones obtenidas. ¿A qué valor crees que debería tender la media aritmética en muchas tiradas del dado?

N.º	Frec. absoluta	Frec. relativa
1	80	
2	82	
3	94	
4	77	
5	67	
6	100	
Total	500	

1.1. Introducción a la probabilidad

Lanzar una moneda es un fenómeno o experimento aleatorio, pues, si bien conocemos los resultados que podemos obtener, no podemos predecir qué resultado saldrá.

Para estudiar este tipo de experimentos, deberemos conocer algunos conceptos relacionados con los resultados que podemos obtener.

> El **espacio muestral** es el conjunto de todos los resultados que pueden darse en un experimento aleatorio.

> Un **suceso elemental** es uno de los posibles resultados que se pueden obtener en un experimento aleatorio.

El **espacio muestral** se representa con la letra griega Ω y los sucesos elementales se indican entre llaves { }. En el caso de la moneda el espacio muestral es Ω = {cara, cruz} y los sucesos elementales son «obtener cara {cara}» y «obtener cruz {cruz}».

Ejemplo 2

Indica el espacio muestral y los sucesos elementales del experimento Lanzar un dado de seis caras.

Espacio muestral. Conjunto de los posibles resultados: $\Omega = \{1, 2, 3, 4, 5, 6\}$

Sucesos elementales. Cada uno de los resultados: $\{1\}, \{2\}, \{3\}, \{4\}, \{5\}, \{6\}$

Aunque al realizar un experimento aleatorio no podemos deducir qué resultado vamos a obtener, podemos asociar a cada suceso elemental una cantidad que indique la posibilidad de que se obtenga este resultado. Esta cantidad se conoce como **probabilidad**.

> Llamamos **probabilidad** de un suceso a una medida de la posibilidad de que ocurra este suceso.

Existen muchos experimentos aleatorios en los que los distintos sucesos elementales que los componen tienen la misma probabilidad. Decimos que son **sucesos equiprobables**.

Suceso compuesto

Un suceso compuesto está formado por varios sucesos elementales.

Por ejemplo, al lanzar un dado de seis caras, un suceso compuesto es «obtener un número par{par}» y lo representamos por $\{2, 4, 6\}$.

Ágora

El estudio de la probabilidad se inició en el siglo XVII como medida del acierto en los juegos de azar.

— En la actualidad, ¿en qué campos se utiliza? ¿Qué otras aplicaciones tiene?

Actividades

3. Consideremos el experimento aleatorio *Lanzar un dado de ocho caras*. Indica:

a) El espacio muestral.

b) Los sucesos elementales.

c) El suceso *Obtener un número impar*.

d) El suceso *Obtener un número mayor que 4*.

e) El suceso *Obtener un número mayor que 2 y menor que 5*.

4. En una urna hay 8 bolas numeradas del 1 al 8. Dado el experimento aleatorio consistente en extraer una bola. Obtén:

a) El espacio muestral.

b) Los sucesos elementales.

c) El suceso *Obtener un múltiplo de 3*.

d) El suceso *Obtener un número mayor que 6*.

5. Dado el experimento *Lanzar un dado de 20 caras*, describe un suceso compuesto f ormado por cuatro sucesos elementales y otro suceso compuesto formado por seis sucesos elementales. Compara los resultados con el resto de tus compañeros y compañeras.

2. Cálculo de la probabilidad

2.1. Experimentos aleatorios: ¿se puede controlar el azar?

Al lanzar una moneda al aire es impredecible saber el resultado; es decir, si saldrá cara o cruz.

Imagina ahora que lanzamos una moneda muchas veces, por ejemplo, 100 tiradas, ¿serías capaz de predecir el número de caras o cruces que obtendríamos?

Para tratar de averiguarlo, en dos clases de 1.º ESO han efectuado repetidas veces el experimento; y para analizar, visualizar y poder comparar mejor los datos, han construido una tabla y han elaborado el gráfico de líneas que relaciona el número de lanzamientos y la frecuencia relativa.

En la clase de Alba han efectuado 10 series de 100 lanzamientos cada una, y han anotado el número de veces que sale cara.

— En la primera serie han obtenido 56 caras; en la segunda, 46; en la tercera, 40...

— Han calculado los resultados acumulados; es decir, las frecuencias absolutas de sacar cara: 56 caras en 100 tiradas, 102 en 200 tiradas, 142 en 300 tiradas...

— Han calculado las frecuencias relativas, esto es, los resultados del cociente entre la frecuencia absoluta y el número total de veces que se ha repetido el experimento.

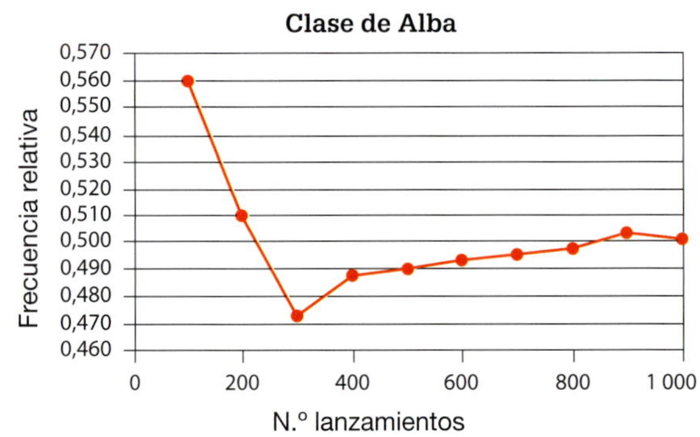

N.º LANZAMIENTOS	100	200	300	400	500	600	700	800	900	1 000
FRECUENCIA ABSOLUTA	56	102	142	195	245	296	347	398	453	501
FRECUENCIA RELATIVA	0,560	0,510	0,473	0,488	0,490	0,493	0,493	0,498	0,503	0,501

En la clase de Berta han realizado el experimento y han obtenido estos resultados:

— En la primera serie han obtenido 47 caras, en la segunda 49, en la tercera 56...

— Han calculado los resultados acumulados; es decir, las frecuencias absolutas de sacar cara: 47 caras en 100 tiradas, 96 en 200 tiradas, 152 en 300 tiradas...

— Han calculado las frecuencias relativas de los resultados obtenidos.

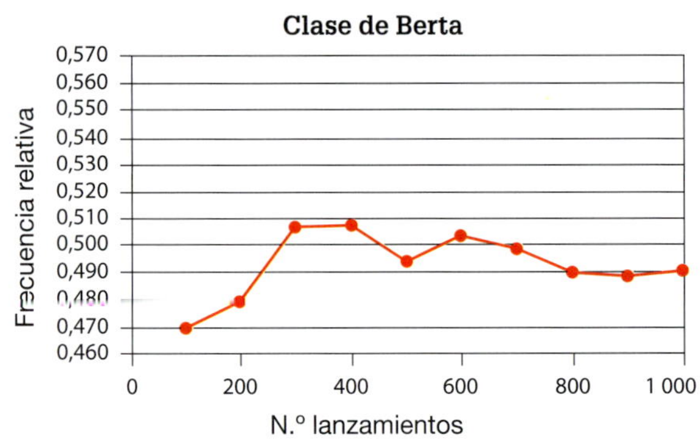

N.º LANZAMIENTOS	100	200	300	400	500	600	700	800	900	1 000
FRECUENCIA ABSOLUTA	47	96	152	203	247	302	349	392	440	491
FRECUENCIA RELATIVA	0,470	0,480	0,507	0,508	0,494	0,503	0,499	0,490	0,489	0,491

Los resultados obtenidos en cada clase para el mismo número de lazamientos son diferentes. Sin embargo, han observado que a medid a que aumentan los lanzamientos las frecuencias relativas se estabilizan alrededor de 0,5.

Esto se corresponde con la idea intuitiva de que si una moneda está equilibrada, debe observarse la misma tendencia a que salga cara o cruz.

Este hecho de la estabilización de las frecuencias relativas en un experimento aleatorio nos permite enunciar la propiedad que se conoce como **ley empírica del azar** y que dará lugar al concepto de probabilidad.

> Al repetir un experimento aleatorio siempre en las mismas condiciones, la **frecuencia relativa** de un determinado resultado o suceso tiende a **estabilizarse** en torno a un **valor fijo** a medida que aumenta el número de repeticiones.

Ejemplo 3

Una bolsa contiene 10 bolas del mismo peso y tamaño, de las cuales 7 son azules y 3 son rojas. Consideramos el experimento Extraer una bola de esta bolsa, observar su color, devolver la bola a la bolsa y mezclar bien las bolas antes de sacar otra.

Responde a los apartados siguientes a partir del gráfico que muestra la evolución de las frecuencias relativas de Sacar bola azul *o* Sacar bola roja *según el número de extracciones en una simulación de este experimento.*

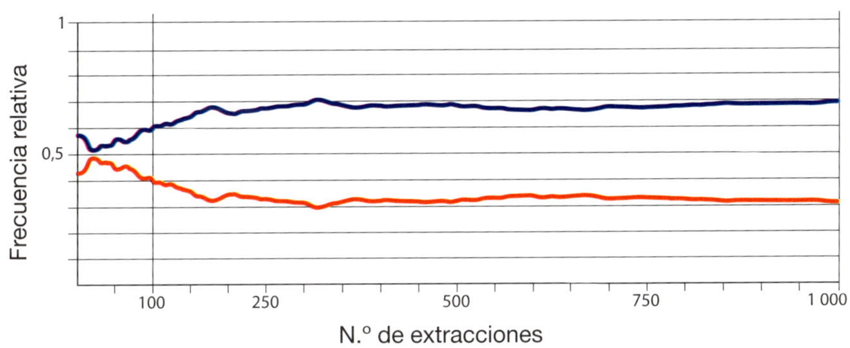

a) ¿Cuáles son las frecuencias relativas de Sacar bola azul *o* Sacar bola roja *en 100 extracciones? ¿Qué significan?*

b) ¿Cuáles son las frecuencias relativas de Sacar bola azul *o* Sacar bola roja *en 1 000 extracciones? ¿Qué significan?*

c) ¿Era posible prever en torno a qué valores se estabilizarían las frecuencias relativas de Sacar bola roja *o* Sacar bola azul*?*

a) En 100 extracciones, las frecuencias relativas de *Sacar bola azul* o *Sacar bola roja*, son, respectivamente, 0,6 y 0,4. Es decir, hasta entonces han salido 60 bolas azules y 40 bolas rojas.

b) En 1000 extracciones, las frecuencias relativas de *Sacar bola azul* o *Sacar bola roja*, se han estabilizado en torno a 0,7 y 0,3. Es decir, que hasta entonces han salido 700 bolas azules y 300 bolas rojas.

c) Parece admisible pensar que a la larga se mostrase la tendencia que de cada 10 extracciones en 7 ocasiones se sacará bola azul y en 3 ocasiones se sacará bola roja; es decir:

$$\text{Frec. rel. (bola azul)} = \frac{7}{10} = 0{,}7 \quad \text{y} \quad \text{Frec. rel. (bola roja)} = \frac{3}{10} = 0{,}3$$

El juego de las tabas

En los ejemplos del texto disponíamos de unos criterios a priori para conjeturar en torno a qué valores se estabilizarían las frecuencias relativas. Sin embargo, esto no siempre es posible.

Así, por ejemplo, en el juego de las tabas solo experimentalmente podremos llegar a conjeturar sobre la tendencia a salir cada una de las caras de una taba.

Actividades

6. Realiza el experimento aleatorio *Lanzar un dado al aire sucesivamente muchas veces*; y confecciona una tabla con las frecuencias absolutas y relativas del número de veces que ha salido un 5 cada 50 tiradas.

a) ¿En torno a qué valor se estabiliza la frecuencia relativa del suceso *Sacar un 5*?

b) ¿Era posible prever en torno a qué valor se estabilizaría esta frecuencia relativa? Razona tu respuesta.

2.2. Definición experimental de probabilidad

Hemos visto que al repetir muchas veces un experimento aleatorio y fijarnos en la frecuencia de un suceso concreto, esta se estabiliza en un cierto valor.

Este valor es la medida de la posibilidad de que ocurra este suceso, que hemos denominado **probabilidad**.

La **probabilidad** de un suceso ***A***, que se escribe ***P(A)***, en un experimento aleatorio es el valor en torno al cual se estabiliza su frecuencia relativa a medida que aumenta el número de realizaciones del experimento.

Lenguaje matemático

Un **suceso imposible** es el que no tiene ningún elemento. Se denota por $\varnothing$.

Por ejemplo, al lanzar un dado de 6 caras, el suceso «obtener una puntuación mayor que 6» es un suceso imposible.

Un **suceso seguro** es el que se está formado por todos los posibles resultados, es decir, el espacio muestral. Se denota por Ω.

Por ejemplo, al lanzar un dado de 6 caras, el suceso «obtener una puntuación menor que 7» es un suceso seguro.

La probabilidad de un suceso indica el grado de certeza de que ocurra dicho suceso antes de realizar el experimento; es decir, representa una medida de la posibilidad de que ocurra o no.

Así, el valor de la probabilidad de un suceso estará comprendido entre 0 y 1:

- ***P(A)* = 0** significa que el suceso *A* no ocurrirá nunca al realizar el experimento, y recibe el nombre de **suceso imposible**.
- ***P(A)* = 1** significa que el suceso *A* ocurrirá siempre al realizar el experimento, y recibe el nombre de **suceso seguro**.

Los valores intermedios de *P(A)* se corresponden con diversos grados de certeza: muy improbable, improbable, probable...

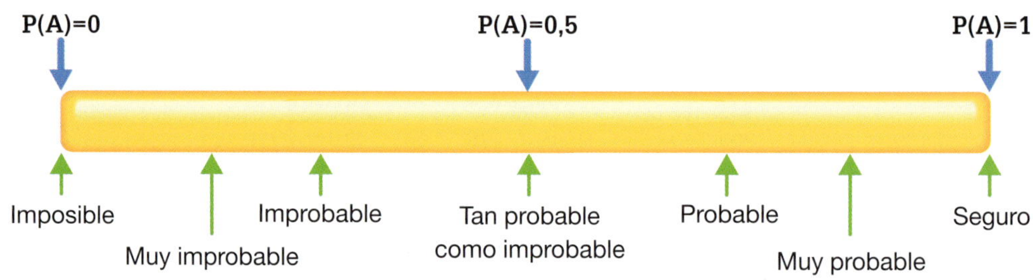

Ejemplo 4

En el experimento Lanzar un dado y observar la puntuación obtenida, *considera los sucesos* A: Obtener más de 4 *y* B: Obtener menos de 4. *¿Cuál de los dos sucesos es más probable?*

— Los resultados del suceso *A* son 5 y 6.

— Los resultados del suceso *B* son 1, 2 y 3.

Puesto que el suceso *B* tiene, del conjunto de resultados posibles del experimento, más resultados favorables que el suceso *A*, tenemos que el suceso *B* es más probable que el suceso *A*.

Actividades

7. En el experimento *Lanzar un dado al aire*, considera los sucesos *A: Obtener un número par*, *B: Obtener un número mayor que 2* y *C: Obtener un número menor o igual que 6*.

Ordénalos del más probable al menos probable, y compara tu ordenación con la de tus compañeros y compañeras.

8. Busca, en prensa o en otros medios de comunicación, noticias que hagan uso del concepto de probabilidad.

— Analízalas y razona si el concepto de probabilidad está correctamente aplicado o no.

2.3. Cálculo de probabilidades

Calcular la probabilidad de un suceso a partir de experimentos suele requerir muchas repeticiones.

En la tirada de una moneda la frecuencia relativa de obtener cara o cruz se estabiliza en 0,5 después de cientos de tiradas.

Pierre Simon Laplace propuso una regla para asignar la probabilidad de un suceso sin necesidad de recurrir a la experimentación. Es la denominada **regla de Laplace**.

> La **regla de Laplace** afirma que en un experimento aleatorio, donde todos los sucesos son equiprobables, la probabilidad de un suceso cualquiera, *A*, puede calcularse como el cociente:
>
> $$P(A) = \frac{\text{Número de resultados favorables de } A}{\text{Número de casos posibles de } A}$$

Ejemplo 5

Calcula en un dado la probabilidad de:

a) A = Obtener un 2.

b) B = Obtener más de 4.

c) C = Obtener un número par.

COMPRENSIÓN: Como todos los sucesos del dado tienen la misma probabilidad, podemos aplicar la regla de Laplace. En cada caso, deberemos determinar el número de sucesos favorables.

RESOLUCIÓN: En todos los apartados el número de casos posibles coincide con el número de sucesos del espacio muestral.

Número de sucesos posibles: **6** $\rightarrow \Omega = \{1, 2, 3, 4, 5, 6\}$

a) N.° de sucesos favorables a obtener un 2 $\rightarrow$ **1**: $A = \{2\}$

La probabilidad de obtener un 2 es $P(A) = \frac{1}{6}$.

b) N.° de sucesos favorables a obtener más de 4 $\rightarrow$ **2**: $B = \{5\}, \{6\} = \{5, 6\}$

La probabilidad de obtener más de 4 es $P(B) = \frac{2}{6} = \frac{1}{3}$.

c) N.° de sucesos favorables a obtener un número par $\rightarrow$ **3**: $C = \{2\}, \{4\}, \{6\} = \{2, 4, 6\}$

La probabilidad de obtener un número par es $P(C) = \frac{3}{6} = \frac{1}{2}$.

Actividades

9. Considera el experimento *Escoger al azar un número del 1 al 100 y anotarlo*. Calcula:

a) El número de casos posibles.

b) El número de casos en que el número anotado tenga dos cifras iguales.

c) La probabilidad de que el número anotado tenga dos cifras iguales.

10. En un partido de fútbol puede ganar cualquiera de los dos equipos o quedar empatados. ¿Podemos afirmar que la posibilidad de que los equipos empaten es $\frac{1}{3}$? Razona tu respuesta.

11. Lanzas dos monedas al aire:

a) ¿Qué sucesos se pueden dar? Cuéntalos.

b) ¿En cuántos sucesos se obtiene el mismo resultado en las dos monedas?

c) Calcula la probabilidad de obtener dos caras iguales.

12. Una baraja española tiene 48 cartas. En cada palo (oros, copas, espadas y bastos) el 10, el 11 y el 12 corresponden a figuras y el 1, al as. Al sacar una carta:

a) ¿Cuál es la probabilidad de que sea una figura de copas?

b) ¿Y la probabilidad de que sea un as?

2.4. Simulación de probabilidad con ordenador

Veamos, a continuación, cómo podemos utilizar una hoja de cálculo para simular la tirada de un dado muchas veces. Queremos comprobar que cuántas más veces realicemos el experimento aleatorio (o su simulación en este caso) más se acercarán los resultados a los que obtendríamos aplicando la **regla de Laplace**.

Seguiremos estos pasos:

1. Simularemos la tirada del dado 200 veces para generar 200 números aleatorios enteros entre 1 y 6.
2. Contaremos y tabularemos el número de veces que se obtiene cada resultado.
3. Compararemos el resultado con el calculado mediante la regla de Laplace.
4. Repetiremos el experimento para 500 y 1 000 tiradas, y comprobaremos si los valores de las frecuencias relativas se van acercando a los valores que predice la regla de Laplace.

GENERACIÓN DE NÚMEROS ALEATORIOS

— Podemos simular el lanzamiento de un dado en una tirada, escribiendo en una celda, por ejemplo A2, la instrucción «aleatorio»: **=ALEATORIO.ENTRE(1;6)**. Observa cómo en la celda A2 obtenemos un número aleatorio entre 1 y 6.

— Para repetir la tirada 200 veces, seleccionamos la esquina inferior derecha y la arrastraremos tantas filas como veces simulemos la tirada. En este caso hasta la celda A201 para simular las 200 tiradas.

A2 Σ = =ALEATORIO.ENTRE(1;6)

	A	B	C	D	E
1	Aleatorios				
2	5				
3	1				
4	1				
5	1				
6	4				
7	3				
8	3				

RECUENTO Y TABULACIÓN DE LOS DATOS

— Reagrupamos los datos de las tiradas en una tabla de frecuencias:

	C	D	E
1			
2			
3	Puntuación	Frec. Absoluta	Frec. Relativa
4	1		
5	2		
6	3		
7	4		
8	5		
9	6		
10	Total:		

— Si queremos calcular el número de veces que se repite un valor del dado, por ejemplo el 1, escribiremos en la celda D4 la instrucción «contar»:**=CONTAR.SI(A2:A201;1)** que cuenta las veces que ha aparecido el número 1 entre las celdas A2 y A201.

— Para completar la columna de las frecuencias absolutas, escribimos la misma función en cada una de las filas de la frecuencia absoluta variando el segundo parámetro por los números 2, 3, 4, 5 y 6.

D4 Σ = =CONTAR.SI(A2:A201;1)

	C	D	E
1			
2			
3	Puntuación	Frec. Absoluta	Frec. Relativa
4	1	29	
5	2		
6	3		
7	4		
8	5		
9	6		
10	Total:		

— Para calcular la suma de las frecuencias (número de tiradas), escribimos en la celda D10 la instrucción «suma»:**=SUMA(D4:D9)**.

D4 Σ = =SUMA(D4:D9)

	C	D	E
1			
2			
3	Puntuación	Frec. Absoluta	Frec. Relativa
4	1	29	
5	2	42	
6	3	33	
7	4	32	
8	5	35	
9	6	29	
10	Total:	200	

— Para calcular la frecuencia relativa de cada valor que toma el dado, dividimos la frecuencia absoluta entre el número total de datos, por ejemplo, para calcular la frecuencia relativa del valor 1 escribimos en la celda E4 la instrucción **=D4/D10**.

D4 Σ = =D4/D10

	C	D	E
1			
2			
3	Puntuación	Frec. Absoluta	Frec. Relativa
4	1	29	0,145
5	2	42	0,210
6	3	33	0,165
7	4	32	0,160
8	5	35	0,175
9	6	29	0,145
10	Total:	200	1

Comparación del resultado obtenido

Si aplicamos la regla de Laplace, la probabilidad de obtención de cada puntuación es:

$$P(A) = \frac{\text{Número de resultados favorables de } A}{\text{Número de casos posibles de } A} = \frac{1}{6} = 0{,}167$$

Vemos que el resultado de las frecuencias relativas está próximo a este valor: **0,167**.

Repetición del experimento

Si repetimos el experimento, comprobaremos si los resultados de las frecuencias relativas se aproximan más al valor calculado.

Observa los resultados obtenidos en las simulaciones de 500 y de 1 000 tiradas.

- Las frecuencias se van concentrando en torno al valor de 0,167.
- En las 1 000 tiradas, el mayor valor de frecuencia relativa es 0,169 y el menor, 0,151, valores más cercanos a 0,167 que en los casos anteriores.

	C	D	E
1			
2	Puntuación	Frec. Absoluta	Frec. Relativa
3	1	84	0,168
4	2	62	0,124
5	3	85	0,170
6	4	96	0,192
7	5	89	0,178
8	6	84	0,168
9	Total:	500	1
10			
11			
12	Puntuación	Frec. Absoluta	Frec. Relativa
13	1	169	0,169
14	2	151	0,151
15	3	169	0,169
16	4	182	0,182
17	5	169	0,169
18	6	160	0,160
19	Total:	1 000	1
20			

Mediante la hoja de cálculo, hemos podido simular un experimento real, que habríamos tardado mucho tiempo en realizar de manera experimental, y verificar la regla de Laplace.

Actividades

13. Simula el lanzamiento de 100 y 200 tiradas de una moneda mediante una hoja de cálculo. Considera 1 = cara, 2 = cruz.

a) ¿A qué valor se acercan las frecuencias relativas?

b) ¿Se puede aplicar la regla de Laplace a este experimento?

c) Al aumentar el número de tiradas, ¿se acercan las frecuencias relativas al valor asignado por la regla de Laplace?

14. + En clase hemos colocado una urna con 12 bolas en su interior numeradas del 1 al 12. Durante una semana, 15 alumnos extraen diariamente una bola al azar. A partir de una hoja de cálculo de OpenOffice, lleva a cabo las siguientes acciones:

a) Simula la extracción del alumno 16.

b) Cuenta las repeticiones del número 10 en la columna del lunes.

c) Suma los valores obtenidos el lunes.

d) Suma los valores del quinto alumno.

e) Suma los valores de toda la tabla.

	A	B	C	D	E	F
1		lunes	martes	miércoles	jueves	viernes
2	Alumno 1	11	3	6	7	2
3	Alumno 2	11	8	7	5	2
4	Alumno 3	8	8	11	2	12
5	Alumno 4	1	8	3	8	3
6	Alumno 5	5	2	8	2	12
7	Alumno 6	4	10	6	9	6
8	Alumno 7	10	6	9	7	4
9	Alumno 8	2	10	10	9	5
10	Alumno 9	8	1	6	6	5
11	Alumno 10	10	1	7	8	3
12	Alumno 11	4	7	10	4	2
13	Alumno 12	3	4	9	5	7
14	Alumno 13	3	6	7	11	1
15	Alumno 14	12	9	12	5	10
16	Alumno 15	7	6	3	2	11
17						

ACTIVIDADES RESUELTAS

Búsqueda de un contraejemplo

La estrategia de resolución denominada *búsqueda de un contraejemplo* se suele utilizar para demostrar la falsedad de enunciados matemáticos.
Consiste básicamente en experimentar con casos susceptibles de no validar el enunciado, o bien de probar sistemáticamente todos los casos posibles hasta dar con uno que no verifique el enunciado.

Averigua si es cierto el siguiente enunciado:

«Si la suma de las cifras de un número impar es 4, entonces el número es primo».

Comprender

— Lee de nuevo el enunciado y explícalo con tus palabras.

— Recuerda la definición de número impar y de número primo.

Se trata de comprobar si los números impares de dos o más cifras, la suma de cuyas cifras sea 4, son primos.

Planificar

— Configura un plan para resolver el problema.

Si elegimos algunos números impares que cumplan los requisitos al azar, parece que el enunciado se cumple:

31: $3 + 1 = 4$, y se cumple que 31 es un número primo.

211: $2 + 1 + 1 = 4$, y se cumple que 211 es un número primo.

2 011: $2 + 0 + 1 + 1 = 4$, y se cumple que 2 011 es un número primo.

...

Para estar seguros o no de la veracidad del enunciado, deberíamos poder asegurarlo para todos los casos, o bien encontrar un caso que no lo cumpliera.

Probamos sistemáticamente todos los casos, hasta encontrar un caso que no lo cumpla.

Ejecutar el plan

— Efectuamos los cálculos ordenadamente:

13: $1 + 3 = 4$, y se cumple que 13 es un número primo.

31: $3 + 1 = 4$, y se cumple que 31 es un número primo.

103: $1 + 0 + 3 = 4$, y se cumple que 103 es un número primo.

121: $1 + 2 + 1 = 4$, sin embargo, 121 **no** es un número primo.

Puesto que hemos encontrado un caso en que el enunciado no se cumple, no es necesario continuar y ya podemos afirmar que el enunciado inicial no es cierto.

Revisar

— Resuelve los cálculos efectuados y comprueba que son correctos.

Repasamos los cálculos efectuados y comprobamos que son correctos.

Actividades

Utiliza la estrategia anterior para resolver los siguientes problemas:

15. Averigua si es cierto que si n es un número natural, entonces $n^2 + n + 17$ es un número primo.

16. Averigua si se cumple que, para cualquier número natural, la expresión $(2n - 1)(2n + 1)(2n + 3)$ es divisible entre 5.

17. Averigua si se cumple, para cualquier número natural, la desigualdad $n^2 - 3n - 1 < 0$.

SÍNTESIS

- **Experimentos**
  - **Experimentos deterministas**
  - **Experimentos aleatorios**
    - se estudian mediante la
    - **PROBABILIDAD**
      - cálculo a partir de repetición de experimentos → **Ley empírica del azar**
      - cálculo a partir de los sucesos → **Regla de Laplace**
      - se verifica mediante → **Simulaciones con hojas de cálculo**

Actividades finales

Fenómenos deterministas o fenómenos aleatorios

18. ★☆☆ Indica cuáles de las siguientes situaciones son deterministas y en cuáles encuentras un fenómeno aleatorio:

a) El precio que costará hoy el pan en la panadería más cercana a tu casa.

b) La cifra en la que acaba el número de la página de un libro que abrimos sin mirar.

c) La hora en la que se pondrá hoy el sol.

d) El resultado de los partidos de baloncesto de la próxima jornada de la ACB después de conocer los de la anterior.

e) El número de cuadrados que resultarán de subdividir un rectángulo de 24 cm de base y 18 cm de altura en cuadrados de 3 cm de lado.

f) Las monedas que marcarán cara y las que señalarán cruz si lanzamos al aire cuatro monedas.

19. ★☆☆ Cada año las cadenas de televisión dan la noticia del primer niño o niña nacido después de las campanadas de Nochevieja. El sexo del recién nacido, ¿es un fenómeno aleatorio? ¿Por qué? Razona tu respuesta.

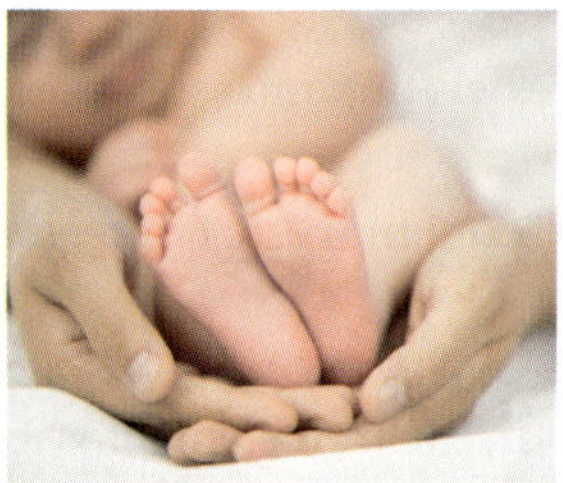

20. ★☆☆ Clasifica en deterministas o aleatorios los siguientes experimentos:

a) Conocer el número que se premiará en el próximo sorteo de la lotería de Navidad.

b) Decidir si el 4 de septiembre del año próximo hará sol en Zúrich o estará nublado.

c) Conocer la velocidad con la que llegará al suelo un objeto lanzado desde un cuarto piso.

Actividades finales

Espacio muestral

21. ★☆☆ Juan dice que el espacio muestral del experimento *Lanzar una canica y ver si cae o no* es $\Omega = \{\text{Sí, No}\}$. ¿Tiene razón? Justifica tu respuesta.

22. ★★☆ Escribe el espacio muestral, cuando sea posible, de los siguientes experimentos:

a) El palo de una carta de una baraja española elegida sin mirar.

b) El sexo del primer bebé del año.

c) El precio de un kilogramo de azúcar en tu supermercado.

d) El área de un hexágono si conocemos su lado.

e) Ver si es bisiesto o no el próximo año.

f) Elegir un año al azar y observar si es bisiesto.

23. ★★☆ Una heladería ofrece la siguiente gama de helados:

- Sabores: fresa (F), limón (L), naranja (N), manzana (M), piña (P).
- En tarrina (T) o cucurucho (C).

a) Indica el espacio muestral de las posibles variedades de helados. ¿Cuántos elementos componen el espacio muestral?

b) Escribe el conjunto de resultados del suceso *Comprar un helado de fresa en esa heladería*. ¿Cuántos resultados componen este suceso?

c) Escribe el conjunto de resultados del suceso *Comprar un helado de limón o manzana en esa heladería*. ¿Cuántos resultados componen este suceso?

24. ★★★ A la entrada de un concierto se venden camisetas (C) y polos (P) del grupo que actúa. Se presentan en tres tallas diferentes, P = pequeña, M = mediana y G = grande, y se puede elegir entre dos modelos:

N = el nombre del conjunto está impreso en la parte delantera.

E = el logo del conjunto está impreso en la parte delantera.

a) Indica el espacio muestral del experimento *Elegir una prenda*. ¿Cuántos elementos lo componen?

b) Escribe el conjunto de resultados del suceso *Elegir un polo con el logo del grupo musical*. ¿Cuántos resultados componen este suceso?

c) Escribe el conjunto de resultados del suceso *Elegir un polo de la talla mediana*. ¿Cuántos elementos lo componen?

Definición experimental de la probabilidad

25. ★☆☆ Crea un juego de tabas y lleva a cabo muchas tiradas para establecer cuál de las cuatro posiciones tiene más probabilidad de salir.

26. ★☆☆ Esta tabla muestra los resultados del experimento *Lanzar un dado y observar la puntuación obtenida*:

Puntos	1	2	3	4	5	6
Frec. abs.	31	36	31	30	31	21

Lee las afirmaciones de tres compañeros a la vista de los resultados:

- Juan afirma: «En este dado el 6 sale menos y por ello en la próxima tirada el 6 tiene menos probabilidad de salir».
- Pedro afirma: «Como hasta ahora el 6 ha salido menos veces, en la próxima tirada el 6 tiene más probabilidad de salir que otros números».
- Natalia afirma: «En la próxima tirada todos los números tienen la misma probabilidad».

— ¿Quién crees que tiene razón? Razona tu respuesta.

27. ★★☆ La figura representa un triángulo isósceles de cartón cuyos lados miden 4 cm, 6 cm y 6 cm.

Se ha dividido en tres sectores dibujando sus alturas y se ha fabricado una peonza clavando un punzón perpendicularmente al cartón en el ortocentro del triángulo.

a) ¿Te parece, a priori, que habrá uniformidad en los resultados observados del color que quedará apoyado en el suelo cuando esta peonza deje de girar?

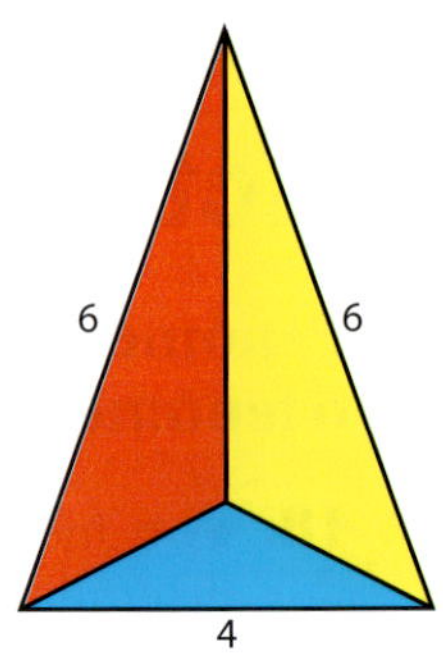

b) Construye la peonza y hazla girar muchas veces para decidir cuál es el color que es más difícil (o más fácil) que salga, y decide un valor aproximado de su probabilidad.

28. ★★☆ Andrea ha realizado el experimento de lanzar una moneda al aire 120 veces y ha anotado los resultados en esta tabla:

Resultado	**Frec. abs.**	**Frec. rel.**
Cara	65	
Cruz	55	
Total	120	100 %

a) Complétala en tu cuaderno.

b) A la vista de los resultados, ¿se puede afirmar que se cumple la ley empírica del azar?

c) Si repitiera el experimento, ¿obtendría los mismos valores? En caso de que no los obtuviera, ¿confirmaría la conclusión del apartado b)?

29. ★★☆ Repite la actividad 28, pero considera ahora el experimento *Lanzar al aire un dado 180 veces y anotar la puntuación de la cara superior*, y responde:

a) ¿Cuál es, a priori, la idea que tienes para el resultado global de las puntuaciones que obtendrás?

b) Elabora sendas tablas que muestren el resumen de las puntuaciones obtenidas en cada serie de tiradas para ambos sucesos.

c) Compara tus resultados con los del resto de la clase y contrastad la influencia del azar en los resultados globales de este experimento aleatorio.

30. ★★☆ En grupos, coged 25 chinchetas de una caja. Considerad el experimento *Lanzarlas al aire para dejarlas caer sobre una mesa*.

a) Haz el recuento de cuántas han caído con la punta hacia arriba. Repite sucesivamente este experimento hasta 500 tiradas, de forma similar a como se ha hecho en la página 300, y confecciona una tabla que muestre la evolución de la frecuencia relativa del suceso *Caer la chincheta con la punta hacia arriba*.

b) ¿En torno a qué valor crees que se estabiliza la frecuencia relativa de este suceso?

c) ¿Crees que todos los alumnos y alumnas de la clase decidirán el mismo resultado? Razona tu respuesta.

31. ★★☆ Repite la actividad 30, pero ahora considera el suceso *Caer la chincheta tumbada*.

a) Compara y comenta las analogías y las diferencias de una simulación y de la otra.

b) ¿Era posible, a priori, tener una idea de los valores que íbamos a observar?

32. ★★★ La siguiente gráfica corresponde a tres experimentos. Cada uno de ellos consiste en lanzar una moneda al aire y contar el número de caras:

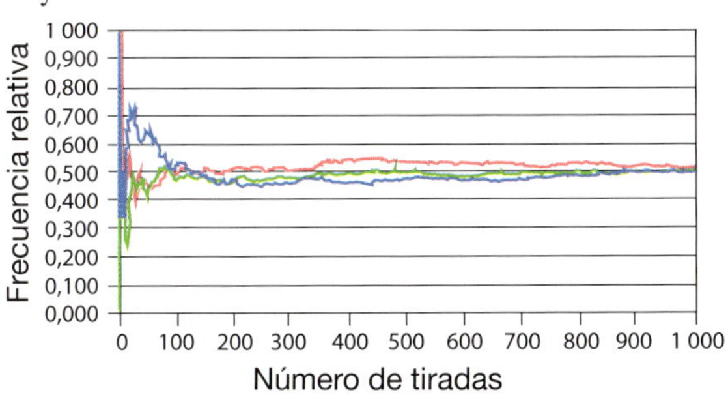

a) ¿Se estabilizan las frecuencias relativas de las tres monedas en torno al mismo valor?

b) ¿En torno a qué valor de frecuencia relativa se estabilizan?

c) ¿Se puede decir que las tres monedas están bien equilibradas?

d) A la vista de la gráfica, ¿qué probabilidad tendrá el suceso *Sacar cara en cada tirada*?

Cálculo de probabilidades

33. ★☆☆ Considera el experimento *Elegir al azar un día del mes de abril y anotarlo*. Calcula:

a) El número de casos posibles.

b) El número de casos en que el día anotado puede ser un $\dot{2}$.

c) El número de casos en que el día anotado puede ser un $\dot{5}$.

d) La probabilidad de que el día anotado sea $\dot{2}$.

e) La probabilidad de que el día anotado sea $\dot{5}$.

f) La probabilidad de que el día anotado sea $\dot{2}$ o $\dot{5}$.

34. ★☆☆ Dado un dado de 12 caras, clasifica los siguientes sucesos de más probable a menos probable:

a) Obtener un 1.

b) Obtener un número par.

c) Obtener un número entre 5 y 11.

d) Obtener un 6, un 10 o un 12.

— Calcula la probabilidad de cada uno de los apartados y compara los resultados con el resto de la clase.

35. ★☆☆ El menú que ofrece un restaurante es el siguiente: de primer plato se puede escoger entre ensalada, sopa o lentejas; de segundo plato se puede elegir entre carne o pescado y, de postre, fruta, natillas o helado.

a) ¿Cuál es el espacio muestral del experimento *Elegir un primer plato*? Calcula la probabilidad de elegir sopa de primero.

b) ¿Cuál es el espacio muestral de *Elegir el postre*? Calcula la probabilidad de elegir flan de postre.

c) ¿Cuál es el espacio muestral de *Elegir un menú de dos platos*? Calcula la probabilidad de elegir ensalada de primer plato y pescado de segundo.

36. ★☆☆ Observa con atención esta ruleta, que está perfectamente equilibrada, y responde a las cuestiones planteadas:

a) ¿Cuál dirías que es la probabilidad de cada número?

b) ¿Cuál es la probabilidad de que la ruleta se detenga en un sector azul?

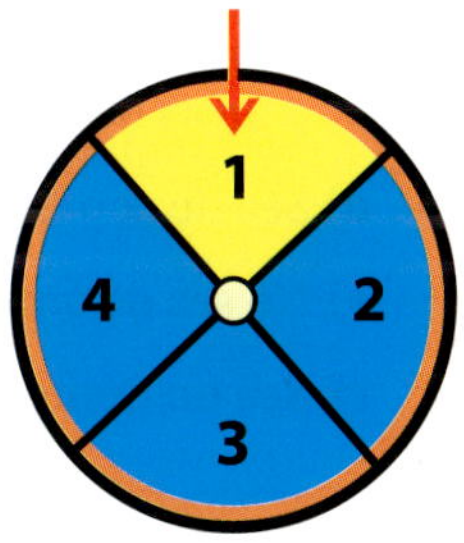

Actividades finales

37. ★★☆ Considera esta otra ruleta, también perfectamente equilibrada, y resuelve estas cuestiones:

a) ¿Cuál es la probabilidad de cada número?

b) ¿Cuál es la probabilidad de obtener un número impar?

c) ¿Cuál es la probabilidad de que salga un sector que sea a la vez azul e impar?

38. ★★☆ Considera esta otra ruleta, también perfectamente equilibrada, y soluciona las siguientes preguntas:

a) ¿Piensas ahora, a priori, que todos los sectores tendrán la misma probabilidad?

b) En caso negativo, divide algunos sectores de la ruleta para que quede repartida en sectores iguales que tengan la misma probabilidad.

39. ★★☆ En una bolsa hay 45 bolas de igual peso y medida. De estas bolas, 15 son rojas y están numeradas del 1 al 15; 15 son azules y están numeradas del 16 al 30, y 15 son verdes y están numeradas del 31 al 45.

Si se extrae una bola de esta bolsa, ¿qué es más probable que salga...

a) ... una bola roja, verde o azul?

b) ... una bola con un número par o con un número impar?

c) ... una bola roja con el número par o bien una bola azul con el número par?

— Justifica tus respuestas.

40. ★★☆ Una baraja española de 48 cartas tiene cuatro palos: oros, copas, espadas y bastos. Las cartas de cada palo están numeradas del 1 al 12.

Las cartas 10, 11, 12 de cada palo se llaman figuras y el 1, as. Si se extrae una carta de la baraja, calcula la probabilidad de que:

a) Sea de oros.

b) Sea una figura o un as.

c) Sea una figura de oros o un as de oros.

d) Sea de copas.

e) No sea de oros.

f) Sea un número par.

41. ★★★ En la lotería de Navidad participan 100 000 números: desde el número 00 000 al 99 999. ¿Crees que el décimo con el número 00 000 tiene la misma probabilidad de obtener premio que otro décimo, por ejemplo, el 34 526?

— Suponiendo que solo compras un décimo, ¿cuál es la probabilidad de que sea el ganador?

Simulaciones con ordenador

42. ★☆☆ La imagen muestra la generación de números aleatorios entre el 1 y el 4.

	A	B	C	D	E
1					
2					
3		Nº aleatorios			
4		4			
5		2			
6		1		Suma:	
7		4		Recuento 1:	
8		1		Recuento 2:	
9		2		Recuento 3:	
10		1		Recuento 4:	
11		2			
12		1			
13		3			

a) ¿Cómo se han generado los diez números?

b) ¿Qué función utilizarás en la celda E6 para calcular la suma de los números?

c) ¿Qué función cuenta las apariciones de cada número?

43. ★★☆ Elabora, con una hoja de cálculo, una simulación de 400 lanzamientos de un dado tetraédrico con el peso repartido de manera equilibrada y las caras numeradas del 1 al 4.

Actualiza varias veces la hoja de cálculo para llevar a cabo simulaciones de 400 lanzamientos cada vez y, después de pensar qué valores esperas observar, anota los datos que te parezca que más se apartan del modelo esperado.

44. ★★☆ Las calculadoras científicas permiten una simulación de la repetición de experimentos aleatorios con la función , que da como resultado un número decimal del 0,000 al 0,999 elegido aleatoriamente de manera uniforme.

a) Activa en tu calculadora esta función y ve pulsando la tecla . Observa los números que van saliendo para tener esta idea de la uniformidad aleatoria.

b) ¿Cuál crees, a priori, que es la probabilidad de que salga un número menor o igual que 0,400?

c) Haz una lectura y un recuento, 200 veces seguidas, del valor que te proporciona . Comprueba cuántas veces ha salido un número menor o igual que 0,400 y cuántas veces ha salido mayor; y estudia si los valores observados concuerdan con la probabilidad que has indicado en el apartado *b)*.

d) Recrea otra simulación y compara los resultados.

45. ★★★ Decimos que un experimento aleatorio es compuesto si está formado por varios experimentos aleatorios simples, ya sean simultáneos o sucesivos como, por ejemplo, *Lanzar una moneda y un dado, Lanzar dos monedas*... Así, en el experimento *Lanzar dos dados al aire y sumar los puntos que marcan*, se pueden obtener estos once resultados:

$$\{2, 3, 4, 5, 6, 7, 8, 9, 10, 11, 12\}$$

— ¿Consideras, a priori, que se puede asignar la misma probabilidad a cada una de las puntuaciones?

— Comprueba tu respuesta a esta pregunta con la ayuda de la simulación de 200 tiradas con el ordenador:

	A	B	C
1	Dado 1	Dado 2	Suma
2			
3			
4			
5	=ALEATORIO.ENTRE (1;6)		=A2+B2

- Escribe en las celdas A2 y B2 la fórmula indicada, clica en la esquina inferior derecha y arrástralas tantas filas como veces simulemos la tirada. En C2 escribe la fórmula =**A2**+**B2**, y cópiala por desplazamiento el mismo número de celdas que de tiradas.
- Efectúa el recuento de las frecuencias con la instrucción **CONTAR.SI**, completa la tabla de frecuencias y responde a la pregunta inicial.

46. ★★★ Formad grupos de cuatro o cinco componentes y aplicad la **destreza** *Resolución de problemas* en el siguiente caso:

EL PROBLEMA

En un concurso de televisión, se presentan al concursante tres puertas. Dos de ellas no tienen nada detrás y la otra esconde un premio. El concursante elige una puerta y el presentador, antes de abrir la puerta escogida, para darle más emoción al juego abre otra puerta que no tiene nada detrás. Naturalmente, el presentador sabe dónde está el premio, así que siempre abrirá una puerta que no lo tiene. Tras abrir la puerta, pregunta al concursante si mantiene su elección o prefiere cambiarla. ¿Qué estrategia utilizarías para saber si es mejor quedarse con la elección inicial o es mejor cambiar de puerta?

POSIBLES SOLUCIONES: ¿Cómo puedes resolver el problema?

1. .... 2.	3. .... 4. ....

PARA CADA SOLUCIÓN...

CONSECUENCIAS ¿Qué puede pasar si eliminamos esta solución?	PROS O CONTRAS ¿Supone más una ventaja o un inconveniente?	VALOR ¿Es **muy** o **poco** importante? ¿Por qué?
....	....	....

— ¿Cuál es la mejor solución? ¿Por qué?

Cre@ctividad: La Aguja de Buffon

Existen *applets* que nos permiten efectuar simulaciones de problemas probabilísticos de forma rápida.

Un ejemplo es el simulador del problema ***La Aguja de Buffon***:

http://links.edebe.com/au2aw

El *applet* simula el lanzamiento de una o varias agujas sobre una superficie de líneas paralelas suponiendo que la distancia de estas es igual a la longitud de la aguja.

Al llevar a cabo las simulaciones se relaciona el número π con el cociente entre el número total de tiradas multiplicado por 2 y el número de veces que la aguja corta a una línea:

$$\pi = \frac{2 \times \text{número de tiradas}}{\text{número de veces que la aguja corta a una línea}}$$

En este ejemplo se han efectuado 19 100 tiradas, de las que 12 264 han tocado la línea:

$$\pi = \frac{2 \times 19\,100}{12\,264} = \frac{38\,200}{12\,264} = 3{,}1148075...$$

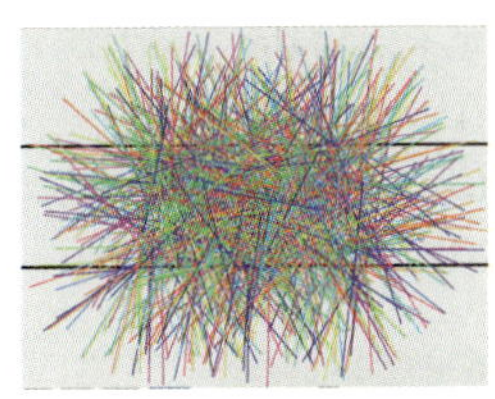

Atrévete

a) Utiliza el simulador para calcular el valor de π a partir del siguiente número de tiradas:

N.º tiradas	10	50	100	500	1 000	5 000
N.º cortes						
π						

b) ¿Crees que este experimento de probabilidad es una forma óptima para calcular el número π?

Pon a prueba tus competencias

1. El dominó es un juego de mesa con fichas rectangulares divididas en dos cuadrados. Cada cuadrado lleva marcado un número de 0 a 6.

a) ¿El experimento *Sacar una ficha al azar* es un fenómeno determinista o aleatorio?

b) ¿Cuántos elementos tendrá el espacio muestral de los sucesos elementales?

c) Si se extrae una ficha del dominó, calcula la probabilidad de que:

— Sea un 5 doble.

— Alguno de los cuadrados sea un 4.

— Sea una ficha doble.

— Sea una ficha cuya suma de puntuaciones sea impar.

@ Accede a la siguiente página y lee detenidamente las reglas del juego: **http://links.edebe.com/w9w**.

d) El juego del dominó, ¿es exclusivamente de azar?

2. La gráfica representa la variación de la frecuencia relativa del suceso *Sacar cara* en cuatro series de 100 lanzamientos de una moneda.

a) ¿El experimento *Sacar cara o cruz* es un fenómeno determinista o aleatorio?

b) ¿Cuál es la probabilidad de sacar cara? ¿Y la probabilidad de sacar cruz?

c) ¿Está equilibrada la moneda?

d) ¿Podemos aplicar la regla de Laplace para calcular la probabilidad de obtener cara? Justifica tu respuesta.

e) ¿Se estabilizarían los resultados al efectuar muchas más tiradas de la moneda?

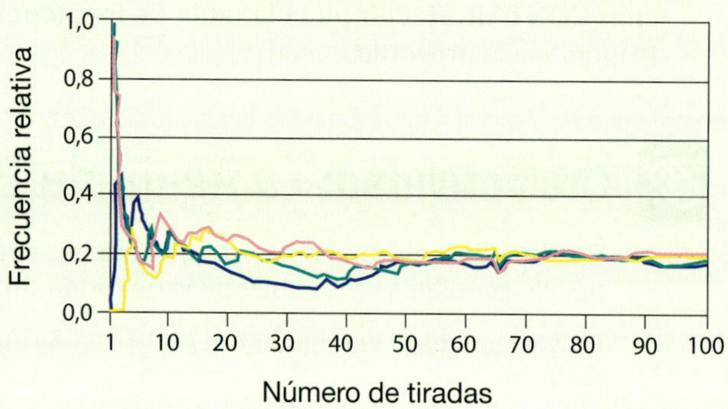

3. En una partida de parchís, un compañero anota los valores de las tiradas del dado en una hoja y los recoge en una tabla como esta:

CARA	1	2	3	4	5	6
NÚMERO DE VECES	14	12	26	24	9	14

a) Calcula el valor medio de la serie de tiradas.

b) ¿Está trucado el dado? Razona la respuesta en función de los resultados obtenidos.

c) ¿Cómo tendría que ser la serie para que el dado estuviera bien calibrado? ¿Cuál sería su valor medio?

4. Realiza el experimento aleatorio compuesto *Lanzar dos dados*.

a) Completa la tabla con la suma de las puntuaciones de los dados.

b) A partir de la tabla que has completado, ¿cuál es el espacio muestral de este experimento?

c) ¿Cuál es la probabilidad de que obtengamos cada una de las puntuaciones?

d) ¿Qué valor es el más probable de obtener? ¿Con qué probabilidad?

+	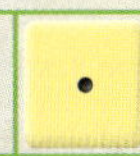	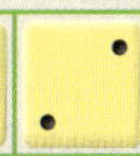				

Visión 360º

Además de en los juegos de azar (la ruleta; el bingo; piedra, papel o tijera...), ¿en qué otros ámbitos está presente la probabilidad?

— Indica algunos ejemplos cotidianos.

— Elige uno de estos ejemplos y señala algunos sucesos incluidos en el experimento aleatorio.

Reflexiona

Diario de aprendizaje

— El tablero de la primera página de la unidad tiene relación con los conceptos tratados. ¿Con cuáles?

— Algunos conceptos estudiados en esta unidad pueden ser aplicables en tu vida cotidiana. ¿Cuáles? ¿Cómo?

— ¿Crees que el uso de una hoja de cálculo es útil para el trabajo con experimentos aleatorios?

Evaluación de competencias

1. Esta gráfica corresponde a las temperaturas tomadas durante un día de primavera en el pico más alto de la Península Ibérica: el Mulhacén (3 479 m).

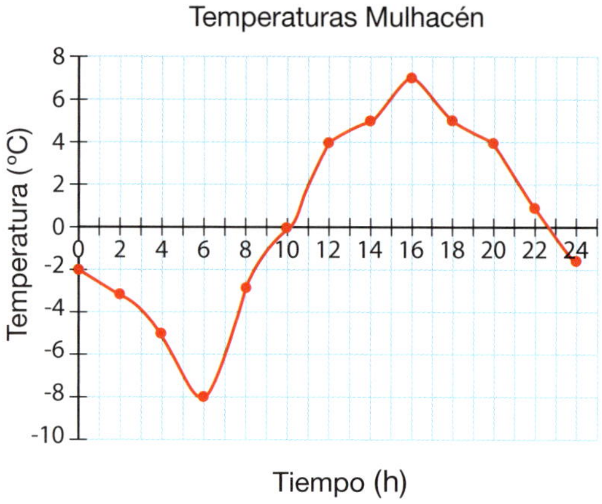

a) ¿Qué temperatura hacía en la cima cuando comienza el registro?

b) Durante la madrugada se produce una *caída térmica*. ¿Cómo se observa en la gráfica?

c) ¿La temperatura mínima se suele producir a últimas horas de la madrugada o primeras de la mañana. ¿A qué hora se produce la temperatura más baja? ¿Qué temperatura se alcanza?

d) ¿Entre qué horas se produce un aumento de las temperaturas?

e) ¿A qué hora se produce la temperatura máxima y qué valor se alcanza?

f) El *rango térmico* se define como la diferencia entre la máxima temperatura y la mínima. ¿Cuál es el rango térmico del gráfico?

g) ¿A qué horas estábamos a –3 °C?

h) La dirección de la estación de Sierra Nevada, que es donde se encuentra el pico, recomienda ir de excursión entre las 10 de la mañana y las 4 de la tarde. ¿Qué temperaturas se alcanzan a esas horas?

2. Una multinacional decide cambiar el equipo directivo a causa de la caída de los beneficios de la empresa durante los dos últimos años. En 2014 asume la dirección un nuevo equipo directivo con el compromiso de elevar los beneficios anuales a 10 millones de euros.

En la siguiente tabla se presenta un informe económico del año 2014:

Meses	Enero	Marzo	Mayo	Julio	Septiembre	Diciembre
Beneficios (millones €)	–2	–3	0	5	6	7

a) ¿Con qué beneficios comenzaba la empresa el año?

b) Durante los primeros meses hubo mucha tensión en la empresa. ¿A qué crees que se debió?

c) ¿En qué mes se frenaron las pérdidas?

d) ¿Puede decirse que el nuevo equipo directivo cumplió la promesa con que empezó el año?

e) ¿Entre qué meses se produjo un aumento más alto de los beneficios? ¿De qué cantidad fue el aumento?

f) Confecciona un diagrama de barras de los beneficios anuales del año 2014.

3. En una clase de 1.° de ESO hay 25 alumnos. El profesor hizo en la clase de Matemáticas un examen sobre la elaboración de gráficos. Como no estaba muy contento con los resultados, decidió presentarlos en forma de diagrama de sectores y dar la oportunidad de mejorar la nota realizando algunas preguntas sobre dicho gráfico.

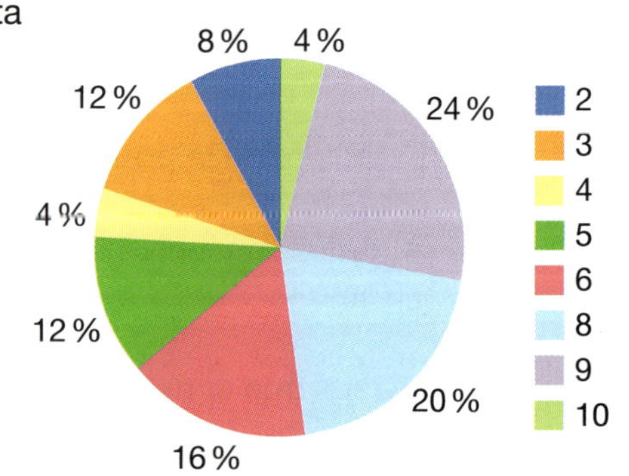

Contesta a las preguntas que planteó el profesor:

a) ¿Cuál ha sido la nota que más se ha repetido entre los alumnos? ¿Qué nombre recibe este valor en estadística? ¿Qué porcentaje le corresponde?

b) ¿Y la que menos se ha repetido? ¿Con qué porcentaje?

c) ¿Ha habido alguna nota que no haya sido obtenida por ningún alumno?

d) Si el profesor considera aprobados a aquellos alumnos que obtengan una nota superior o igual a 5, ¿qué porcentaje de alumnos aprobaron?

4. El equipo de fútbol de la clase de 1.º de ESO ha disputado 10 partidos en lo que llevan de temporada. El profesor de Educación Física sabe que los alumnos están estudiando el tratamiento de la información y les pide que confeccionen un diagrama de barras y un diagrama de sectores con los datos de los goles conseguidos en estos encuentros para poder analizar la información en las charlas tácticas.

1 1 2 4 4 6 2 3 2 4

— Ayúdales y representa los dos gráficos.

5. En una tienda de videojuegos se decide analizar las ventas de un juego educativo durante el último mes:

N.º de días	2	7	12	17	22	27	31
Videojuegos vendidos	15	24	25	29	42	46	52

a) Calcula la media aritmética, la moda y la mediana del número de videojuegos vendidos en el último mes.

b) Indica los valores máximos y mínimos de videojuegos vendidos en un día.

c) Calcula el rango de ventas de videojuegos.

6. Esta tabla recoge las tiradas efectuadas con una ruleta y el valor obtenido en cada una de ellas.

VALOR	N.º DE VECES	VALOR	N.º DE VECES
0	91	19	62
1	55	20	86
2	31	21	32
3	13	22	69
4	8	23	37
5	67	24	30
6	93	25	0
7	64	26	96
8	20	27	15
9	30	28	29
10	17	29	99
11	71	30	2
12	21	31	85
13	62	32	55
14	38	33	33
15	58	34	98
16	72	35	63
17	14	36	1
18	63		

a) Calcula el total de tiradas que se han realizado.

b) ¿Cuál es el valor más repetido? ¿Y el valor menos repetido?

c) En esta ruleta, ¿cuáles son los valores más probables y cuáles son los menos probables?

d) Construye el diagrama de barras que represente los datos de la tabla.

1. Indica las coordenadas de los siguientes puntos:

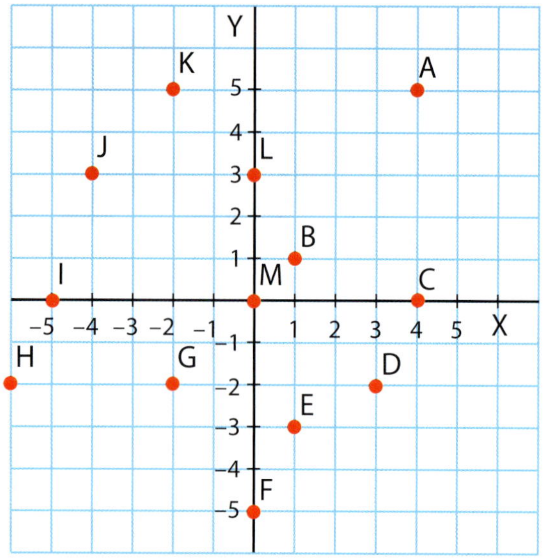

2. Representa en un sistema de coordenadas estos puntos e indica en qué cuadrante están situados:

A (–3, –4) B (–1, 7) C (0, 0) D (1, –5)

E (–2, –2) F (0, 2) G (3, 0)

3. Este gráfico representa el capital de una empresa el primer año de actividad económica.

a) ¿Con qué capital inicial contaba la empresa?

b) ¿Qué meses fueron los mejores a nivel económico?

c) ¿En qué mes la empresa alcanza mayor capital? ¿Cuántos millones logra?

d) ¿En qué mes la empresa obtiene menor capital? ¿De cuántos millones hablamos?

e) ¿En qué meses el capital disminuyó?

f) ¿En qué meses la empresa contaba con 3 000 000 €?

g) ¿Qué capital tenía la empresa en los meses de enero y noviembre?

h) ¿En el mes de diciembre la empresa pasa por un buen o un mal momento?

4. El siguiente diagrama de barras representa el estado del cielo de una ciudad europea este último mes:

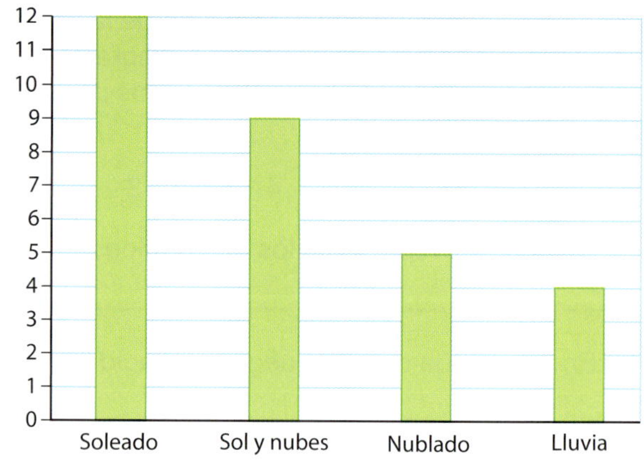

a) ¿Cuántos días ha sido soleado?

b) ¿Cuántos días no ha llovido?

c) Si los turistas consideran buen tiempo cuando, al menos, la mitad de días de sus vacaciones hace un tiempo totalmente soleado, ¿les recomendarías como destino esta ciudad para un mes como el indicado?

d) ¿Qué porcentaje de días del mes llovió?

5. Este diagrama de sectores muestra los gastos mensuales de una familia cuyos ingresos son de 2 346 €/mes.

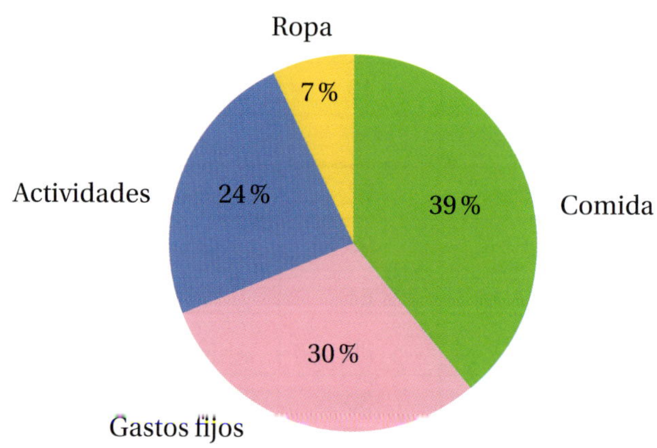

a) ¿Cuál es el gasto principal?

b) ¿Y el de menos cuantía?

c) ¿Qué cantidad de dinero destina esta familia a actividades?

d) ¿Qué cantidad de dinero destinan a comida?

e) Construye la tabla de valores correspondiente a dicho diagrama de sectores.

f) Dibuja el diagrama de barras que corresponde a los datos de la tabla.

6. La siguiente serie de datos corresponde al número de hijos de 80 familias en la década de 1960:

3, 5, 4, 2, 2, 1, 6, 4, 3, 2, 5, 6, 4, 2, 3, 4, 2, 1, 3, 1,

4, 5, 6, 2, 3, 4, 2, 5, 3, 3, 2, 1, 1, 1, 3, 1, 2, 5, 6, 4,

5, 4, 3, 2, 4, 1, 4, 2, 3, 5, 4, 5, 2, 3, 1, 2, 2, 3, 4, 2,

6, 3, 2, 5, 6, 4, 2, 1, 3, 5, 6, 6, 3, 1, 4, 5, 1, 4, 3, 1

— Construye el diagrama de barras y el diagrama de sectores que representen estos datos.

7. Esta gráfica muestra la evolución de la superficie forestal quemada de una región.

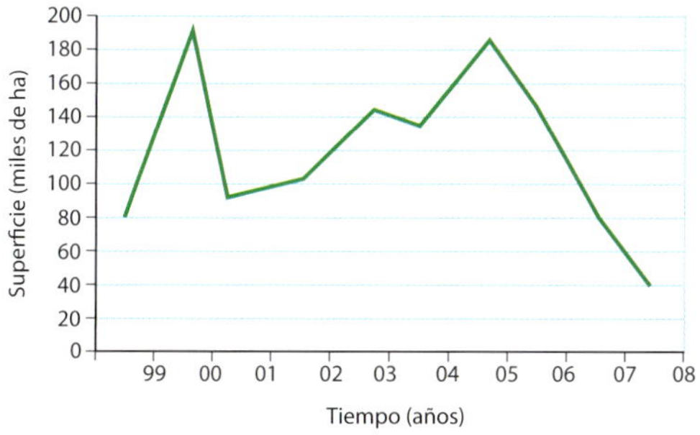

a) ¿Cómo describirías la evolución del indicador?

b) A partir de la gráfica, ¿cómo crees que evolucionará durante el siguiente año?

8. Observa esta imagen:

Indica cuántas personas (elementos) forman parte de cada suceso de los siguientes espacios muestrales:

a) $\Omega = \{$*falda, pantalón*$\}$

b) $\Omega = \{$ *rubio, moreno, ninguno de los dos* $\}$

c) $\Omega = \{$ *pelo corto, pelo largo, calvo* $\}$

d) Al determinar el número de personas de cada suceso puede haber diferencias en las respuestas, pero, ¿cuál será siempre la suma de los elementos de todos los sucesos de un espacio muestral?

9. Las temperaturas máximas durante una semana han sido 18°, 20°, 15°, 12°, 17°, 18° y 21°. Calcula los siguientes parámetros estadísticos:

a) La media aritmética, la moda y la mediana de los valores de temperatura.

b) Los valores máximos y mínimos.

c) El rango de temperaturas.

10. De los siguientes fenómenos, indica cuáles son deterministas y cuáles aleatorios:

a) Los números premiados en la lotería de Navidad.

b) Jugar a fútbol lloviendo y ver si nos mojamos.

c) El número de páginas del libro de Matemáticas al abrirlo sin mirar.

d) El paso del cometa Halley cerca de la Tierra.

e) El día de inicio del verano.

11. Las siguientes gráficas corresponden a las frecuencias relativas del experimento *Sacar cara* en el lanzamiento de tres monedas.

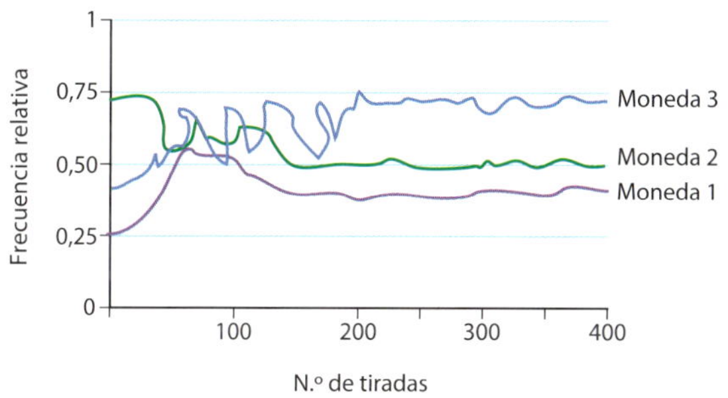

a) ¿Se trata de experimentos aleatorios o deterministas?

b) ¿Qué probabilidad dirías que tenemos de sacar cara en cada una de las monedas?

c) ¿Podríamos haber asignado esta probabilidad si hubiésemos repetido cien veces el experimento?

d) ¿Cuál de las monedas crees que está perfectamente equilibrada?

12. Aplica la regla de Laplace y calcula la probabilidad de los siguientes sucesos:

a) Extraer una carta de la baraja española y que sea de copas.

b) Extraer una bola de una bolsa con 6 bolas blancas, 3 negras y 4 azules, y que no sea azul.

c) Lanzar dos monedas al aire y que ambas sean iguales.

d) Extraer una bola de una bolsa con 5 bolas blancas, 9 negras y 6 verdes, y que sea blanca o verde.

Vamos a emprender

¿Eres una persona con ilusión, proactiva y con ganas de mejorar el mundo? ¡Entonces tienes madera de EMPRENDEDOR!

¿Y qué es un emprendedor?

Un emprendedor es una persona capaz de convertir un sueño o una idea en un proyecto real.

A veces, se confunde el término «emprendedor» con el de «empresario», pero no significan lo mismo. Un empresario es una persona que posee una empresa, en cambio, el término emprendedor quiere decir mucho más: el emprendedor es una persona que se levanta cada mañana con una actitud positiva para hacer cosas que mejoren el mundo que la rodea.

Ser emprendedor no es una profesión, es una actitud. Depende de nosotros mismos (de nuestra ilusión, confianza y actitud positiva), y de que contemos con la preparación necesaria para saber llevar a cabo el proyecto que queramos realizar.

¿Te atreves a emprender?

Lo que aprendes en la escuela te va a servir para ser mejor emprendedor. Vamos a proponerte un proyecto relacionado con la asignatura de Matemáticas que te va a permitir desarrollar y poner en práctica tus aptitudes emprendedoras. ¿Te atreves a emprender?

Proyecto: el puesto de limonada

Introducción

Seguro que alguna vez has visto a chicas y chicos jóvenes vendiendo productos alimenticios (limonada, galletas, etc.), pulseras, rosas… para recaudar fondos para el viaje de fin de curso o para una causa benéfica.

Este proyecto te ayudará a planificar la puesta en marcha de un puesto de limonada con tus compañeros y compañeras de clase, y recaudar así fondos para algún proyecto social de vuestro colegio.

Verás que muchas de las cosas que aprenderás en este proyecto te servirán para aplicarlas también en otras ideas o proyectos que se te puedan ocurrir en el futuro.

Fases:

Este proyecto constará de tres fases:

A. ¿Por dónde empezamos? Concretemos la idea.

Esta fase os servirá para decidir qué es lo que vais a ofrecer, es decir, pensar cuál es vuestra idea (cómo pretendéis servir la limonada, la ubicación del puesto, etc.).

B. ¿Cómo nos organizamos? El plan.

Esta fase define los pasos que tendréis que seguir, qué necesitáis para elaborar vuestro plan (valorar cuánto os va a costar cada uno de los ingredientes que son necesarios para realizar una limonada, calcular el número medio de limonadas diarias que podéis vender, etc.).

C. ¿Lo ponemos en práctica? Tomando decisiones.

Esta fase os servirá para poner en marcha vuestra idea. Antes de empezar, tendréis que analizar en profundidad cada una de las opciones.

A ¿Por dónde empezamos? Concretemos la idea

Las personas son la clave del éxito de una empresa, y toda empresa está constituida por un equipo humano. El equipo humano de este proyecto estará formado por tres personas.

Actividad 1

Es el momento de pensar cómo vais a conseguir vuestro objetivo: vender limonada. Obviamente, debéis pensar cuáles son los ingredientes, pero ¿vais a exprimir los limones con las manos o bien necesitaréis algún tipo de maquinaria? ¿Cómo la vais a servir, fría o natural? ¿Cómo la venderéis, por jarras o por vasos?

A la hora de planificar una idea de negocio, es importante establecer una lista con todos los ingredientes y materiales necesarios.

En grupo, completad la siguiente tabla:

¿Qué ingredientes necesitamos?	¿Dónde y cómo pretendemos servir la limonada?	¿Necesito algún aparato para producirla o conservarla?

Actividad 2

Una vez terminada la lista con los ingredientes y materiales que necesitaréis, debéis considerar la ubicación del puesto. Existen varios condicionantes que os pueden ayudar a decantaros por una ubicación concreta: clientes potenciales que pasen por delante, visibilidad del puesto de limonada, gastos de alquiler, etc.

Anotad diferentes ubicaciones que os parezcan adecuadas para montar el puesto de limonada y justificad cada una de las propuestas.

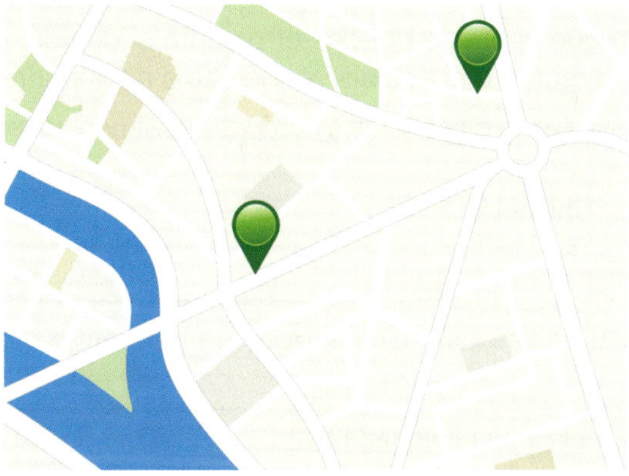

Una vez tengamos claro «qué» vamos a hacer y «cómo», ya nos podemos organizar.

B ¿Cómo nos organizamos? El plan

A la hora de planificar una idea de negocio, es importante hacer cuentas.

Para saber el precio de venta de un vaso de limonada tendréis que saber primero cuánto cuestan los ingredientes que vais a necesitar.

Basaréis vuestros cálculos siguiendo la siguiente receta:

Exprimir 1 kilo de limones. Añadir 2 litros de agua, 100 gramos de azúcar y dejar enfriar. Servir frío, con un hielo y una pajita.

Actividad 3

Id al supermercado y mirad cuánto cuestan los ingredientes que necesitáis.

Ingredientes / Materiales	Precio (€)

Los beneficios o las pérdidas que obtengáis dependerán del coste de fabricación de la limonada, del número de personas que compren y del precio por vaso. Si ponéis un precio demasiado alto, tendréis pocos clientes y si ponéis un precio demasiado bajo, podríais perder dinero.

Actividad 4

Escoged dos de las posibles localizaciones donde ubicar vuestro puesto de limonada.

— Contad cuántos clientes pasan por delante en una hora.

— Pensad en qué precio le podríais poner a un vaso de limonada en cada una de estas ubicaciones.

Tened en cuenta que el precio puede ser distinto si decidís vendérselos a los compañeros del colegio durante el recreo o si decidís vendérselos a los padres a la salida del colegio.

— Preguntadles si estarían dispuestos a comprar una limonada en el caso de que pusierais un puesto.

Ubicación 1	Ubicación 2
¿Cuántas personas pasan en 1 hora?	¿Cuántas personas pasan en 1 hora?
¿Cuántas estarían interesadas en compraros una limonada?	¿Cuántas estarían interesadas en compraros una limonada?
¿Qué precio pondréis a una limonada? __,__ € Ingresos por día (nº limonadas × precio × n.º horas de venta) __,__ €	¿Qué precio pondréis a una limonada? __,__ € Ingresos por día (nº limonadas × precio × n.º horas de venta) __,__ €

C ¿Lo ponemos en práctica? Tomamos decisiones

Una vez lo tengáis todo anotado, hay que poner vuestra idea en marcha.

Antes de aventuraros con vuestra primera empresa, aseguraos de que el negocio resulta rentable.

Si los ingresos que esperáis obtener son superiores a los gastos significa que estáis obteniendo un **beneficio**. Si los ingresos son inferiores a los gastos, vuestro negocio tiene **pérdidas**.

Una variable que influirá en el resultado es el **precio**. El precio solo podrá fijarse una vez conozcáis cuáles son los costes totales que tendréis que asumir.

Actividad 5

Ha llegado el momento de saber si vuestro proyecto se puede llevar a cabo. Seguid estos pasos:

Indicad un precio por vaso de limonada y calculad los costes totales para los litros de limonada estimados en cada una de las ubicaciones del puesto de limonada de la actividad 4.

Ubicación 1	Lista de los costes correspondientes para *x* litros de limonada
Importe de los costes totales esperados	

Ubicación 2	Lista de los costes correspondientes para *x* litros de limonada
Importe de los costes totales esperados	

Actividad 6

Estimad los beneficios o las pérdidas diarias de cada uno de los puestos de limonada.

Ubicación 1		Ubicación 2	
Limonadas por día	__	Limonadas por día	__
Ingresos por día	__ €	Ingresos por día	__ €
Coste de la limonada	__,__ €	Coste de la limonada	__,__ €
Alquiler del espacio	__,__ €	Alquiler del espacio	__,__ €
Ganamos (o perdemos)	__,__ **€**	**Ganamos (o perdemos)**	__,__ **€**

Actividad 7

Cuando hayáis finalizado el proyecto, comparad los resultados obtenidos con lo que creíais que podríais obtener y comentad con vuestro equipo qué observáis.

Completad la siguiente tabla para poder decidir si os sale a cuenta montar el puesto y elegir la mejor ubicación.

Conclusiones

- ¿Cuál ha sido el resultado obtenido con vuestra idea de negocio?
- Comparad vuestros resultados con los obtenidos por otro grupo y comentad las diferencias.
- ¿Cuál es vuestra decisión final sobre la posibilidad de poner un puesto de limonada?
- ¿Qué habéis aprendido?
- ¿Qué es lo que más os ha gustado de la experiencia?
- ¿Qué haríais de manera diferente si volvierais a repetir el proyecto?
- ¿Os veis capaces de convertiros ahora en emprendedores?

Con este proyecto hemos aprendido…

- Las matemáticas son importantes en los negocios, ya que nos permiten saber si estamos obteniendo beneficios o pérdidas.
- También nos ayudan a analizar diferentes alternativas e identificar cuál es la más rentable. Si analizamos adecuadamente las distintas posibilidades, nos será más fácil tomar decisiones.
- Cuando emprendemos, cada una de las opciones que se analizan conllevan diferentes riesgos.
- Es importante conocer los costes que estamos asumiendo para poder fijar un precio adecuado para el producto que estamos vendiendo. Ello determinará en gran parte los resultados que obtendremos con nuestra idea.